普通高等教育计算机类系列教材

# 网络规划与设计

黄重水　编

机 械 工 业 出 版 社

本书共10章，基本按OSI参考模型的层来展开介绍。主要包括：网络规划与设计概述、以太网交换基础、虚拟局域网与交换机、IP子网规划与IP路由基础、企业路由规划、网络访问安全、广域网与NAT、无线网络规划、网络存储规划、网络管理与规划。

本书的附录部分简单介绍了网络规划与设计的重要工具Packet Tracer的具体使用方法，并以部分示例来说明。

本书每章的末尾都配有“本章实践”，可以作为读者学习以后的实践内容，也可以作为实验教学的基础内容。

本书可作为网络工程专业本科生教材，也可作为与网络工程相关专业的参考用书。

**图书在版编目（CIP）数据**

网络规划与设计／黄重水编．—北京：机械工业出版社，2021.4（2025.1重印）
普通高等教育计算机类系列教材
ISBN 978-7-111-68134-2

Ⅰ.①网…　Ⅱ.①黄…　Ⅲ.①计算机网络—网络规划—高等学校—教材 ②计算机网络—网络设计—高等学校—教材　Ⅳ.①TP393.02

中国版本图书馆CIP数据核字（2021）第077983号

机械工业出版社（北京市百万庄大街22号　邮政编码100037）
策划编辑：王玉鑫　责任编辑：王玉鑫
责任校对：樊钟英　封面设计：张　静
责任印制：李　昂
北京捷迅佳彩印刷有限公司印刷
2025年1月第1版第5次印刷
184mm×260mm · 13.5印张 · 334千字
标准书号：ISBN 978-7-111-68134-2
定价：39.80元

| 电话服务 | 网络服务 |
|---|---|
| 客服电话：010-88361066 | 机　工　官　网：www.cmpbook.com |
| 010-88379833 | 机　工　官　博：weibo.com/cmp1952 |
| 010-68326294 | 金　书　网：www.golden-book.com |
| **封底无防伪标均为盗版** | 机工教育服务网：www.cmpedu.com |

# 前　言

随着互联网的普及，网络越来越成为人们沟通、交流、学习和生活的重要平台，人们也越来越意识到网络互联的重要性。于是网络的设计与规划也就被提到了一个新的高度。

近几年来，越来越多的高校设立网络工程专业，“网络规划与设计”俨然成为网络工程专业中相当重要的一门课程，在编者所在的浙江工业大学计算机学院，“网络规划与设计”一直是网络工程专业的专业必修课，学时数 48 学时。

然而，想要建设好这门课程也不是一件容易的事，特别是近几年，互联网迅猛发展，技术也不断发展，有些技术慢慢地被淘汰，而另一些技术被推崇，“网络规划与设计”也需要随之发展变化。

编者讲授“网络规划与设计”这门课已有 8 年之久，在这期间也曾认真思考过这门课程的授课方式及内容，并积极与其他高校的老师进行讨论，探索合适的教学方式。编者还就此在《计算机教育》上发表过相关文章。

起初，编者采用解放军理工大学陈鸣教授编写的《网络工程设计教程：系统集成方法》作为本课程的教材，但用了几年以后，本校网络工程的专业培养计划发生了一些变化，教学大纲也根据网络的新技术做了相应的调整，原来的教材就不再与新的大纲相符合，于是采用其新版本的教材，可还是觉得差异较大，因此萌发自己编写一本教材的想法。

本书的内容，部分借鉴了编者以前在思科网络技术学院里所学所得，部分示例及图片也使用了思科网络技术学院所提供的资料，在此表示感谢。

本书配有教师用 PPT，可供教师在讲授此课程时使用，需要的读者可从机械工业出版社教育服务网（www. cmpedu. com）下载，若对本书有任何建议或意见也可以通过电子邮件与编者联系，编者的电子邮箱：hzs@ zjut. edu。

黄重水

# 目 录

# 第1章

# 网络规划与设计概述

本章的重点是熟悉网络规划与设计的目的、基本任务，以及在规划与设计过程中的基本依据和原则性内容。另外，还提及了网络规划与设计的具体内容及注意事项。在本书的附录中，对网络规划与设计的工具软件 Packet Tracer 进行了简单的介绍，可结合本章展开。

## 1.1 网络规划基础概念

计算机发展到如今，很多需要计算机解决的问题已经不是单个计算机就可以解决的了，计算机应用基本上更多是通过网络进行的，网络的使用已经非常普遍。然而，在使用计算机网络的时候，我们却常常忽略了网络的存在。网络是如何建成的呢？这个问题就是网络规划需要解决的问题。

**1. 网络规划与网络工程**

为了建立网络，首先需要对网络的本身进行更多的分析，这个就是网络规划的基本工作。然后在这个分析的基础上，通过考虑网络的实际应用、网络管理的现实情况，以及经济方面等因素来综合设计网络。

网络工程是从另一个方面来描述网络规划设计的内容。通常，企业创建计算机网络时需要寻找更多的专业人士来规划，或者请专业规划设计计算机网络的企业来做这件事，这些事情可以统称为网络工程。

网络工程所需要考虑的问题一般来说都比网络规划要多，如在网络工程中，可能需要考虑工程完成的进度等。另外，也可能存在网络建设过程中的细节问题，比如如何与需求者进行沟通等。这些都是网络规划设计不需要考虑的问题。换句话说，网络规划和网络工程相比，更贴近设计这一方面。

**2. 网络系统集成与网络规划**

计算机网络，从字面上理解就可以知道，它是在计算机系统的基础上并服务于计算机系统的，所以，在建设计算机网络的时候，需要更多地考虑原计算机系统的方方面面，包括原计算机系统的软件、硬件等。对于设计计算机网络，很多人把其叫作“网络系统集成”，这是很有道理的。有时，我们也把计算机网络说成是“计算机网络系统”。这里加上的“系统”一词，其实是强调了计算机网络与计算机系统融为一体的特征。而“网络系统集成”这一词，正好强调了计算机网络中的各个组件之间其实是相互结合的，并存在一定的秩序、规则和关系。这就好比计算机的 CPU 一样，CPU 从外部看是一个整体，其实它的内部是由运算器、控制器等组件互相合作完成运算工作的。

事实上，网络系统集成与网络规划设计也是有很多不同点的。比如，随着计算技术的发展，现在出现了很多基于网络计算的模式，网络系统的集成从设备互连这一层面，逐步发展到更深层次的计算协作的层面，计算机网络变得更加强大；而计算机网络中的计算机也不再是完成简单的网络应用，而是成为“网格”计算机的一份子了。这种网络系统的集成就渐渐地不再是计算机网络规划需要考虑的范围了，这种集成的方式已经越来越普遍，也越来越被人们所接受。

**3. 网络规划与设计的定义**

我们可以把“网络规划与设计”定义成：规划设计人员通过对计算机网络原有软、硬件及网络的现状和当前需求进行分析，按照计算机网络相关的国家及行业标准来规划与设计一个计算机网络的过程，在此过程中应该充分考虑计算机网络的实用性、可靠性、安全性及扩展性等。

## 1.2 网络规划的依据与原则

计算机网络创建初期，由于各个厂商各自开发自己的产品，导致互相之间并不兼容，这种情况严重影响了计算机网络的发展。后来人们意识到了这一点，制定了相应的标准。有了这些标准，厂商与厂商之间产品的兼容性就大为改观，计算机网络的发展也变得迅猛起来。

网络规划的过程中，同样需要注意这些标准，当然还要考虑到一些原则性问题。本节就这些标准与原则进行讨论。

### 1.2.1 计算机网络的协议与开放性原则

计算机网络从根本来说是将多个计算机通过网络链路连接起来，并相互之间进行数据交换。无论是组成计算机网络的计算机也好，还是链路中的中间节点也好，为了能有条不紊地进行数据交换，都必须遵守事先约定好的一些规则，这些规则就是协议。

**1. 网络协议**

网络协议由三个部分组成：语法、语义和时序。语法就是两个节点之间“怎么讲”，需要确定的是相互通信时的数据格式、编码方式、电平信号等；语义就是交换数据的双方“讲什么”，一般来说，需要对如何发请求、如何执行发送以及如何应答做处理，另外，还需要对交换数据中可能出现的错误进行控制或协调；时序则是确定这些事情如何按照一定的顺序进行。

**2. OSI 参考模型**

计算机网络包含从最底层的电平信号等内容，到最高层的网络应用，正是由于这种层次性，人们对网络进行了分层处理。

OSI（Open System Interconnect，开放式系统互联）一般叫作 OSI 参考模型，是 ISO（国际标准化组织）在 1985 年研究的网络互连模型。ISO 发布的最著名的标准是 ISO/IEC 7498，又称为 X. 200 协议。该标准定义了网络互连的七层框架，即 ISO 开放系统互连参考模型。在这一框架下进一步详细规定了每一层的功能，以实现开放系统环境中的互连性、互操作性和应用的可移植性。

ISO 推出 OSI 参考模型的目的就是为了使网络应用更为普及，推荐所有公司使用这个规范来控制网络。这样，所有公司都有相同的规范，就能互联了。提供各种网络服务功能的计算机网络系统是非常复杂的。根据分而治之的原则，ISO 将整个网络通信功能划分为七个层次，划分原则其实就是开放性的原则，具体如下：

1）网络中各节点都有相同的层次。

2）不同节点的同等层具有相同的功能。

3）同一节点内相邻层之间通过接口通信。

4）每一层使用下层提供的服务，并向其上层提供服务。

5）不同节点的同等层按照协议实现对等层之间的通信。

各层协议的具体内容如下：

OSI 参考模型及数据单位如图 1-1 所示。

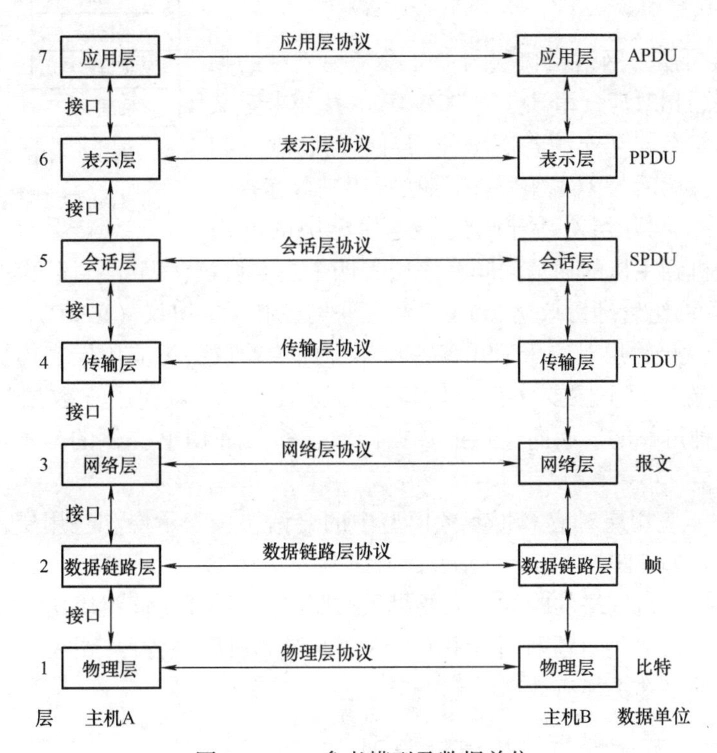


图 1-1 OSI 参考模型及数据单位

第一层为物理层：主要功能是利用物理传输介质为数据链路层提供物理连接，以便透明地传送比特流。

第二层是数据链路层：主要将数据分帧，并处理流控制。本层指定拓扑结构并提供硬件寻址。

第三层是网络层：主要通过寻址来建立两个节点之间的连接，它包括通过互连网络选择路由等。

第四层是传输层：进行常规数据传送，解决传输数据的源与目的的协调问题，包括全双工或半双工、流控制和错误恢复服务。

第五层是会话层：主要功能是在两个节点之间建立端连接。

第六层是表示层：主要用于处理两个通信系统中交换信息的表示方式。它包括数据格式交换、数据加密与解密、数据压缩与恢复等。

第七层是应用层：主要用来确定进程之间通信的性质，以满足用户的需要。

**3. TCP/IP 协议集**

ISO 的 OSI 参考模型虽然很好地提出了计算机网络标准化的问题，但它只是一个理论模型，并没有真正应用到实际中去。随着 Internet 的发展，TCP/IP 参考模型却以其独特的优势击倒了其他计算机网络模型而被人们所采用。

TCP/IP 本来是一个协议集，在这个协议集中最重要的两个协议就是 TCP（Transmission Control Protocol）和 IP（Internet Protocol）。TCP/IP 参考模型也就是按这个协议集构建的，它将 OSI 参考模型中的七层变成了四层，如图 1-2 所示。

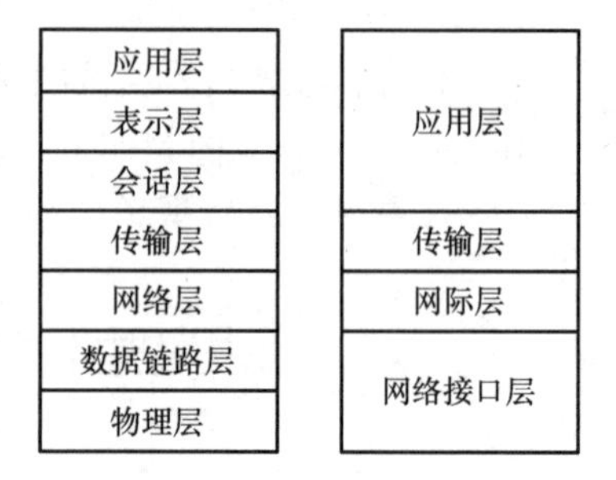


图 1-2 TCP/IP 参考模型与 OSI 参考模型对应关系

（1）网络接口层　网络接口层与 OSI 参考模型中的物理层和数据链路层相对应。事实上，TCP/IP 本身并未定义该层的协议，而是参与互连的各网络使用自己的物理层和数据链路层协议，然后与 TCP/IP 的网络接口层进行连接。

（2）网际层　网际层对应于 OSI 参考模型中的网络层，主要解决主机到主机的通信问题。该层有四个主要协议：网际协议（IP）、地址解析协议（ARP）、互联网组管理协议（IGMP）和互联网控制报文协议（ICMP）。

（3）传输层　传输层对应于 OSI 参考模型中的传输层，为应用层实体提供端到端的通信功能。该层定义了两个主要协议：传输控制协议（TCP）和用户数据报协议（UDP）。TCP 提供的是一种可靠的、面向连接的数据传输服务；而 UDP 提供的是不可靠的、无连接的数据传输服务。

（4）应用层　应用层对应 OSI 参考模型中的会话层、表示层和应用层，为用户提供所需要的各种服务，如 FTP、Telnet、DNS、SMTP 等。

在规划设计计算机网络的时候，需要尽量按照以上几个网络模型的层次去解决各个层次上的问题。这样，在解决问题的同时也就把握了与计算机网络各种标准之间的联系。这样设计出来的计算机网络才更加有效率。

## 1.2.2　可用性、可靠性与可恢复性原则

规划设计计算机网络时，仅仅考虑标准的参考模型是远远不够的，需要考虑的问题还有很多，基本上需要考虑以下几个方面：

（1）可用性　可用性是指计算机网络或设备（如网络主机、服务器和网络中间设备等）可用于执行预期任务的时间占总时间的百分比。可用性的百分比越高，就意味着设备或系统出现故障的可能性越小，提供正常服务的时间就越多。例如，一个可提供每天 24 小时、每周 7 天服务的网络，如果网络在 1000 小时之内运行了 996 小时，有 4 个小时用于故障排除，则该网络的可用性为 996/1000×100% =99.6%。

可用性通常表示平均可运行时间，95% 可用性意味着 1.2 小时/天的停机时间，而 99.99% 的可用性则表示 8.7 秒/天的停机时间。

对于大多数设备来说，可用性为百分之百是不可能的，但是对于一个网络或者系统来说，可用性则可以做到接近百分之百。为了保证一个系统能够不间断地提供服务，必须采用特殊的设计，如设备冗余、负载均衡等，从而避免单个设备的故障对系统服务产生影响，这

种设计也被称为无单点故障设计。

（2）可靠性　可靠性是网络设备或计算机持续执行预定功能的可能性。可靠性经常用平均故障间隔时间（MTBF）来度量。这种可靠性度量也适用于硬件设备和整个系统。它表示了系统或部件发生故障的频率。例如，如果 MTBF 为 5800 小时，则意味着大约每 8 个月可能发生一次故障。

在网络设计中，可靠性设计主要考虑下述几个问题：

1）一个特殊设备在网络中发生故障的可能性有多大。

2）设备的故障是否会导致网络的崩溃。

3）网络的故障将会对企业的生产力产生什么样的影响。

4）可靠性与可用性紧密相关。

一定的企业计算机环境就会有一定的可靠性目标。某种情况下，可靠性指标会变得非常重要。

（3）可恢复性　可恢复性是指网络从故障中恢复的难易程度和所需时间。衡量指标为平均修复时间（MTTR）。平均修复时间用来估算当故障发生时，需要花多长时间来修复网络设备或系统。影响 MTTR 的因素主要有以下几个方面：

1）维护人员的专业性。

2）设备的可用性。

3）故障发生的时间。

4）设备的使用年限。

5）设备的复杂程度。

在设备或系统方面，不同的设备需要不同级别的可恢复性。例如，数据中心的核心交换设备一旦出现故障，其修复难度将远远大于楼栋交换机的修复难度。

需要说明的是，可恢复性指标主要是通过平均修复时间来说明修复工作的难易程度的，这种评估方法是从用户角度来衡量网络的关键指标。其核心思想是：相同的故障在管理水平不同的网络中，其修复时间是不同的，用户所承受的网络损失也不同。在实际的网络维护工作中，管理人员可以通过良好的管理制度，如定期设备巡检、设备配置备份、充足的冗余设备备份等，来减少故障发生时的修复时间，从而实现提高整个网络可恢复性的目的。

### 1.2.3　可扩展性原则与后续问题

仅考虑以上问题还是不够的，就像有时网络虽然是通畅的，但仍然不能满足用户的需求，出现大量的用户等待时间，从另一方面考虑这个问题，其实是因为网络是随着时间的推移而变化的。在规划和设计计算机网络的时候，就必须考虑日后的扩展性问题。这些扩展性的问题主要表现在以下几个方面：

（1）网络拓扑的扩展性　在网络拓扑结构方面，所选择的拓扑结构是否方便扩展，是否能满足用户网络规模发展需求。在网络拓扑结构中，网络扩展性很多情况下体现在网络拓扑结构的三层结构（核心层、汇聚层和访问层）。

（2）用户端口的扩展性　交换机端口的冗余可通过实际冗余和模块化扩展来实现。在考虑经济成本的情况下，适当使用模块化的交换机可实现一定的扩展性。

（3）服务器系统的扩展性　计算机网络的可扩展性一个很重要方面就是硬件服务器的

组件配置。

一般来说，国内的服务器厂商都提供了入门级服务器、工作组级服务器、部门级服务器、企业级服务器等几个级别，在这几个级别中，从扩展性来说，企业级服务器是最好的。企业级服务器的扩展体现在增加 CPU 数量、扩充内存容量、扩充磁盘个数、扩展外接口个数以及集群能力等。这样，经过扩展的服务器可以为网络提供更好、更快的服务。

（4）广域网接入可扩展性　对于一个计算机网络来说，广域网的接入可以说是一个对外的窗口，所以对于广域网接入的可扩展性也是网络可扩展性的一个重要衡量尺度。一般来说，需要考虑广域网链路接入的连接线路类型、方式、支持的用户数、网络业务类型等。例如，大中型企业用户及实时的多媒体业务等需要高带宽的接入网类型，若要再使用传统接入，就会形成网络瓶颈。

（5）应用系统的可扩展性　在网络应用系统功能配置上，一方面要全面满足当前及可预见的未来一段时间内的应用需求，另一方面要能方便地进行功能扩展，可灵活地增、减功能模块。

## 1.3 本章总结

本章从网络规划与设计的基本概念出发，介绍了网络规划与设计的范围及设计原则等。

## 1.4 本章实践

学习使用 Packet Tracer（详细内容参见本书附录）。使用 Packet Tracer 软件实现以下操作：

1）添加路由器，并为其添加模块实现更多连接。

2）添加交换机，并为其选择合适的线缆与周边的交换机及路由器相连，观察交换机及路由器的变化。

3）添加 PC，配置其 IP 信息，并采用终端方式连接控制路由器或交换机。

4）添加服务器，配置其 IP 信息，并简单配置其提供的网络服务。

5）连线 PC、交换机、路由器和服务器，使用 PC 进行网络访问。注：利用命令提示符方式和图形方式分别实现。

6）使 Packer Tracer 进入仿真模式，人为添加网络数据，观察其在网络中的走向及详细信息。

# 第2章

# 以太网交换基础

本章着重介绍 OSI 参考模型第二层的内容，从以太网实施、交换机基础出发，逐渐引入交换机 MAC 学习、转发处理等，然后再阐述冲突域、广播域的概念，层层深入讲解以太网交换的相关内容。另外，本章实践中还需要了解交换机 Console 控制方式下的操作模式等内容，学会配置和查看交换机。

## 2.1 以太网概述

以太网技术标准是 IEEE 局域网标准之一，如今的以太网已经从以前的一般共享介质、争用信道的简单数据通信标准，发展成了高速、高效的数据通信技术标准。了解以太网的内容，有助于设计和规划局域网。

### 2.1.1 以太网标准的发展历史及特点

一段时间里，各大厂商都按照各自的方案来设计网络，并将相关产品推向市场。以太网设计简单，对硬件的要求也不高，被认为是一种“比较适用”的局域网设计方案。但正是这种“比较适用”的特性，让以太网完全占据了优势。渐渐地，以太网就有了巨大的市场占有率。

几年以后，以太网标准作为 IEEE 的一个局域网标准被发布，这也就是有些人习惯把以太网称为“IEEE 802.3 标准”的原因。而这个标准出现之后，更促进了以太网的发展，特别是以太网交换机等技术的出现使得其技术优势突显。

其实除了以太网之外，还有许多的局域网标准（有些甚至已经被 IEEE 列为局域网标准），但这些标准慢慢被人们淡忘，最终只有以太网却被一直保留下来，到如今它俨然成为局域网标准中的中流砥柱。

在原来的技术基础上，以太网后续又发展了如千兆以太网、万兆以太网等标准，并完善了诸如全双工技术、虚拟局域网等技术。

以太网能在众多的局域网技术中脱颖而出，与它本身的特点是分不开的。笔者认为，以太网的一个重要的特点就是“尽力传送”，这样就尽可能地利用到了传输信道的“能力”。这一点，与 TCP/IP 中的 IP 非常相似，IP 也正好有着“尽力传送”的特点，于是 IP 也“战胜”了其他的第三层协议。

### 2.1.2　以太网的 CSMA/CD

以太网标准能流行至今，关键在于其本身的技术特性，其中一个比较重要的就是它采用了载波侦听多路访问/冲突检测（CSMA/CD）的介质访问机制。

可以将以太网的介质访问分成以下几个过程：

1）以太网内的网络设备在发送报文之前首先必须进行侦听，如图 2-1 所示。

2）如果检测侦听到来自其他网络设备的信号，则它就需要等待一段随机时间后再次尝试，如图 2-2 所示。

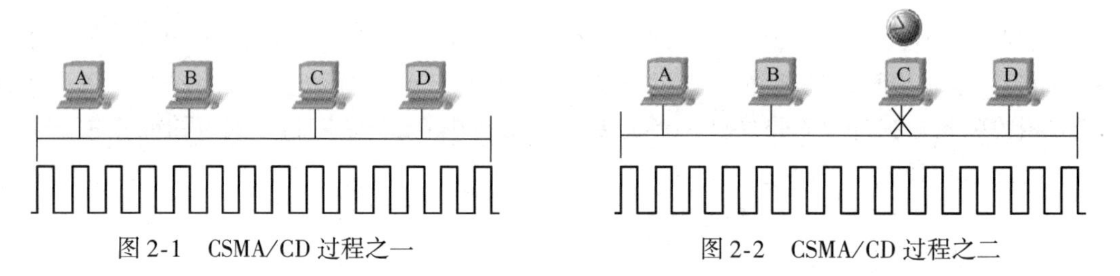


图 2-1　CSMA/CD 过程之一　　图 2-2　CSMA/CD 过程之二

3）若没有侦听到信号，则设备发送报文，在发送的过程中仍继续侦听，发送结束后，继续回到侦听模式，如图 2-3 所示。

4）由于设备之间有距离或有延时，也还是会有两台或更多台网络设备同时进行发送，如图 2-4 所示。

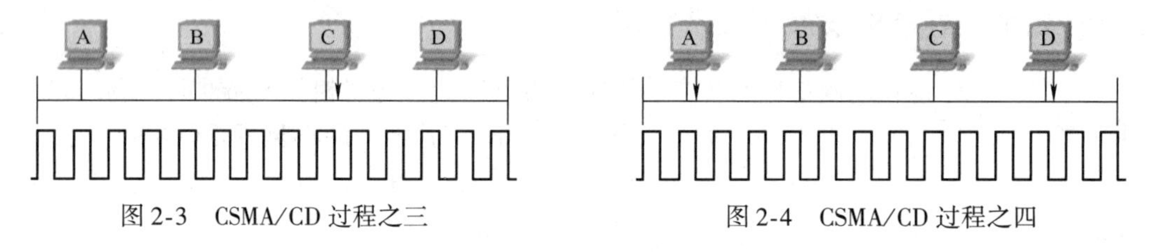


图 2-3　CSMA/CD 过程之三　　图 2-4　CSMA/CD 过程之四

5）当信号在介质中相遇时，由于信号的叠加或抵消，信号就会遭到破坏，这时称冲突产生，如图 2-5 所示。

6）由于冲突时信号的振幅会有显著变化，以太网设备以此作为冲突检测的来源，待检测到冲突，设备发送堵塞信号，通知其他设备采用回退算法等来消除冲突，如图 2-6 所示。

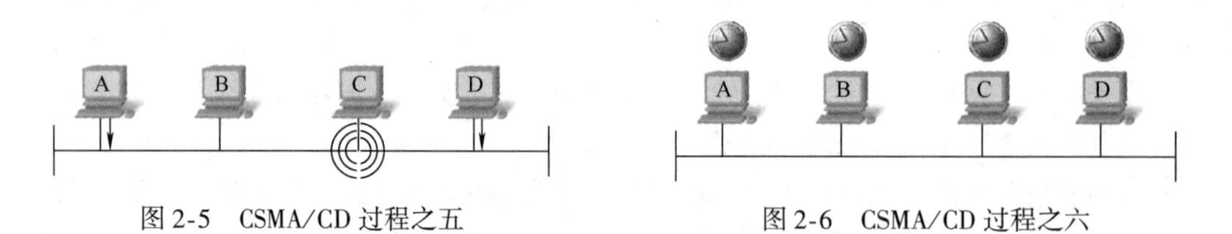


图 2-5　CSMA/CD 过程之五　　图 2-6　CSMA/CD 过程之六

CSMA/CD 在以太网里是一个基础性质的机制，以太网交换的引入，虽然在某种程度上使得冲突的发生变得越来越少，但却不能完全避免，也就是说，CSMA/CD 起着至关重要的作用。

## 2.1.3 以太网的帧结构

在了解以太网之前，有必要了解以太网的帧结构，这也是 IEEE 802.3 标准所规定的结构，如图 2-7 所示。

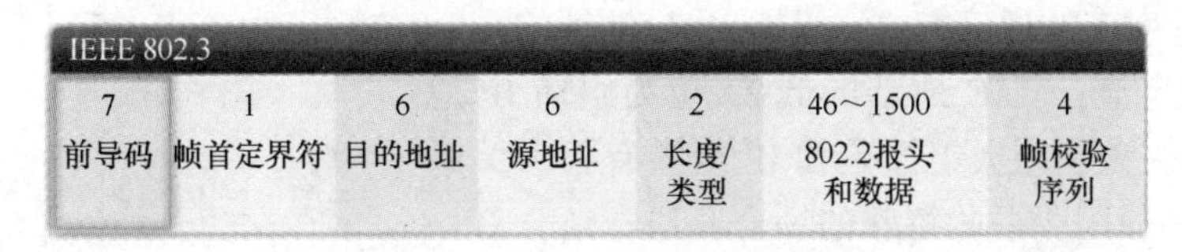


图 2-7 以太网的帧结构

首先是 7 个字节的“前导码”，它与之后一个字节的“帧首定界符”一起在发送设备与接收设备的同步上起作用。也就是说，这两个内容以后的就是以太网帧了。

接下去是 6 个字节的“目的地址”和 6 个字节的“源地址”，这两个地址都是数据链路层地址，或者说是 MAC（Media Access Control）地址，接收者通过将目的地址与自己的 MAC 地址做比对来获知此帧是不是发给自己的。每一个以太网网络设备都至少有一个自己的 MAC 地址，它是由 IEEE 来分配的，保证全球的以太网设备都有唯一的 MAC 地址，它的长度是 48 位，如图 2-8 所示，其中前 24 位表示组织唯一标识符 OUI（其中有 2 位是控制位），后 24 位由厂商来定义，但不能重复。MAC 地址固化在网络设备的 ROM 中，如网卡的 ROM，在启动以后，MAC 地址就会被用起来。

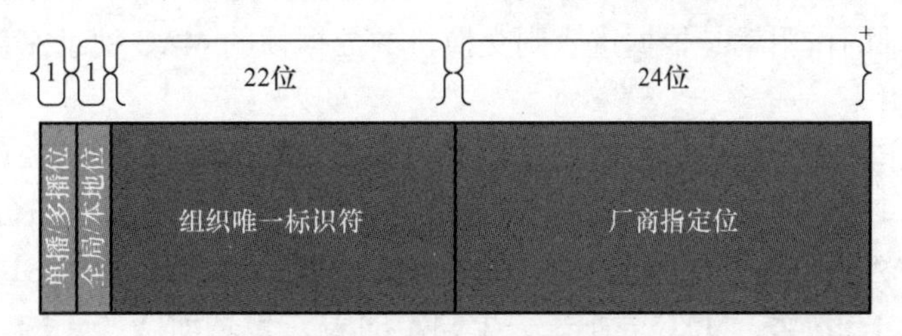


图 2-8 MAC 地址的组成

再接下去“长度/类型”占 2 个字节，定义了此帧的准确长度。

再然后是 802.2 报头和数据，这些则是来自于第三层的内容了，如 IP 数据包，由于帧要求有 64 个字节，若数据包内容较小，则需要使用填充位来达到 64 字节。

最后是帧校验序列（FCS），其长度为 4 个字节，采用 CRC 校验的方法来检测帧是否有错误。这些错误有些来自设备本身，有些则来自于传输过程。若校验出不正确，会将帧丢弃。

## 2.1.4 以太网的单播、组播与广播

在以太网环境下，网络设备相互之间的通信通常有单播、广播和组播三种不同的方式，分别应对各种情况下的通信传播。

单播是指一对一的通信方式。通常情况下，单播的源 MAC 地址和目的 MAC 地址都是明确的主机 MAC，当目的主机收到单播帧时，则接收下此帧，而当其他主机接收到此帧时，则会丢弃它，如图 2-9 所示。

广播是指一对所有的通信方式，如图 2-10 所示。在这种情况下，系统以目的地址全 1 的方式进行通信，即将目的 MAC 置成 ff:ff:ff:ff:ff:ff。

图 2-9　单播通信　　　　图 2-10　广播通信

组播是指一对多的通信方式。组播 MAC 地址的高 24 位固定为 0x01005e，第 25 位则为 0，即高 25 位为固定值；MAC 地址的低 23 位为组播 IP 地址的低 23 位，应该说以太组播是和 IP 组播有很大关系的。组播通信一般用于一些特殊的场合，通常还会有一些相应的组播协议与之配套使用。客户端组在很多情况下正是一组启用了某组播协议的计算机组，如图 2-11 所示。

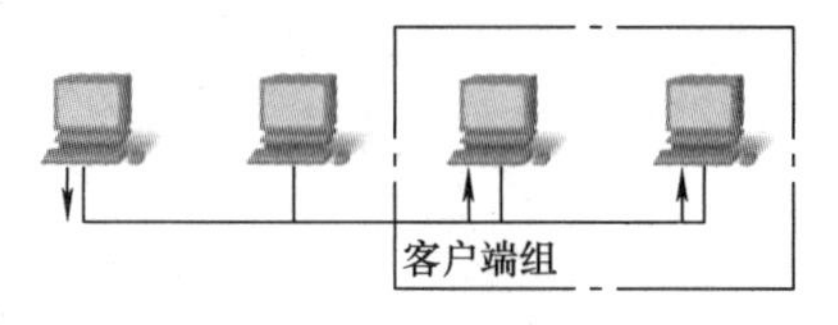


图 2-11　组播通信

## 2.2　交换机的基本操作

交换机是一种常见的网络设备，基本是工作在第二层的，也就是数据链路层，它的最基础的作用就是根据进入到交换机的数据帧的 MAC 地址来决定转发出去的出口，然后再转发出去。

在交换机里，时刻保存了一张表，即通常所说的 MAC 表。MAC 表中存储了与每一个端口相连的网络设备的 MAC 地址，见表 2-1（其中，将三台 PC 的 48 位 MAC 地址分别简写为 AA－AA－AA－AA－AA－AA、BB－BB－BB－BB－BB－BB 和 CC－CC－CC－CC－CC－CC）。

当然，MAC 表不是一个固定的表，它是动态变化的。在交换机刚开机时，它并不了解那些相连的网络设备（如图 2-12 中的 PC），也就不能获得它们的 MAC 地址。一般称交换机获得外连设备 MAC 地址的阶段称为交换机 MAC 学习阶段。在图 2-12 所示的连接方式下，交换机是如何学习的?

**表 2-1　MAC 表示例**

| 端口 | MAC 地址 |
|---|---|
| 1 | AA－AA－AA－AA－AA－AA |
| 2 | BB－BB－BB－BB－BB－BB |
| 3 | CC－CC－CC－CC－CC－CC |
| ⋮ | ⋮ |

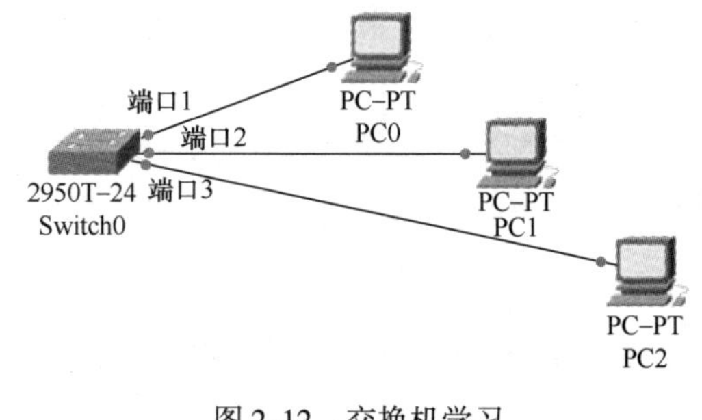


图 2-12　交换机学习

交换机一般不能主动了解外连网络设备的 MAC 地址情况，只有当有数据帧流过交换机时才获得信息。所以刚开始的时候，交换机的 MAC 表是个空表，见表 2-2。

当 PC0 向 PC1 发送一个数据帧时，发出的数据帧源 MAC 是 PC0 的 MAC 地址，发送至交换机端口 1 后，交换机首先把帧的源 MAC 地址记录下来，也就是 PC0 的 MAC 地址，它与端口 1 相对应，记录之后，MAC 表见表 2-3。

表 2-2 MAC 表状态 1

| 端口 | MAC 地址 |
|---|---|
| 1 | |
| 2 | |
| 3 | |
| ⋮ | |

表 2-3 MAC 表状态 2

| 端口 | MAC 地址 |
|---|---|
| 1 | AA - AA - AA - AA - AA - AA |
| 2 | |
| 3 | |
| ⋮ | |

接着，交换机要对其进行转发操作，与学习操作不同，转发操作时，交换机取的是当前帧的目的 MAC 地址，也就是 PC1 的 MAC 地址，而这个 MAC 地址不能在交换机当前的 MAC 表中找到，这时交换机采取的办法就是向所有非传入接口也就是除了端口 1 以外的所有端口都发送一份当前的帧，这种操作称为交换机的泛洪操作。泛洪操作有时会增加网络的流量，但这种操作并不是常有。

当执行泛洪操作以后，PC1 由于连接到了端口 2，它也会收到来自于 PC0 的一份数据帧，发现该帧的目的地址是自己后，它接收下此帧并发送应答帧，帧的源地址是 PC1 的源地址，目的地址则是 PC0 的 MAC 地址。当这一帧发送至交换机时，由于其是从交换机的端口进入到交换机的，所以交换机学习得此 MAC 并将其记录到自己的 MAC 表中，此时的 MAC 表见表 2-4。

表 2-4 MAC 表状态 3

| 端口 | MAC 地址 |
|---|---|
| 1 | AA - AA - AA - AA - AA - AA |
| 2 | BB - BB - BB - BB - BB - BB |
| 3 | |
| ⋮ | |

当表 2-4 所示的 MAC 表在交换机内存中形成以后，若交换机再接收到 MAC 地址为 AA - AA- AA - AA - AA - AA 或 BB - BB - BB - BB - BB - BB 的数据帧时，交换机就只向相应的端口转发数据包，而不再进行泛洪操作了。

同理，当 PC2 也发送数据帧的时候，交换机也会记录它的 MAC 地址，这时的 MAC 表就变成了表 2-1 所示的样子了，然后交换机的 MAC 表就有了外连的三个设备的 MAC 地址，算是暂时完整的 MAC 表了。

## 2.3 冲突域与广播域

交换机对于数据帧的处理在 2.2 节做了简单说明，但网络中不是所有设备对于数据帧的处理都像交换机那样。事实上，以太网中各种设备互连时，形成不同类的域，有冲突域和广播域等。

### 2.3.1 冲突域

集线器的英文为 Hub，其最基本功能是对接收到的数据信号进行放大、重整和复制。当一个集线器从一个端口收到一个数据帧时，如果设备并不是处于忙的状态的话，它会将这个帧复制一份，然后从除了接收这个帧的其他端口发送出去，如图 2-13 所示。

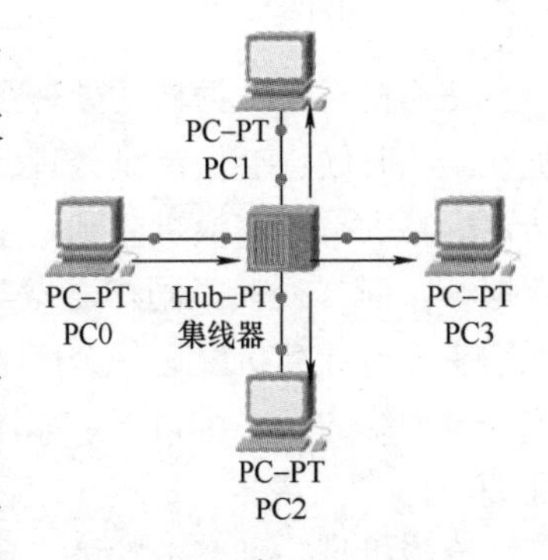


图 2-13 集线器处理数据帧

这个复制过程也包含了放大和重整。因为以太网信号在传输过程中由于衰减使得信号不能传送更远的距离，这个问题可以用集线器来解决。

中继器是一种特殊的集线器，它有两个端口，信号一进一出，用它更多体现了对于信号重整的功能。

由于以太网使用 CSMA/CD 介质访问方式，那么无可避免会有多个网络设备争用一个通道的情况发生，也就是发生冲突，虽然 CSMA/CD 可以解决冲突的问题，但一旦冲突发生，则所有相关的设备端口都要进行适当地等待，于是有了冲突域的定义，也就是会产生冲突的最小范围。在这个范围内，网络设备互联争用一个共享的通道。

冲突域的大小往往影响网络的性能。当使用集线器过多的时候，网络的冲突域的范围就会很大，这个时候，网络中的每一台设备要发送数据帧时都要求其他设备未发送数据帧。而交换机由于使用了交换表，网络的分段不再和使用集线器时那样共享网段、共享介质（见图 2-14），而是按照数据帧的 MAC 地址在各个端口间实现微分段。如图 2-15 所示，第 2 台计算机和第 3 台计算机进行通信的同时，也允许第 4 台和第 6 台、第 5 台和第 7 台、第 1 台和第 8 台三组计算机进行通信。

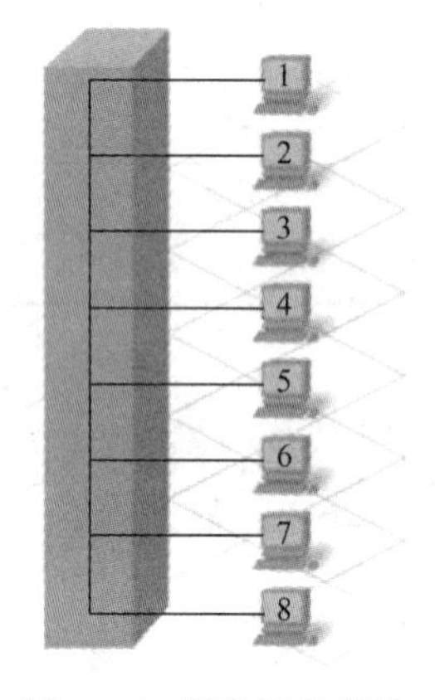

图 2-14　集线器共享段

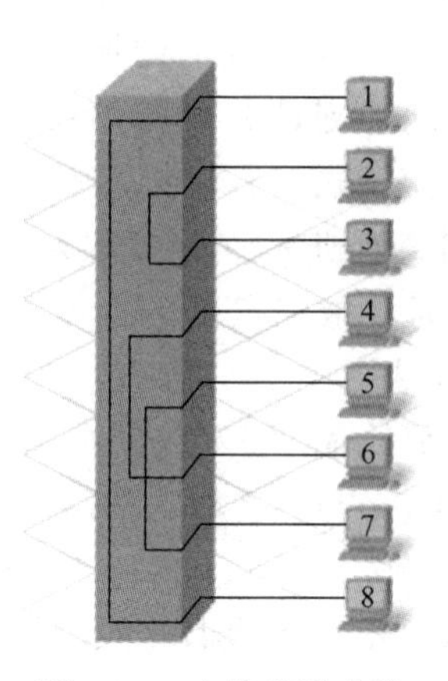

图 2-15　交换机微分段

相应地，交换机的每一个端口都对应一个独立的冲突域，不再像集线器那样有很多端口，或者很多集线器共同处于冲突域中。换句话说，交换机的使用使得冲突域被分割开来。

### 2.3.2　广播域

交换机对于数据帧的处理虽然可以显著减少冲突的产生，但由 2.2 节的内容可知，交换机在某些时候也会做泛洪处理，也就是将数据帧复制到所有除接收这个帧的端口以外的其他端口。特别是当交换机收到一个广播帧（也就是目的 MAC 地址为 FF:FF:FF:FF:FF:FF 的数据帧）时，交换机同样会做类似泛洪的处理。那么也就是说，当由交换机架构组成的网络中有一台计算机发送一个广播帧至交换机的端口，那么交换机组成的网络会将这个广播帧传送至网络的每一个角落。如图 2-16a 所示，交换机收到一广播帧，则其会按图 2-16b 所示处理广播帧。

交换机是一种基本的第二层设备，也就是数据链路层设备，所以它对于数据的处理只能到数据链路层为止，也就不能抑制广播帧的影响。如果一个网络基本是由交换机构成的，那

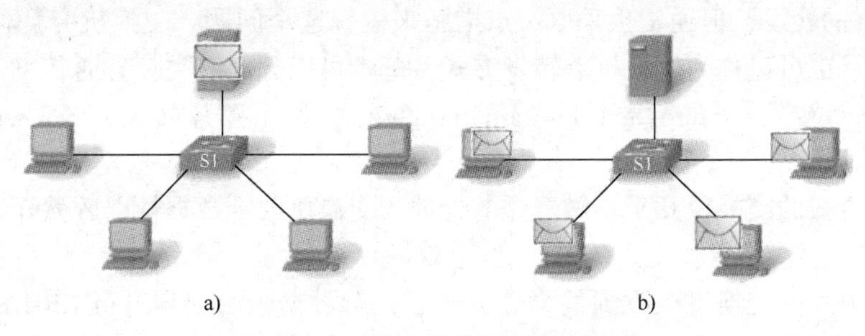


图 2-16 交换机接收并处理广播帧

网络内的所有设备处于同一个广播域中。

实际上，像目的 MAC 地址为 FF：FF：FF：FF：FF：FF 的数据帧在网络中极为常见。例如，进行 ARP 操作时，就会发送这种类型的帧，而 ARP 操作又是必不可少的操作。

那么，如果要想抑制广播帧在一个可接受的范围之内，就需要使用第三层设备，如路由器。当路由器的接口接收到广播帧的时候，会丢弃这个帧而不会把帧蔓延至网络的另一端。如图 2-17 所示，其中的左右两个方框所示的范围就是广播域的范围，而左边的广播域内的广播帧是不会传到右边的广播域，而右边的广播域中的广播帧也不会传到左边的广播域。

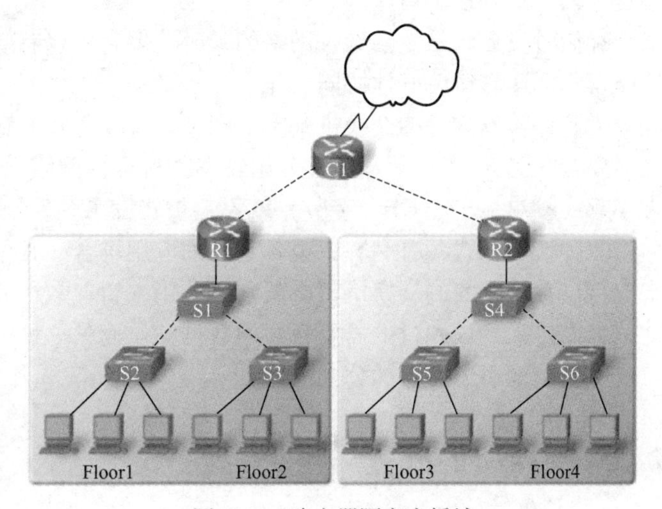


图 2-17 路由器隔离广播域

所以，可以这么说，路由器是可以用来隔离广播域的，而交换机则只会拓展广播域。交换机可以用来隔离冲突域，而集线器则会拓展冲突域。

## 2.4 交换机的转发方式

交换机虽然可以做到每一个端口都有独立的带宽，形成一个独立的冲突域，但还是会有争用同一个端口资源的情况发生。特别是与图 2-18 类似的连接情况，客户机和服务器都连接到同一台交换机上，所有客户都需要访问服务器，这时，网络的瓶颈就在服务器的这个连接上。

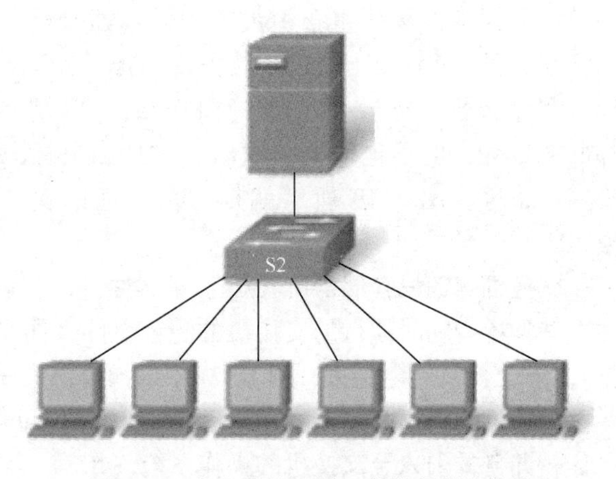


图 2-18 客户机访问同一台服务器的情景

对此，虽然交换机基本的转发策略是

基于 MAC 地址的转发，但通常也采取一点措施来缓解这个问题。交换机究竟何时去处理这种转发的问题，也可以称为交换机的转发方式，基本可以分成三类：直通转发（Cut-through Switching）、存储转发（Store-and-Forward Switching）和无碎片转发（Segment-free Switching）。

直通转发方式的交换机几乎不做事先的处理，交换机收到数据帧以后就开始检查其目的 MAC 地址，然后直接进行转发。

存储转发方式的交换机在收到整个数据帧后，对数据帧的内容进行 CRC 校验计算，并检查该帧的长度，若 CRC 校验和原 CRC 校验相同且帧长度有效，则交换机开始检查其目的 MAC 地址，然后再将其进行转发操作，如果目的端口处于忙碌状态，那交换机就会暂时存储这个帧，直到该端口空闲。

存储转发方式虽然会延长网络的延时，但它可以有效地改善网络性能，特别是可以让高速端口和低速端口更好地协同工作。

无碎片转发方式的交换机基本上和直通转发方式的交换机的操作是一样的，但它在转发之前要接收到 64 个字节以后才开始转发，这样，网络上的一些无用的碎片帧（通常它们的大小都比较小，小于 64 个字节）就不会被转发了。

三种转发方式各有利弊，也各有各的应用场合。其中，存储转发方式还需要有缓冲技术来支持。存储转发的交换机常有两种缓冲用来暂存数据帧：一种是基于端口的缓冲，这种缓冲只存储传入到该端口的需要暂存的数据帧；而另一种则是共享缓冲，这种缓冲则是所有端口传入的帧都可以暂存的公共缓冲。

## 2.5 交换机的配置

交换机是以太网络中的重要设备，那交换机是怎么样的一种硬件设备呢？在这一节中，就以交换机为中心来展开。

### 2.5.1 交换机的组成

交换机究其根本，就是一种专门用于通信的计算机，它由交换机的硬件和交换机软件系统组成。其硬件部分包含中央处理器（CPU）、随机存储器（RAM）、只读存储器（ROM）、可读可写存储器（包括 NVRAM 和 FLASH）以及外部接口等，但不包括视频输出、键盘和鼠标输入设备等。图 2-19 所示就是一个普通的交换机。

图 2-19 交换机外观

交换机的随机存储器（RAM）在交换机启动后存储有 ARP 缓存、交换缓存、分组缓冲，并且还有临时运行的交换机的配置文件（同交换机类似的路由器的 RAM 中还存有路由表）。若交换机通电结束，则 RAM 中的内容消失。

交换机的只读存储器（ROM）存储了一份可供交换机在启动时加电自测试所需要的指令集，并自举引入至交换机的操作系统（IOS）。

交换机的非易失性随机存储（NVRAM）中保存有交换机启动以后需要使用的启动配置

文件。当交换机通电结束，NVRAM 中的内容可以保留。

交换机的闪存（Flash）相对来说存储的容量比较大，它可以用来存储交换机的操作系统镜像文件。对于某些交换机而言，闪存中可能存有多个不同功能的操作系统镜像文件。

交换机的接口用于交换机的网络连接，通过接口，交换机可以让分组进入或离开。

交换机的软件系统集中在操作系统上，每一个交换机一般都会有一个专用的操作系统。例如，思科的交换机的操作系统称为 IOS（Internetwork Operating System），这种 IOS 一般存储在交换机的闪存中，在交换机启动以后被载入内存（通常闪存中的 IOS 镜像文件是经过压缩的，装载时需要解压缩），然后交换机寻找配置文件，通过配置文件来对 IOS 的运行情况进行一定的个性化设置。

交换机的 IOS 镜像文件在交换机出厂时就已经预置了一个，但有时需要对这个 IOS 镜像文件进行升级操作，或者可以通过各种渠道来给交换机加载一个适合的 IOS。由于涉及版权的问题，有些 IOS 的镜像文件需要购买，并不能直接从官方网站上免费下载。

### 2.5.2 交换机的连接与控制

从图 2-19 所示的交换机来看，交换机并没有普通计算机的输入/输出接口，那操作交换机应该从哪方面入手呢？其实有很多交换机（特别是一些低端的交换机）是不可以管理的，所以它们也就不存在管理接口，而一些交换机会提供一个“Console”接口来进行管理操作。

如图 2-20a、b 所示分别是两种 Console 接口，这两种接口都可以通过合适的 Console 连线连接到计算机的通信口（如 com1）上。

Console 接口连接计算机后，就可以通过 Windows 下的超级终端来控制交换机，具体步骤如下：

1）连接计算机。图 2-21 所示的 Console 连接线一头是 RJ45 接口，连接交换机的 Console 接口，另一头为 9 针连接头，连接计算机的通信口（com 口）。

a)

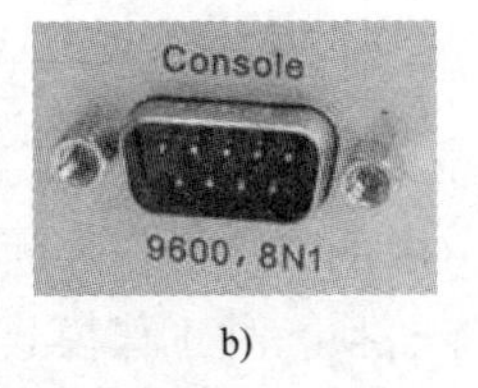

b)

图 2-20 Console 接口

图 2-21 Console 连接线

2）打开 Windows 中的超级终端（超级终端一般作为 Windows 的常用组件被安装，若没有安装也可添加安装，Linux 下也有类似的应用程序）。例如，在 Windows XP 操作系统界面，依次选择“开始”菜单→“所有程序”→“附件”→“通信”→“超级终端”命令，打开如图 2-22 所示的“连接描述”对话框，新建一个超级终端连接。然后，选择连接端口如图 2-23所示。

图 2-22 新建超级终端连接

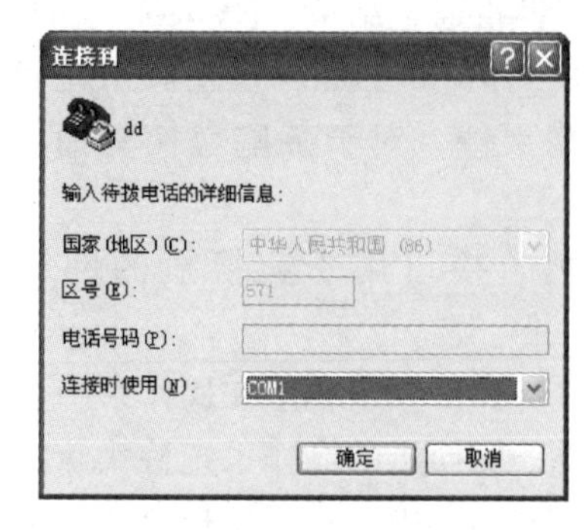


图 2-23 选择连接端口

最后再设置端口的参数，如图 2-24 所示（图中所示为默认参数，具体的参数可能会有差别）。

3）设置好端口参数以后，单击“确定”按钮就可以连接了。按 <Enter> 键后，交换机即处于联机状态，等待用户的命令。

图 2-25 所示的就是交换机 IOS 的 CLI 界面，也就是命令行界面，这个是交换机默认提供的控制界面，其他的控制方式如 Telnet 控制方式、Web 控制方式等一般都需要预先进入此界面进行配置后才可以使用。

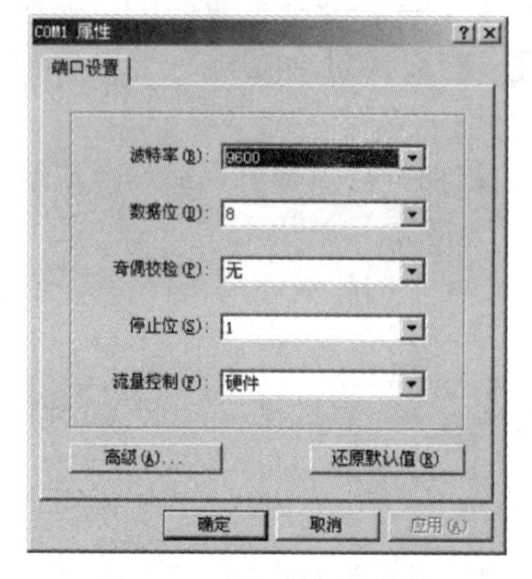


图 2-24 设置端口的参数

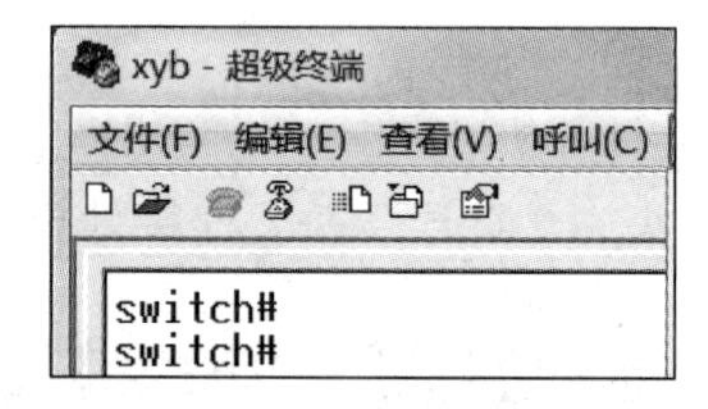


图 2-25 交换机的控制台界面

以思科交换机的 CLI 为例，当使用交换机 IOS 的 CLI 操作界面时，需要注意当前的工作模式。在什么样的工作模式下使用什么样的命令，换一种工作模式可能就不适用了。

首先进入的是用户模式，图 2-25 所示的界面也是一种用户模式，它的特点是默认的提示符为“>”。用户模式相当于 Windows 操作系统中的“guest”来宾用户，它的权限一般很少。

用户模式下可以简单地使用“ping”来测试网络的连通性，也可以使用“connect”命令来通过 Telnet 方式连接控制其他的交换机或路由器。习惯上可以输入一个“?”来查看当前模式下可以使用的命令，并显示其基本功能，如图 2-26 所示。

由于用户模式下，能操控交换机的内容不多，所以很多命令都不常使用。而在这种模式下，若输入 enable 后（可以简写为 en），若未设特权模式密码则可以直接进入特权模式。这

```
Switch>?
Exec commands:
  <1-99>        Session number to resume
  connect       Open a terminal connection
  disable       Turn off privileged commands
  disconnect    Disconnect an existing network connection
  enable        Turn on privileged commands
  exit          Exit from the EXEC
  logout        Exit from the EXEC
  ping          Send echo messages
  resume        Resume an active network connection
  show          Show running system information
  telnet        Open a telnet connection
  terminal      Set terminal line parameters
  traceroute    Trace route to destination
Switch>
```

图 2-26　交换机的用户模式

种模式默认的提示符是“#”。它就相当于很多 PC 操作系统中的“administrator”超级用户。但是在特权模式下不可以直接对交换机进行配置，但却可查看很多的配置内容，也可以进入调试。若是在特权模式下输入一个“?”，可以查看当前模式下可以执行的命令，并对命令进行解释，如图 2-27 所示。在使用这种交换机的 CLI 控制方式时，可以使用一些技巧来避免使用错误的命令。例如，要使用 show 命令来查看一些内容，如果不确定是否可用 show 命令，则可以先使用“s?”来查看当前可以使用的以“s”字母开头的命令有哪些，输入以后，则系统就会提示相关的内容，如图 2-28 所示。这表示，在当前模式下，以“s”开头的命令有两个可用，分别是 setup 和 show。

```
Switch>enable
Switch#?
Exec commands:
  <1-99>        Session number to resume
  clear         Reset functions
  clock         Manage the system clock
  configure     Enter configuration mode
  connect       Open a terminal connection
  copy          Copy from one file to another
  debug         Debugging functions (see also 'undebug')
  delete        Delete a file
  dir           List files on a filesystem
  disable       Turn off privileged commands
  disconnect    Disconnect an existing network connection
  enable        Turn on privileged commands
  erase         Erase a filesystem
  exit          Exit from the EXEC
  logout        Exit from the EXEC
  more          Display the contents of a file
  no            Disable debugging informations
  ping          Send echo messages
  reload        Halt and perform a cold restart
  resume        Resume an active network connection
  setup         Run the SETUP command facility
 --More--
```

图 2-27　交换机的特权模式

```
Switch#s?
setup  show
Switch#s
```

图 2-28　问号的妙用

但若是输入“s ?”（注意中间是有空格的），这时“s”则表示是一个命令，而交换机操作系统无法识别这个命令，这时系统就提示出错，即 Ambiguous Command：“s”，如图2-29 所示。

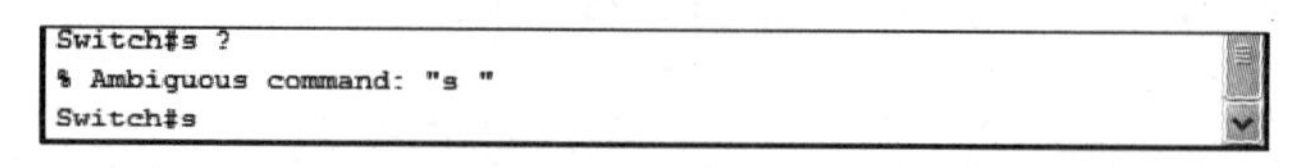

```
Switch#s ?
% Ambiguous command: "s "
Switch#s
```

图 2-29 命令无法识别

如果输入“show ?”或者“sh ?”，那么此时的“show”（或“sh”）则表示是个命令了（因为以“sh”开头的可识别的命令只有“show”，如果输入“sh”后使用制表键 <TAB> 可以完成对这个命令的补全操作）。而“?”则表示第一个参数，如图 2-30 所示，show 命令的第一参数可以有 access-lists、arp、boot、cdp 等。

```
Switch#show ?
  access-lists         List access lists
  arp                  Arp table
  boot                 show boot attributes
  cdp                  CDP information
  clock                Display the system clock
  dtp                  DTP information
  etherchannel         EtherChannel information
  flash:               display information about flash: file system
  history              Display the session command history
  hosts                IP domain-name, lookup style, nameservers, an
  interfaces           Interface status and configuration
  ip                   IP information
```

图 2-30 show 命令的第一个参数

查看第二个参数也可以使用“?”号。例如，输入“show ip ?”，表示 show 命令的第一个参数是 ip（即要显示相关的 IP 信息），第二个参数可以是哪些呢？如图 2-31 所示。给出的三行结果分别表示，如果参数是 access-lists，则显示 IP 访问控制列表；如果参数是 arp，则显示相关 IP ARP 表的信息；如果参数是 interface，则显示相关接口的 IP 信息。

```
Switch#show ip ?
  access-lists  List access lists
  arp           IP ARP table
  interface     IP interface status and configuration
Switch#show ip
```

图 2-31 show 命令显示相关 IP 信息

第三个、第四个参数也同样可以用这样的方法。例如，输入“show ip interface ?”，则系统提示如图 2-32 所示。其中，第一行表示可用的参数是 Vlan，可用来显示当前交换机的 Vlan 接口（把 Vlan 当成接口来显示）；第二行表示若参数是 brief，则简要地显示全部可以显示的接口信息；第三行则提示在此可以不需要第三个参数，直接按 <Enter> 键即可。

```
Switch#show ip interface ?
  Vlan    Catalyst Vlans
  brief   Brief summary of IP status and configuration
  <cr>
Switch#show ip interface
```

图 2-32 “show ip”命令第三个参数提示

但如果参数是需要的，但没有表明，则系统会给出如图 2-33 所示的提示，表示命令是一个不全的命令。

```
Switch#show ip
% Incomplete command.
```

图 2-33　提示是不全的命令

在特权模式下，输入“configure terminal”可进入全局配置模式。在这个模式下，提示符由两部分组成，前面是交换机的主机名，后接“（config）”加上“#”。在此模式下可以更改交换机全局性的配置内容，如输入“hostname Sw1”可将当前交换机的名称改为 Sw1。configure 其实是一个配置命令，若后面跟的是 terminal，则是对交换机直接进行配置；若后面跟的是 memory，则可以从 NVRAM 加载配置信息并进行配置。

在全局配置模式下可以配置的内容有很多，但这些都是针对整个交换机的配置更改，如上面更改交换机的名字就是属于这一种类型。在这种模式下，不可以配置如一个接口的开启状态等内容，这时可以从当前的配置模式进入配置子模式。例如，要配置一个接口相关的内容，就进入接口配置子模式，如图 2-34 所示。

```
Switch#
Switch#configure terminal
Enter configuration commands, one per line.  End with CNTL/Z.
Switch(config)#hostname Sw1
Sw1(config)#interface fas
Sw1(config)#interface fastEthernet 0/3
Sw1(config-if)#no shutdown
Sw1(config-if)#
```

图 2-34　进入接口配置子模式

配置子模式也不仅仅是接口配置子模式这一种，还有线路配置子模式、访问控制列表子模式等，此外，和交换机相同操作系统界面的路由器还有路由协议配置子模式等，这些内容会在后面的章节陆续介绍。

综上所述，表 2-5 总结了交换机的几个工作模式特点。

**表 2-5　交换机的几个工作模式特点**

| 工作模式 | 提示符 | 进入方式 |
| --- | --- | --- |
| 用户模式 | Switch > | 开机进入 |
| 特权模式 | Switch# | Switch > enable |
| 全局配置模式 | Switch（config）# | Switch#configure terminal |
| 接口配置子模式 | Switch（config-if）# | Switch（config）#interfacefa1/1 |

## 2.6　本章总结

本章从以太网的基础出发，先对以太网的 CSMA/CD 进行了简单分析，再介绍交换机对于数据帧的处理方法，继而提出冲突域、广播域的概念，然后讲解了交换机的几种转发方式，最后从交换机连接、控制、配置等方面实现对交换机的功能配置。

## 2.7 本章实践

### 实践一：交换机的基本配置

使用 Packet tracer 创建一模拟的工作环境。

1. 添加一台交换机，并等待其启动完毕。如图 2-35 所示，试读懂 CLI 界面中当前交换机的一些信息。

```
C2960 Boot Loader (C2960-HBOOT-M) Version 12.2(25r)FX, RELEASE SOFTWARE (fc4)
Cisco WS-C2960-24TT (RC32300) processor (revision C0) with 21039K bytes of memor
y.
2960-24TT starting...
Base ethernet MAC Address: 0009.7C80.E2EA
Xmodem file system is available.
Initializing Flash...
flashfs[0]: 1 files, 0 directories
flashfs[0]: 0 orphaned files, 0 orphaned directories
flashfs[0]: Total bytes: 64016384
flashfs[0]: Bytes used: 4414921
flashfs[0]: Bytes available: 59601463
flashfs[0]: flashfs fsck took 1 seconds.
...done Initializing Flash.

Boot Sector Filesystem (bs:) installed, fsid: 3
Parameter Block Filesystem (pb:) installed, fsid: 4


Loading "flash:/c2960-lanbase-mz.122-25.FX.bin"...
#################
```

图 2-35　交换机启动 IOS CLI 界面

2. 添加一台 PC，使用 Console 线与交换机相连（交换机端接口为 Console 口，PC 端接口为 RS-232 口），如图 2-36 所示。

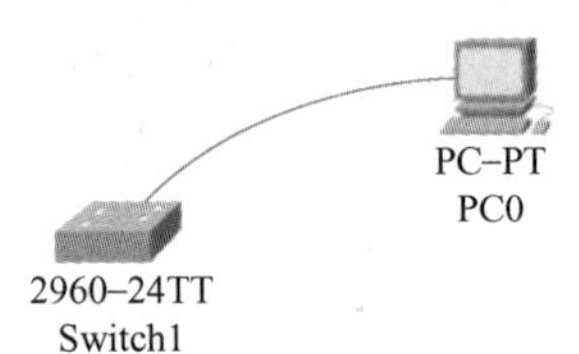


图 2-36　使用 Console 线与 PC 相连

3. 设置 PC 的终端参数，选择 PC 中的 Desktop 选项卡中的 terminal 选项，然后设置参数后单击 OK 按钮。

1）Bit per second（波特率）：9600。

2）Data bits（数据位）：8。

3）Parity（校验）：None。

4）Stop Bits（停止位）：1。

5）Flow control（流控制）：None。

4. 在 CLI 模式下配置具体内容。

1）全局配置模式下：更改交换机的名称（hostname myswitch）。

2）特权模式下：保存交换机配置（copy running-config startup-config）。

3）特权模式下：查看交换机的状态（show version）。

4）特权模式下：查看与更改接口的状态（show interface）。

5. 选择适当的线连接两台 PC 的以太网口至交换机的以太网口。

6. PC 的配置，具体如下：

1）IP 地址配置（PC 的 Desktop 选项卡，然后选择 IP Configuration 选项）。

2）在提示符环境下（见图 2-37），尝试使用各种 IP 命令工具（PC 的 Desktop 选项卡，然后选择 Command Prompt 选项）。

```
Command Prompt                                                    X

Packet Tracer PC Command Line 1.0
PC>?
Available Commands:
  ?           Display the list of available commands
  arp         Display the arp table
  delete      Deletes the specified file from C: directory.
  dir         Displays the list of files  in C: directory.
  ftp         Transfers files to and from a computer running an FTP server.
  help        Display the list of available commands
  ipconfig    Display network configuration for each network adapter
  ipv6config  Display network configuration for each network adapter
  netstat     Displays protocol statistics and current TCP/IP network
              connections
  nslookup    DNS Lookup
  ping        Send echo messages
  snmpget     SNMP GET
  snmpgetbulk SNMP GET BULK
  snmpset     SNMP SET
  ssh         ssh client
  telnet      Telnet client
  tracert     Trace route to destination
PC>
```

图 2-37　Packet Tracer 中的 PC 提示符界面

## 实践二：二层交换机的 MAC 表操作

在 Packet Tracer 中按图 2-38 所示的拓扑结构，用直通线将交换机分别和两台 PC 相连。

1）当交换机与 PC 连线时，查看交换机控制台端的反应是否如图 2-39 所示，试解释之。

2）交换机控制的 CLI 界面，在特权模式下，使用命令“show mac-address-table”查看 MAC 地址表。

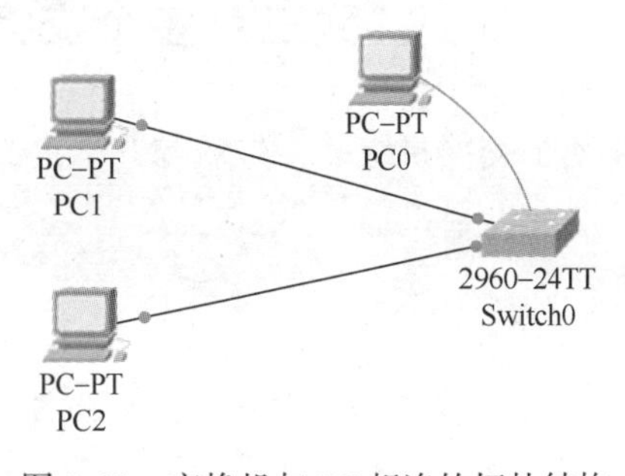


图 2-38　交换机与 PC 相连的拓扑结构

```
Press RETURN to get started!


%LINK-5-CHANGED: Interface FastEthernet0/1, changed state to up

%LINEPROTO-5-UPDOWN: Line protocol on Interface FastEthernet0/1, changed state t
o up
```

图 2-39　交换机连线时的反应

3）为 PC 配置不同的 IP 地址，如一台 PC 配置 IP 为 192. 168. 0. 2，子网掩码设置为 255. 255. 255. 0，网关设置为 192. 168. 0. 1，另一台 PC 配置 IP 为 192. 168. 1. 2，子网掩码设置为 255. 255. 255. 0，网关设置为 192. 168. 1. 1。然后转到交换机控制的 CLI 界面，在特权模式下，使用命令“show mac-address-table”查看 MAC 地址表。

4）交换机控制的 CLI 界面中，在特权模式下，使用命令“clear mac-address-table”来清空 MAC 地址表。然后再使用命令“show mac-address-table”查看 MAC 地址表，如图 2-40 所示。

5）使用 PC1 ping 一个与其不同网的 IP 地址（如 192. 168. 2. 2）后，再转到交换机控制的 CLI 界面，在特权模式下，使用命令 show mac-address-table 查看 MAC 地址表。

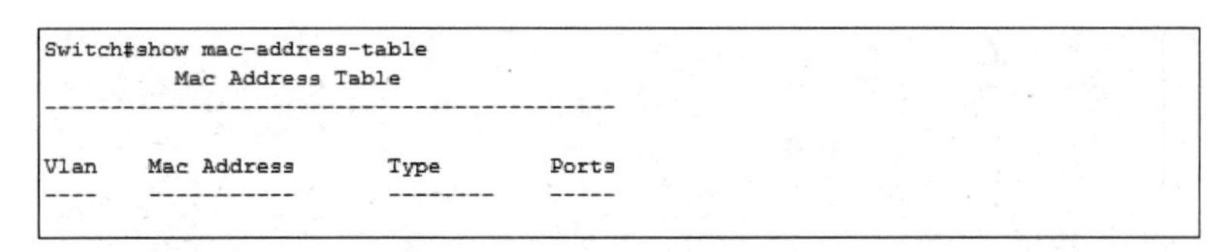

```
Switch#show mac-address-table
          Mac Address Table
-------------------------------------------

Vlan    Mac Address       Type        Ports
----    -----------       --------    -----
```

图 2-40 使用“show mac-address-table”命令查看 MAC 地址表

6）在交换机特权模式下，使用命令“clear mac-address-table”来清空 MAC 地址表。

7）使用 PC1 ping 一个与其同网的 IP 地址（如 192.168.0.2）后，再使用命令“show mac-address-table”查看 MAC 地址表。

8）在交换机特权模式下，使用命令“clear mac-address-table”清空 MAC 地址表。

9）使用 PC1 ping PC2 后，再使用命令“show mac-address-table”。使用 PC1 ping 地址后，再次使用命令“show mac-address-table”查看 MAC 地址表。

10）使用 PC2 ping PC1 后，再使用命令“show mac-address-table”。使用 PC2 ping 地址后，再使用命令“show mac-address-table”查看 MAC 地址表。

11）思考以上结果变化原因。

注意：以上内容偶尔会出现多样性，不必在意。

## 实践三：多个交换机级联时的 MAC 表操作

将两个交换机级联，然后与几个 PC 相连，如图 2-41 所示。

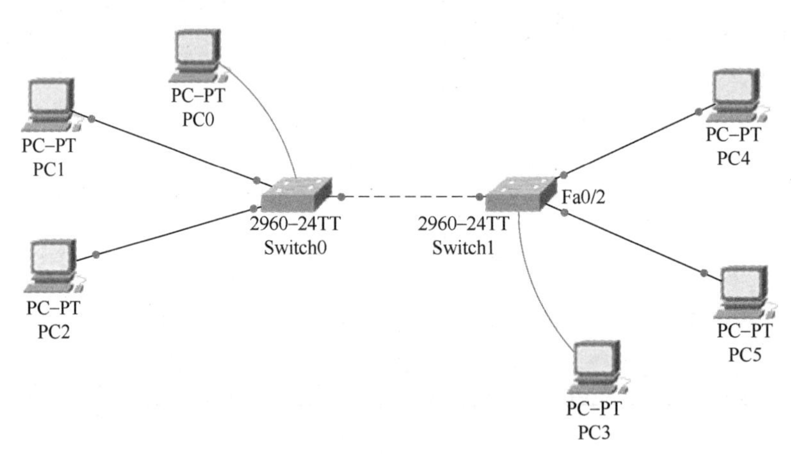


图 2-41 交换机级联

给 PC 分别配置 IP。IP 信息见表 2-6。

**表 2-6 IP 配置表**

| | IP 地址 | 子网掩码 | 网关 |
|---|---|---|---|
| PC1 | 192.168.0.2 | 255.255.255.0 | 192.168.0.1 |
| PC2 | 192.168.1.2 | 255.255.255.0 | 192.168.1.1 |
| PC4 | 192.168.0.3 | 255.255.255.0 | 192.168.0.1 |
| PC5 | 192.168.1.3 | 255.255.255.0 | 192.168.1.1 |

1）在特权模式下，在Switch0使用命令“show mac-address-table”查看Switch0的MAC地址表。

2）在特权模式下，在Switch1使用命令“show mac-address-table”查看Switch1的MAC地址表。

3）在特权模式下，在Switch0使用命令“clear mac-address-table”后再使用命令“show mac-address-table”查看Switch0的当前MAC地址表。请问MAC地址表为空吗？若不为空有什么？试说明为何不空。

4）在特权模式下，在Switch1使用命令“clear mac-address-table”后再使用命令“show mac-address-table”查看Switch1的当前MAC地址表。请问MAC表为空吗？

5）在特权模式下，使用命令“clear mac-address-table”清空MAC地址表，然后使用PC1 ping PC4地址后，再使用命令“show mac-address-table”查看MAC地址表。试解释显示的内容。

6）在特权模式下，使用命令“clear mac-address-table”清空MAC地址表，然后使用PC2 ping PC5地址后，再使用命令“show mac-address-table”查看MAC地址表。

7）在特权模式下，使用命令“clear mac-address-table”清空MAC地址表，然后使用PC1 ping其他与其同网的主机不存在的IP地址（如192.168.0.88）后，再使用命令“show mac-address-table”查看MAC地址表。思考在没有ping通的情况下，两个交换机有无操作，操作是否相同。

请学有余力的读者思考，将PC1和PC4处于不同一网络地址，PC2和PC5也属于不同一网络地址，对本次实践的结果有无影响。

# 第3章

# 虚拟局域网与交换机

本章着重讲述虚拟局域网的内容，从虚拟局域网（VLAN）的引入出发，讲解交换机虚拟局域网的基本内容、交换机上虚拟局域网的设置等，然后再层层深入至虚拟局域网的中继问题，并讲解中继使用的数据帧的细节问题，最后有选择性地介绍 VLAN 间路由问题，并结合三层或多层交换机的使用，最终理解中小企业中交换主干网络的设计与配置方法。

## 3.1　虚拟局域网概述

以太网技术是当今流行的局域网技术，而以太网交换技术则是以太网中一个重要的内容。以太网交换技术的一个重要的特性就是虚拟局域网技术的应用。第 2 章并没有提及以太网的虚拟局域网技术，但其默认是存在的，在没有配置虚拟局域网时，系统就默认只在唯一的一个虚拟局域网内运行。

### 3.1.1　虚拟局域网的引入

传统局域网（Local Area Network，LAN）也可以称为交换式以太局域网。在传统局域网内，设备与设备之间是可以进行直接通信的，或者说是可以互相发送/接收以太网的帧，但却不能与局域网外的设备直接进行通信（如果需要，可以借助如路由器等第三层设备来完成）。如图 3-1 所示，在这样的技术前提下，假定有一个企业，企业很多的计算机都是连接到同一个局域网中的。

随着企业规模的扩大，单个的交换机就不再适合了。在这种情况下，通常的做法就是再增加交换机，与现有的交换机进行级联，形成如图 3-2 所示的局域网。然后再扩大，再扩大……这时，问题就会显现出来，其中主要有以下两方面：

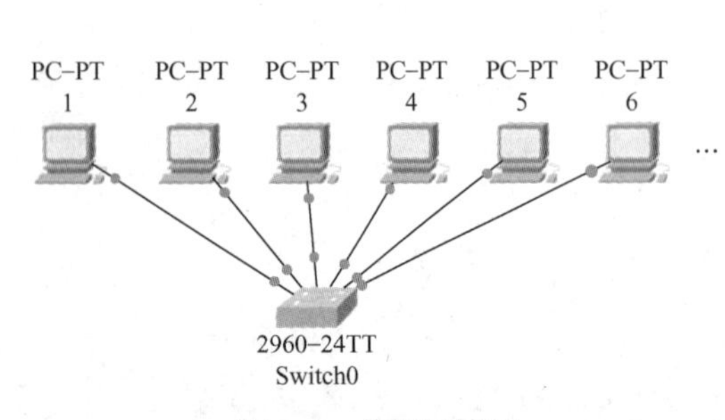


图 3-1　传统局域网

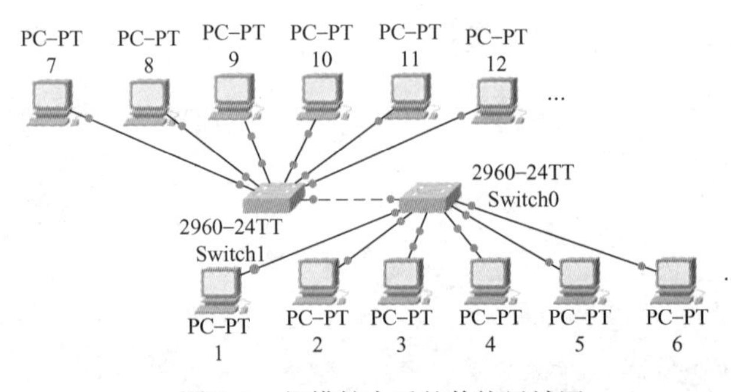


图 3-2　规模扩大后的传统局域网

1）在默认情况下，交换机会对广播帧等进行转发，那么只要局域网内的某一台计算机发送一个广播帧（这种广播帧是很常见的，如计算机进行ARP查询），局域网内所有的计算机都会收到这个帧，而这个帧对于大多数局域网内的计算机都是没有用的，是要被丢弃的，但它们又不得不去处理这个帧。

2）由于规模的扩大，对于网络的利用也会更加深层次。很多情况需要对局域网进行分组，每个组有不同的权，使得在相互之间通信能够可控。但传统方法却不容易实现。

为了解决以上两个问题，虚拟局域网（Virtual Local Area Network，VLAN）技术应运而生。它对原来的交换式以太网进行了逻辑上的划分，而现实中，通常这种划分是按照所连接的计算机的工作性质进行划分的，如在一个企业里按部门划分为管理部门、财务部门、工程部门等。

在图3-3所示的拓扑网络中，三台交换机级联在一起，可以假定它们位于不同的楼层，默认情况下，几个楼层中的一群计算机就都接到了同一个局域网。然后，三个交换机分别启用VLAN，为管理部门、财务部门和工程部门创建三个不同的虚拟局域网。接着把楼层1、楼层2、楼层3中的部分属于管理部门的计算机就划分到了管理部门关联的虚拟局域网内，再把楼层1、楼层2、楼层3中的部分属于财务部门的计算机就划分到部门关联的虚拟局域网内，最后把楼层1、楼层2、楼层3中的部分属于工程部门的计算机就划分到工程部门关联的虚拟局域网内。

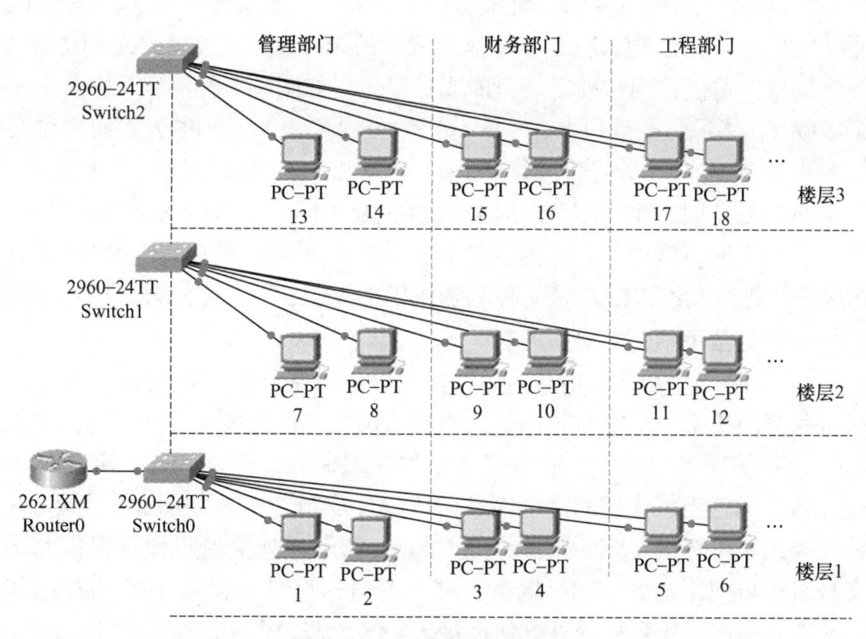


图3-3　VLAN企业应用拓扑

上述的这种划分方法被称为“逻辑”上的划分，也就是通过交换机上的配置实现的，并可以随时进行更改。这样，就可以应对一些情况，例如，楼层2中的某个房间中原本是属于工程部门的计算机突然要划分给财务部门，那么网络管理员所要做的事不是跑到交换机面前插拔网线，而是远程地控制交换机，更改一下接口的配置就可以了。

通过VLAN技术，这三个部门的计算机就被隔开了，就像在三个不同的局域网一样，一个局域网里的数据帧不会窜到另外一个局域网（也包括广播帧）。交换机是一种二层设备，但其对于不同虚拟局域网的端口却实现了近乎物理隔离的效果，网络的安全性得到了很大的提升，并且同时网络的性能也得到了提升。

由于虚拟局域网是逻辑划分出来的，可以被逻辑地再次划分，所以从另一方面来说，也节省了对端口的使用，也就是说，使用更少的交换机就可实现。例如，在一个企业里，如果要建四个局域网，如果没用 VLAN 技术，那至少得用四台交换机，但如果用了 VLAN 技术，在端口足够用的情况下，完全可以用少于四台的交换机来实现。

综上所述，使用 VLAN 的优点可以归结为以下几点：

1）局域网安全性提升。

2）局域网成本降低。

3）局域网内广播被有效遏制。

4）局域网性能提高。

### 3.1.2 虚拟局域网的种类

以太网交换局域网如果启用 VLAN 技术，就可以对交换机的端口进行逻辑上的划分，但划分的方式会有所不同。总的来说，可以分为静态划分和动态划分两种。静态划分的 VLAN（即静态 VLAN）相对比较简单，可应用在一些廉价的可管理交换机上，而动态划分的 VLAN（即动态 VLAN）则相对复杂，应用场景并不多，一般还需要网管软件来配合使用。

（1）静态 VLAN　静态 VLAN 是一种基于端口的 VLAN。交换机内先创建好 VLAN，然后对于每一个端口，通过管理来确定端口的成员身份。如图 3-4 所示，其中两个交换机可先创建好三个 VLAN，然后，把端口 1、2、3 分别划分到三个 VLAN 中去，而两台交换机之间的级联线则允许三个 VLAN 都通过，这样一来，PC0 和 PC1 就处于同一个 VLAN，可以直接通信；PC2 和 PC3 处于同一个 VLAN；PC4 和 PC5 处于同一个 VLAN。而不同 VLAN 之间，如 PC1 和 PC2，则不能直接通信，原因就是 PC1 发出一个帧，是不会传到 PC2 那里去的。

（2）动态 VLAN　动态 VLAN 是一种基于协议的 VLAN。它可分为两种：一种是基于第二层协的；另一种是基于第三层协议的。

1）基于第二层协议的动态 VLAN，具体地说，就是基于以太网地址（MAC 地址）。当一台计算机接到交换机某一个端口时候，交换机未确定其属于哪一个 VLAN，而是先获取它的 MAC 地址，然后把这个 MAC 地址提交至一种 VMPS 服务器（VLAN 管理策略服务器），通过这个服务器来确定当前连接的这个端口的 VLAN 成员身份。如图 3-5 所示，一般来说，只有高端的交换机才可提供 VMPS 服务，如 CISCO 5000 系列交换机便可提供此服务，而与其相连的交换机则可使用这种 VMPS 服务，并且有时这服务还得有 TFTP 服务器配合使用。这样，图 3-5 中的便携式计算机就可方便地接入网络。假定图中的交换机 1、2、3 分别位于楼层 1、2、3，则此便携计算机无论来到哪个楼层，交换机就自动确定其所在的 VLAN，而无须网络管理员手动干预。

2）基于第三层协议的动态 VLAN，也就是 IP 地址，这种则需要通过更加复杂的网管软件来实现了。

一般中小企业的 VLAN 还是以静态 VLAN 为主，因为静态 VLAN 的安全性相对要高一点，而对实现的设备要求也不太高，可管理性也相对比较强。

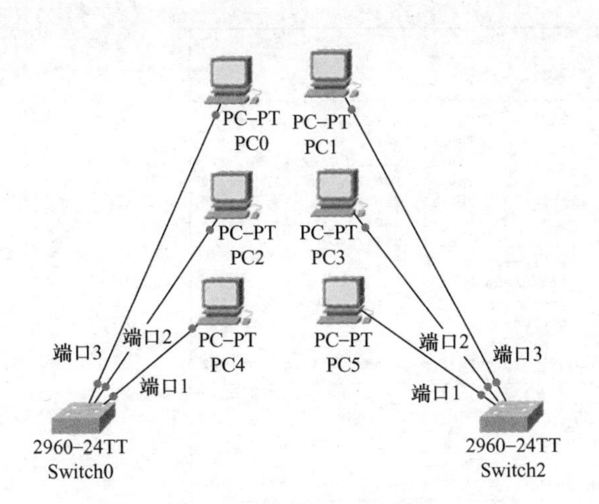

图3-4 静态VLAN示例

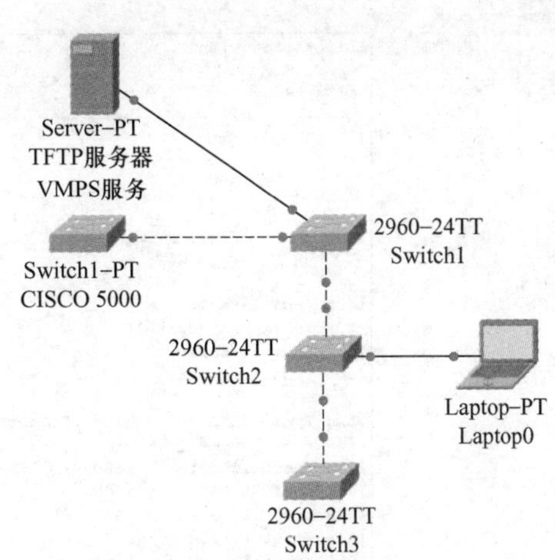


图3-5 基于MAC地址的动态VLAN

## 3.2 虚拟局域网基础

不可管理的简单交换机是没有VLAN功能的，只有可管理的交换机才有此功能。现存的交换机的VLAN配置五花八门，但很多都和思科公司的Catalyst系列交换机类似。

### 3.2.1 VLAN的基本配置

当交换机有了VLAN功能以后，在交换机内部存储中就会有一些与VLAN有关的数据结构存在，一般可以把这些内容称为VLAN数据库（VLAN Database）。配置交换机VLAN的时候，可以使用直接配置VLAN Database的方式，也可以使用全局配置模式下进入VLAN配置子模式的方式。前者是很多早期的交换机的配置方法，后者则是新的IOS的配置方法。所以，老版本的交换机是不支持后一种方法的（这种交换机现在已不多见）。

在配置交换机的VLAN之前，可以先来查看一下当前VLAN的情况。特权模式下的“show vlan”命令可以实现这一功能，图3-6以列表的方式显示了当前的VLAN信息。

第1列是VLAN的ID号。其中，ID号为1的表示是固有的；然后再是1002、1003、1004、1005，这些是为非以太网的网络所备的，如FDDI、Token-ring，如果交换机没有这种类型的数据接口，则这种VLAN是处于未使用状态的。

第2列是VLAN的名称，一般可以用来描述一个VLAN，如工程部的VLAN可以用engineer来表示。VLAN ID为1的名称一般是default，表示它是一个默认的VLAN。

第3列是VLAN的状态，有激活（active）和未激活两种状态。

第4列是VLAN中的接口，交换机出厂时所有的接口都归VLAN 1，所以如果交换机的VLAN功能不启用和启用都是兼容的，不启用状态只需要把VLAN都归默认VLAN所有就可以了。图中Fa0/1～Fa0/24是简写的方式，表示FastEthernet快速以太网在0模块上的1～24个接口，Gig1/1～Gig1/2表示GigabitEthernet千兆以太网在1模块上1～2个接口。

如图3-7所示，VLAN的部分配置可以用配置VLAN Database的方式来配置。如果用“?”来显示当前可使用的命令，可以在此模式下（有点类似于全局配置模式）增加、删除

```
Switch#show vlan

VLAN Name                             Status    Ports
---- -------------------------------- --------- -------------------------------
1    default                          active    Fa0/1, Fa0/2, Fa0/3, Fa0/4
                                                Fa0/5, Fa0/6, Fa0/7, Fa0/8
                                                Fa0/9, Fa0/10, Fa0/11, Fa0/12
                                                Fa0/13, Fa0/14, Fa0/15, Fa0/16
                                                Fa0/17, Fa0/18, Fa0/19, Fa0/20
                                                Fa0/21, Fa0/22, Fa0/23, Fa0/24
                                                Gig1/1, Gig1/2
1002 fddi-default                     act/unsup
1003 token-ring-default               act/unsup
1004 fddinet-default                  act/unsup
1005 trnet-default                    act/unsup

VLAN Type  SAID       MTU   Parent RingNo BridgeNo Stp  BrdgMode Trans1 Trans2
---- ----- ---------- ----- ------ ------ -------- ---- -------- ------ ------
1    enet  100001     1500  -      -      -        -    -        0      0
1002 fddi  101002     1500  -      -      -        -    -        0      0
1003 tr    101003     1500  -      -      -        -    -        0      0
1004 fdnet 101004     1500  -      -      -        ieee -        0      0
1005 trnet 101005     1500  -      -      -        ibm  -        0      0
```

图 3-6　显示初始状态 VLAN 信息

或修改某 VLAN。不过，对于 VLAN 中所属的端口却不能配置（VTP 是有关于 VLAN 的一种协议，本内容不涉及）。

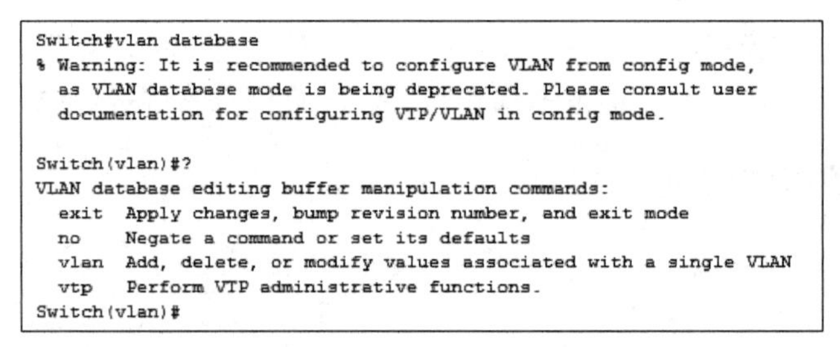

```
Switch#vlan database
% Warning: It is recommended to configure VLAN from config mode,
  as VLAN database mode is being deprecated. Please consult user
  documentation for configuring VTP/VLAN in config mode.

Switch(vlan)#?
VLAN database editing buffer manipulation commands:
  exit  Apply changes, bump revision number, and exit mode
  no    Negate a command or set its defaults
  vlan  Add, delete, or modify values associated with a single VLAN
  vtp   Perform VTP administrative functions.
Switch(vlan)#
```

图 3-7　VLAN Database 数据库配置方式

在 VLAN Database 模式下配置 VLAN。例如，输入“vlan 3 name engineer”，如图 3-8 所示。若 VLAN 3 不存在，则建立 VLAN 3 并设置其名字为“engineer”；若 VLAN3 已经存在，则修改其名字为“engineer”。再如输入“no vlan 3”，则将已经存在的 VLAN 3 删除，删除 VLAN3 以后，归属于 VLAN3 的端口则回归 VLAN1（默认 VLAN）所有。

另外一个方式就是在全局配置模式下，使用的命令基本上是相同的，所不同的是，全局配置模式下是转到单一的 VLAN 配置子模式下再一一进行配置的，而对于 VLAN 的添加则只要是进入了某一个 VLAN 配置子模式，若该 VLAN 不存在的话，就会被创建。如图 3-9 所示，其中“^Z”是在键盘上同时按下 <Ctrl + Z> 组合键产生，在 IOS 中表示立即保存当前的配置并生效，然后退回至特权模式，和本方法效果基本相同的还有输入“end”后，按 <Enter> 键。

```
Switch(vlan)#vlan 3 name engineer
VLAN 3 added:
    Name: engineer
Switch(vlan)#no vlan 3
Deleting VLAN 3...
Switch(vlan)#
```

图 3-8　VLAN Database 模式下配置 VLAN

```
Switch#
Switch#config t
Enter configuration commands, one per line.  End with CNTL/Z.
Switch(config)#vlan 4
Switch(config-vlan)#name manager
Switch(config-vlan)#^Z
Switch#
%SYS-5-CONFIG_I: Configured from console by console

Switch#
```

图 3-9　VLAN 配置子模式

VLAN 创建完毕以后，还需要为其添加接口。这时，进入接口配置模式，如输入“switchport access vlan 2”命令，即可以把当前的接口（如图3-10所示为接口 FastEthernet 0/1）归到 Vlan 2 中去。（现有版本的交换机操作系统已智能化，若 VLAN 不存在，可直接创建并命名。）

```
Switch>enable
Switch#config t
Enter configuration commands, one per line.  End with CNTL/Z.
Switch(config)#interface fa0/1
Switch(config-if)#switchport access vlan 2
Switch(config-if)#
```

图 3-10　添加接口至 VLAN

接下来使用“show vlan”命令查看一下当前 VLAN 的情况。由图3-11可以看出，已经把 Fa0/1 接口划到了名叫“engineer”的 VLAN 2，把 Fa0/2 接口划到了名为“manager”的 VLAN 3 上了，而 Fa0/3 则划到了 VLAN 4（系统为其命名为“VLAN0004”）。

```
Switch#show vlan

VLAN Name                             Status    Ports
---- -------------------------------- --------- -------------------------------
1    default                          active    Fa0/4, Fa0/5, Fa0/6, Fa0/7
                                                Fa0/8, Fa0/9, Fa0/10, Fa0/11
                                                Fa0/12, Fa0/13, Fa0/14, Fa0/15
                                                Fa0/16, Fa0/17, Fa0/18, Fa0/19
                                                Fa0/20, Fa0/21, Fa0/22, Fa0/23
                                                Fa0/24, Gig1/1, Gig1/2
2    engineer                         active    Fa0/1
3    manager                          active    Fa0/2
4    VLAN0004                         active    Fa0/3
1002 fddi-default                     act/unsup
1003 token-ring-default               act/unsup
1004 fddinet-default                  act/unsup
1005 trnet-default                    act/unsup
```

图 3-11　简单配置好的 VLAN

上述配置方法在交换机的 CLI 界面（IOS 命令行接口）上完成。一些交换机还提供了 Web 图形界面来完成对 VLAN 的基本配置操作，甚至还有一些交换机可通过专用的软件实施对交换机的配置，这些仅是界面上的区别，执行的动作还是和上述一样的。

另外，在 Packet Tracer 中，还可以在对 VLAN 配置时实行图形界面操作，如图3-12所示，其中的 VLAN Database 用于增、删、改 VLAN，而在接口管理方面有相关的接口归属哪一个 VLAN 等设置内容。

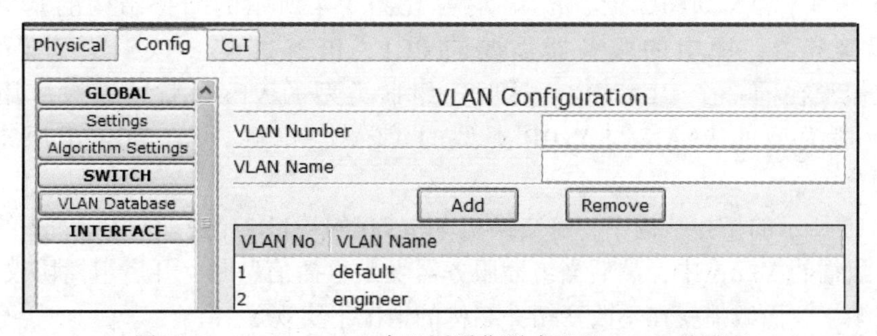


图 3-12　Packet Tracer 中以图形化形式配置 VLAN 的界面

### 3.2.2 VLAN 的其他配置

在 VLAN 的应用中，并不简单地只有普通的网络数据帧，还可以实现很多其他的功能，而这些应用只是在 VLAN 拓扑不发生变化，普通的网络数据流量也不受到太大影响的前提下产生的。常见的 VLAN 类型有以下几种。

**1. VOIP 类型的 VLAN**

VOIP 类型的 VLAN 如图 3-13 所示，该拓扑结构是在图 3-4 所示的拓扑结构的基础上加上了 IP 电话的设备，或者称为 VOIP 设备。此种设备通常有两个接口：一个是用来连接 PC，另一个则是用来连接交换机的。在这种拓扑结构下，原先的数据网络使用基本不受影响，就好像 IP 电话这个设备根本就没有接在其中一样。

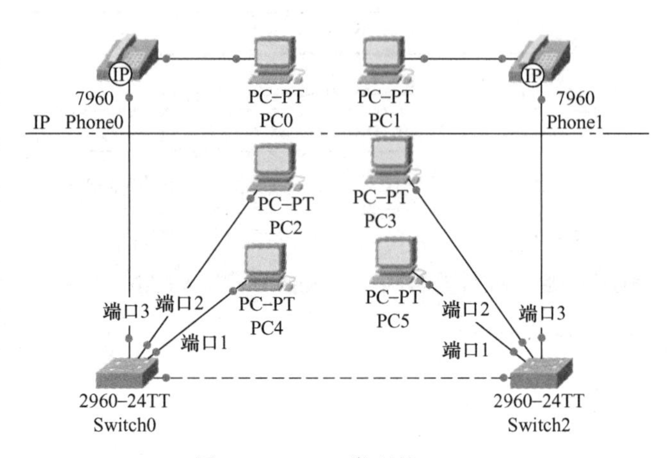


图 3-13 VOIP 类型的 VLAN

而在连接 IP 电话的交换机上，添加新的类型的 VLAN，这可以独立于原来的 VLAN 设置。在前面介绍的设置方法的基础上，可以进行批量接口设置，如图 3-14 所示，fa0/1、fa0/5、fa0/9、fa0/13 四个接口，其数据网络的流量都归于 VLAN 3，但还可以让 VOIP 的 VLAN 1 的流量访问。这就定义了一个 VOIP 类型的 VLAN。其他有关 VOIP 的设置可能会使用到其他设备，有兴趣的读者可自行深入研究。

```
Switch#config t
Enter configuration commands, one per line.  End with CNTL/Z.
Switch(config)#interface range  fa0/1,fa0/5,fa0/9,fa0/13
Switch(config-if-range)#switchport mode access
Switch(config-if-range)#switchport access vlan 3
Switch(config-if-range)#switchport voice vlan 1
Switch(config-if-range)#^Z
Switch#
%SYS-5-CONFIG_I: Configured from console by console
```

图 3-14 VOIP 类型的 VLAN 的设置

**2. 组播类型的 VLAN**

在 IP 应用中，除了正常的单播和广播以外，还有组播的存在。在使用 VLAN 时，是将组播单独从普通的数据流量中分离出来处理的。

组播类型的 VLAN 如图 3-15 所示，它是在图 3-4 所示的拓扑结构的基础上，增加了一个组播服务器。图中的服务器需要向 PC1、PC2、PC3、PC5 发组播的数据流，但这些 PC 却没在同一个 VLAN 中，这时，组播类型的 VLAN 就可以被应用于此。也就是说，组播类型的 VLAN 与 VOIP 类型的 VLAN 一样，可以独立于原来的 VLAN 而设。

在图 3-15 所示的拓扑结构中，将交换机 Switch0 的端口 2、交换机 Switch2 的端口 1 ~ 4 添加入这个组播的 VLAN 中，然后当组播服务器发出组播信息时，开启组播协议的 PC 就可以收到数据帧了，而组播就在不改变拓扑结构的情况下实现了。

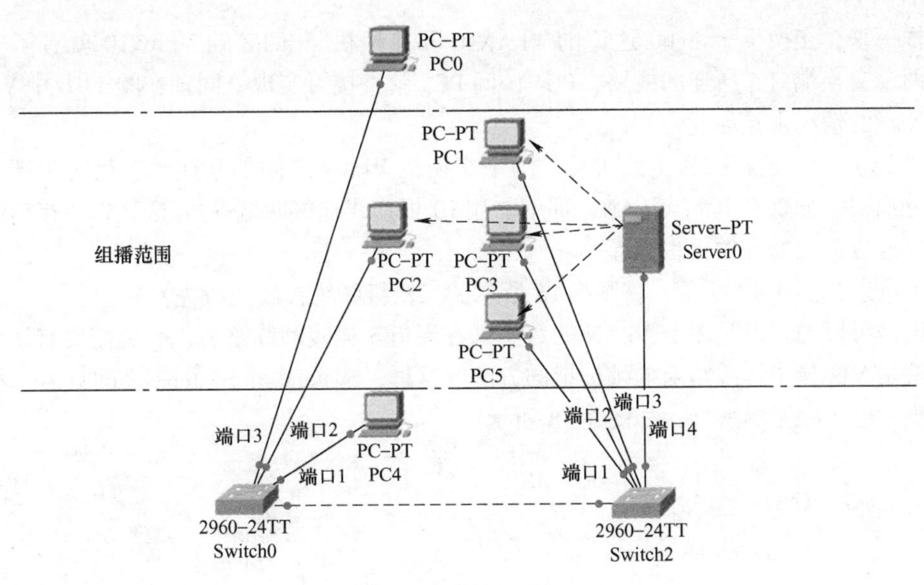


图 3-15　组播类型的 VLAN

## 3.3　VLAN 中继

使用交换机并做 VLAN 的处理时，一般都不只用一个交换机，交换机与交换机有时需要进行级联，那么对这些级联的接口，将如何设置呢？可能细心的读者已经觉察到图 3-4 所示的拓扑中级联的接口并没有做处理。这样不做处理的结果是两边的交换机的 VLAN 并不可以互通，那么应该如何处理呢？

### 3.3.1　VLAN 中继的引入

在图 3-4 的基础上，先增加几条级联的线。如图 3-16 所示，把交换机 Switch0 的端口 5、6、7 分别和交换机 Switch2 的端口 5、6、7 相连接。端口与 VLAN 的分配关系见表 3-1。

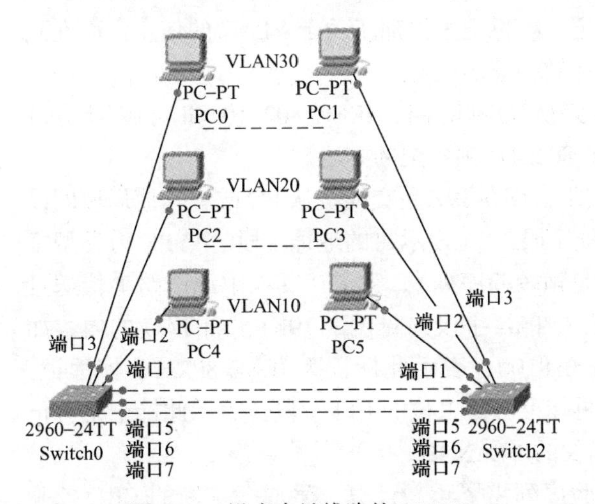


图 3-16　没有中继线路的 VLAN

表 3-1　端口与 VLAN 的分配关系

| VLAN 名称 | 端口 |
| --- | --- |
| VLAN10 | 端口 1，端口 5 |
| VLAN20 | 端口 2，端口 6 |
| VLAN30 | 端口 3，端口 7 |

这样一来，交换机 Switch0 这边的 VLAN10 和交换机 switch2 的 VLAN10 就有了一个通道，即两个交换端口 5 所连的线路，PC4 访问 PC5 就直接可实现。同理，图 3-16 中 VLAN20 和 VLAN30 的情况也是如此。

图 3-16 所示的连接方法虽然实现了两个交换机 VLAN 之间的互连，但是对于端口的使用却十分浪费。如果有 10 个 VLAN，那就需用 10 根连线连接两端的 20 个接口。接口是很宝贵的，且这样连接的方便性也很差。

可不可以如图 3-17 所示，将图 3-16 所示的三根级联线拧成一股呢？

答案是可以的。但是多个 VLAN 的数据都在端口 5 连接的线路上，一定需要有区分的方法，这就是 VLAN 中继线路上的帧标记的方法。这样，Switch0 和 Switch2 之间只需一根连线即可实现三个 VLAN 的连接，如图 3-18 所示。

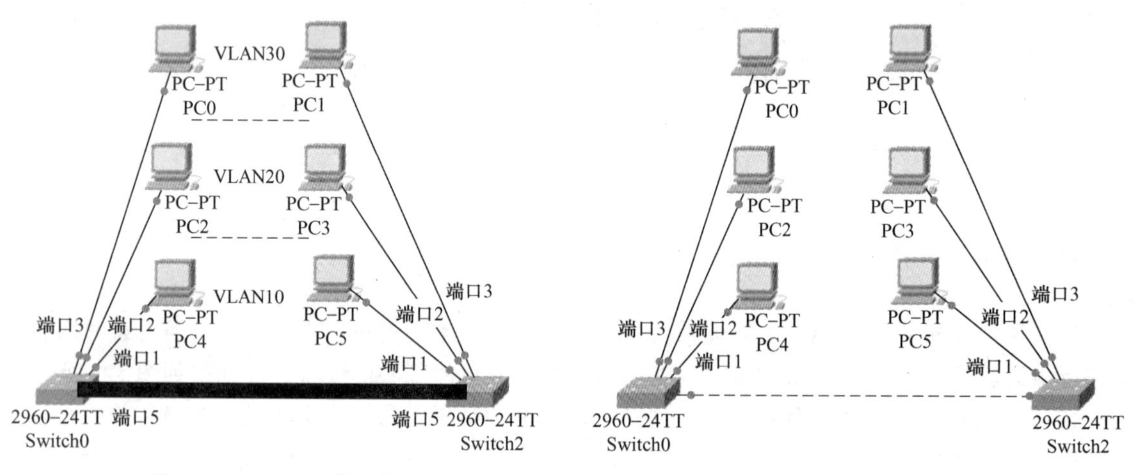


图 3-17　VLAN 中继构想　　　　图 3-18　VLAN 中继引入

### 3.3.2 VLAN 帧标记

在 VLAN 实现中，如果数据帧是在交换机之间发送/接收，则在发送之前，交换机会稍微改变帧的封装内容，也就是给加上了帧标记，帧标记里添加了关于 VLAN 的信息；而在到达另一交换机时，则解封读出 VLAN 信息，并做相应的处理。

帧标记的方法主要有 IEEE 802.1Q、交换机间链路、IEEE 802.10 和局域网仿真（LANE）这四种。其中，最常用的就是 IEEE 802.1Q 帧标记的方法。

图 3-19 所示为 IEEE 802.1Q 帧标记。其中，图 3-19a 是交换机从 PC 或者其他局域网设备接收到的原始以太网帧（其中 DA 是源地址字段，SA 表示目的地址字段，TYPE 为类型字段，DATA 是上一层数据字段，最后的 CRC 是帧校验序列）。为了让其在中继链路上传送且可以区别于其他的 VLAN，在字段 TYPE 前插入 TAG 字段（见图 3-19b），而 TAG 的内容如图 3-19c 所示，主要包括：16 位的字段填充 0x8100，表示此标记为 IEEE 802.1Q 帧标记；接着是 3 位的 PRI 字段，表示它的优先级；再接下去是 1 位的 CFI 字段，表示此标记是否包含 VLAN 标签；最后 12 位的长度填充此帧相关的 VLAN ID。

插入了帧标记以后，对于整个帧的帧校验序列需要重新计算，生成一个新的 CRC 校验序列，然后才能发送出去，如图 3-19b 所示。

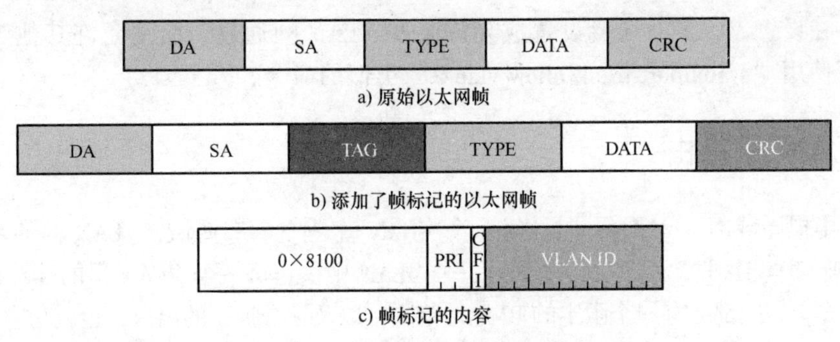


图 3-19　IEEE 802.1Q 帧标记

当交换机收到如图 3-19b 所示的数据帧以后，就先通过 CRC 字段检测帧的完整性。如果完整性检测通过，则将 TAG 字段中的内容取出，这样也就有了此帧的归属 VLAN 信息了，然后再决定转发与否。

ISL（交换机间链路协议）也是一种和 IEEE 802.1Q 类似的封装协议，只是封装的方法不一样。另外，还有用于 FDDI 介质上的 IEEE 802.10 封装方法和用于 ATM 介质下的 LANE 封装方法，它们基本上大同小异，在此不再展开叙述。

### 3.3.3　VLAN 中继配置

VLAN 帧标记是在交换机之间的链路上的，一般将这个交换机之间的可以用来传送多个 VLAN 数据帧的链路称为中继链路。

交换机的各个链路在默认情况下都不是中继模式（trunk），而是普通的访问模式（access），如需要将链路设置为中继，则需要使用命令“switchport mode trunk”，如图 3-20 所示。若要把中继链路再改回原来的访问模式，则使用命令“switchport mode access”。

```
Switch#config t
Enter configuration commands, one per line.  End with CNTL/Z.
Switch(config)#interface fa0/4
Switch(config-if)#switchport mode trunk
Switch(config-if)#^Z
Switch#
```

图 3-20　CLI 下设置中继链路

现在某些交换机还会进行这两种模式（中继或者访问）的自动判断，这时交换机设置可使用命令“switchport mode dynamic auto”。

图 3-4 中的两台交换机就需要将其之间的接口链路设置成中继。使用“show vlan”命令再次查看时，状态如图 3-21 所示，FastEthernet 0/4 已经不在接口列表中，它已经不再属于某一个单独的 VLAN 了。

```
Switch#show vlan

VLAN Name                             Status    Ports
---- -------------------------------- --------- -------------------------------
1    default                          active    Fa0/5, Fa0/6, Fa0/7, Fa0/8
                                                Fa0/9, Fa0/10, Fa0/11, Fa0/12
                                                Fa0/13, Fa0/14, Fa0/15, Fa0/16
                                                Fa0/17, Fa0/18, Fa0/19, Fa0/20
                                                Fa0/21, Fa0/22, Fa0/23, Fa0/24
                                                Gig1/1, Gig1/2
10   VLAN10                           active    Fa0/1
20   VLAN20                           active    Fa0/2
30   VLAN30                           active    Fa0/3
1002 fddi-default                     act/unsup
1003 token-ring-default               act/unsup
1004 fddinet-default                  act/unsup
1005 trnet-default                    act/unsup
```

图 3-21　配置中继后的 VLAN

另外，在设置 VLAN 时还要设置成允许某些 VLAN 帧通过，而不允许其他 VLAN 帧通过。此时可使用“switchport trunk allow vlan 2”类似的命令。

## 3.4 VLAN 间路由

在使用虚拟局域网（VLAN）时，每一个 VLAN 就是一个广播域，VLAN 内的数据帧就在 VLAN 内部被发送与接收，而不会传播到另一个 VLAN 中去。每一个 VLAN 里的计算机会像在一个局域网那样，一般都会有一个限定的 IP 地址范围，以及一个唯一的出口，也就是它们的网关。

VLAN 与 VLAN 之间如果要通信的，必须要借助第三层设备，如路由器。而一个 VLAN 内部计算机的网关，一般就设定为这些第三层设备的接口地址。通过第三层设备进行 VLAN 间通信的过程就是 VLAN 间路由。

### 3.4.1 简单 VLAN 间路由

按图 3-22 所示，对两个局域网分配其 IP 范围、子网掩码及网关。对于局域网 1 内部的计算机而言，如果它要访问的 IP 地址范围在 192.168.1.0 ~ 192.168.1.255，则它可直接发送；如若不在这范围内，则表示要访问的对象不在局域网 1 内，需要将包发到它的网关，也就 192.168.1.1，然后由网关来处理转发事宜。

那么如果图 3-22 不是局域网 1 和局域网 2，而是虚拟局域网 1 和虚拟局域网 2，情况也基本相同。其实，关键是需要有一条通路，可以连接到路由器。例如，在如图 3-4 所示的 VLAN 拓扑中，连接每一个 VLAN 到路由器，则改成如图 3-23 所示的拓扑。

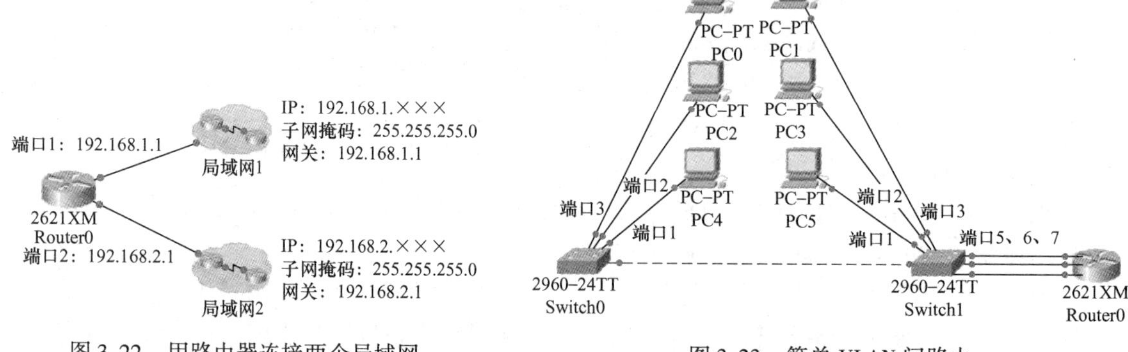


图 3-22 用路由器连接两个局域网

图 3-23 简单 VLAN 间路由

其中，原先已经设定好，交换机 Switch0 和交换机 Switch1 的端口 1、2、3 分别归于 VLAN10、VLAN20、VLAN30，两交换机之间的连线使用的端口 4 则为中继链路，而交换机 Switch1 的端口 5、6、7 也分别加入 VLAN10、VLAN20、VLAN30，这样一来，图中每一个 VLAN 都有一个通路和路由器相连了。

接下来，路由器那端的三个接口分别需要设定 IP 地址，这三个 IP 地址分别就是三个 VLAN 中的计算机的网关地址。路由器的配置方法如图 3-24 所示，接口配置模式下，

```
Router>
Router>enable
Router#config t
Enter configuration commands, one per line.  End with CNTL/Z.
Router(config)#interface fa0/0
Router(config-if)#ip address 192.168.30.1 255.255.255.0
Router(config-if)#no shutdown
Router(config-if)#^Z
Router#
%SYS-5-CONFIG_I: Configured from console by console

Router#
```

图 3-24 VLAN 间路由的路由器接口配置

"ip address 192.168.30.1 255.255.255.0"命令是用来配置接口的IP地址的，且将255.255.255.0设成其使用的子网掩码，"no shutdown"命令是用来开启此接口的（路由器默认情况下接口处于关闭状态）。

表3-2列出了具体的路由配置情况。

**表3-2 简单VLAN间路由配置**

| 设备 | 接口名 | IP地址 | 子网掩码 | 网关 | 备注 |
|---|---|---|---|---|---|
| PC0 | 以太网口 | 192.168.30.xxx | 255.255.255.0 | 192.168.30.1 | |
| PC1 | 以太网口 | 192.168.30.xxx | 255.255.255.0 | 192.168.30.1 | |
| PC2 | 以太网口 | 192.168.20.xxx | 255.255.255.0 | 192.168.20.1 | |
| PC3 | 以太网口 | 192.168.20.xxx | 255.255.255.0 | 192.168.20.1 | |
| PC4 | 以太网口 | 192.168.10.xxx | 255.255.255.0 | 192.168.10.1 | |
| PC5 | 以太网口 | 192.168.10.xxx | 255.255.255.0 | 192.168.10.1 | |
| 路由器 | FastEthernet0/0 | 192.168.30.1 | 255.255.255.0 | | 连Switch1端口7 |
| 路由器 | FastEthernet0/1 | 192.168.20.1 | 255.255.255.0 | | 连Switch1端口6 |
| 路由器 | FastEthernet1/0 | 192.168.10.1 | 255.255.255.0 | | 连Switch1端口5 |

### 3.4.2 单臂VLAN间路由

在图3-17所示的VLAN拓扑中，使用了三根级联线，这种情况下，可以使用一根中继线来替代这三根连线。而在图3-23中也是同样使用了三根连线，所不同的只是前者是两个交换机之间的连线，而后者则是交换机与路由器之间的连线。前者使用了中继线以后，显然可以节省端口，那后者可不可以也使用中继线呢？答案是可以的。更改后如图3-25所示，这种情形称为单臂VLAN间路由。

单臂VLAN间路由使用到了中继，也就是说在图3-25中，将交换机Switch1的端口5设置为中继线路。接下来的问题是，从交换机Switch 1的端口5向路由器发送的数据帧是如图3-19b那种带有标记的，而路由器在默认情况下是没有处理标记能力的，那它能实现VLAN间路由的功能吗？答案是可以的。但这里需要引入一个路由器子接口的概念。在路由器上，一个物理接口可以逻辑地划分成多个子接口（virtual subinterface），子接口为物理接口的多重路由选择提供了更为灵活的连接方法。在应用至VLAN时，配置子接口分以下三步完成：

1）创建并定义子接口。相对子接口而言，物理接口称为主接口。一个主接口原则上可以定义4096个子接口，但一般不会定义得这么多。当进入子接口配置模式时，这个子接口就被创建了。一般来说，子接口的名字和其相关的VLAN是关联的，如图3-25中，从物理接口Fa0/0创建子接口Fa0/0.10可用来表示这个子接口是和交换机的VLAN 10相关联的，如图3-26所示。（注意：只有主接口处于开启状态时子接口才能够正常开启。）

2）设定VLAN的封装。由于VLAN的封装方式并不唯一，所以，定义子接口时需要指定VLAN的封装格式，这样，路由器才可以进行正确的解封装。如图3-26所示，encapsulation表示定义封装格式，dot1Q则是表示IEEE 802.1Q封装方式，10则是表示与之关联的VLAN号。

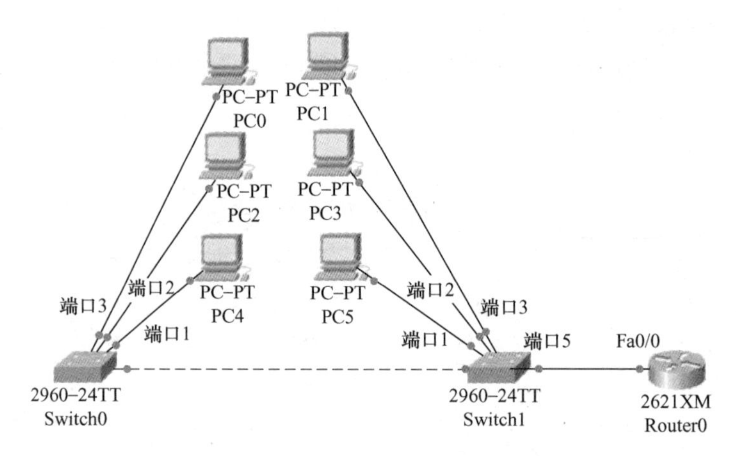

图 3-25 单臂 VLAN 间路由

3）设定子接口的 IP 地址。一般来说，路由器定义的子接口处在一个 VLAN 中是被作为这个 VLAN 的网关存在的，那么这个子接口必须得有一个 IP 地址。如图 3-26 所示，设定了此子接口的 IP 地址为 192.168.10.1，子网掩码为 255.255.255.0。

```
Router#config t
Enter configuration commands, one per line.  End with CNTL/Z.
Router(config)#interface fa0/0.10

%LINK-5-CHANGED: Interface FastEthernet0/0.10, changed state to up

%LINEPROTO-5-UPDOWN: Line protocol on Interface FastEthernet0/0.10, changed stat
e to up
Router(config-subif)#encapsulation dot1Q 10
Router(config-subif)#ip address 192.168.10.1 255.255.255.0
Router(config-subif)#no shutdown
Router(config-subif)#^Z
```

图 3-26 配置单臂路由器的子接口

当路由器配置了三个子接口以后，那么路由器就有了通往三个网络的路由，图 3-27 是在路由器上使用了查看 IP 路由表的命令“show ip route”，结果显示了三个直连的路由（即由三个子接口创建的）。

```
Router#show ip route
Codes: C - connected, S - static, I - IGRP, R - RIP, M - mobile, B - BGP
       D - EIGRP, EX - EIGRP external, O - OSPF, IA - OSPF inter area
       N1 - OSPF NSSA external type 1, N2 - OSPF NSSA external type 2
       E1 - OSPF external type 1, E2 - OSPF external type 2, E - EGP
       i - IS-IS, L1 - IS-IS level-1, L2 - IS-IS level-2, ia - IS-IS inter area
       * - candidate default, U - per-user static route, o - ODR
       P - periodic downloaded static route

Gateway of last resort is not set

C    192.168.10.0/24 is directly connected, FastEthernet0/0.10
C    192.168.20.0/24 is directly connected, FastEthernet0/0.20
C    192.168.30.0/24 is directly connected, FastEthernet0/0.30
```

图 3-27 子接口创建以后的路由器的路由表

### 3.4.3 三层交换与 VLAN

在图 3-25 中，路由器 Router0 仅仅是作为三个 VLAN 间的路由。这对于路由器来说，有点大材小用了。路由器可以支持各种路由协议，或者可以配置各种静态路由，所以单臂

VLAN 路由并不是很常见的用法。那么常见的用法是怎么样的呢?

如图 3-28 所示，常见的方法是由一个三层交换机来替代图 3-25 中的两个设备，即交换机 Switch1 和路由器 Router0。

对于图 3-28 中的三层交换机（或者称其为多层交换机）而言，其 VLAN 方面的设置很多是和原来的 Switch1 相同的。有区别的是，如果在三层交换机内部创建了 VLAN10、VLAN20、VLAN30 后，三层交换机里会多出三个接口，名称分别是 Vlan10、Vlan20 和 Vlan30，这三个接口和图 3-25 中的路由器 Router0 的三个子接口是类似的，需要设定其 IP 地址。

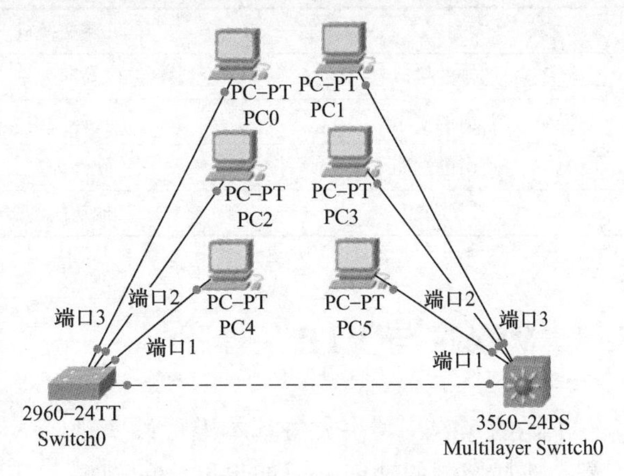


图 3-28　三层交换机实现 VLAN 间路由

如图 3-29 所示，三层交换机的 vlan10 接口和逻辑接口类似，被激活后有两个“changed state to up”语句，前一个是二层的状态，后一个是三层的状态。

```
Switch#config t
Enter configuration commands, one per line.  End with CNTL/Z.
Switch(config)#interface vlan 10
Switch(config-if)#ip add 192.168.10.1 255.255.255.0
Switch(config-if)#no shutdown

%LINK-5-CHANGED: Interface Vlan10, changed state to up

Switch(config-if)#
%LINEPROTO-5-UPDOWN: Line protocol on Interface Vlan10, changed state to up
^Z
```

图 3-29　配置三层交换机的 VLAN 接口

不需要配置 VLAN 的封装方式，三层交换就可以正常工作，这一点是和单臂 VLAN 间路由有所区别的。接着，在三层交换上，可以执行像在路由器上查看路由表一样的命令“show ip route”，结果如图 3-30 所示。

```
Switch#show ip route
Codes: C - connected, S - static, I - IGRP, R - RIP, M - mobile, B - BGP
       D - EIGRP, EX - EIGRP external, O - OSPF, IA - OSPF inter area
       N1 - OSPF NSSA external type 1, N2 - OSPF NSSA external type 2
       E1 - OSPF external type 1, E2 - OSPF external type 2, E - EGP
       i - IS-IS, L1 - IS-IS level-1, L2 - IS-IS level-2, ia - IS-IS inter area
       * - candidate default, U - per-user static route, o - ODR
       P - periodic downloaded static route

Gateway of last resort is not set

C    192.168.10.0/24 is directly connected, Vlan10
C    192.168.20.0/24 is directly connected, Vlan20
C    192.168.30.0/24 is directly connected, Vlan30
```

图 3-30　三层交换机的路由表

三层交换机虽然是二层交换机和路由器的合体，但其路由功能远没有路由器的强大，它通常只使用其直连路由。但三层交换机也是一种工作在网络层的设备，它可以处理网络层的一些事宜。表 3-3 简单地说明了三层交换机与路由器的区别。

表 3-3 三层交换机与路由器区别

| | 三层交换机 | 路由器 |
|---|---|---|
| 连接的接口 | 以太网为主 | 多种连接 |
| 路由的使用 | 直连路由 | 多种路由 |
| 路由的性能 | 硬件为主 | 软件为主 |
| 其他功能 | 其他功能不多 | 支持 NAT 等其他功能 |

## 3.5 VLAN 与 VTP

上述的 VLAN 解决方法基本上可以实现小型企业局域网的功能，但如果网络的规模扩大到如图 3-31 所示的情况时，对于一个 VLAN 的管理事务有时就会变得烦琐。

试想，如果为如图 3-31 这样的网络创建一个新的 VLAN，那么这个新的 VLAN 必须要同步到所有的交换机，同样的管理配置命令要重复的次数就等于交换机的个数。而且一旦配置有误，那么就需要检查所有的交换机的配置，甚至会引起 VLAN 交叉连接的可能。

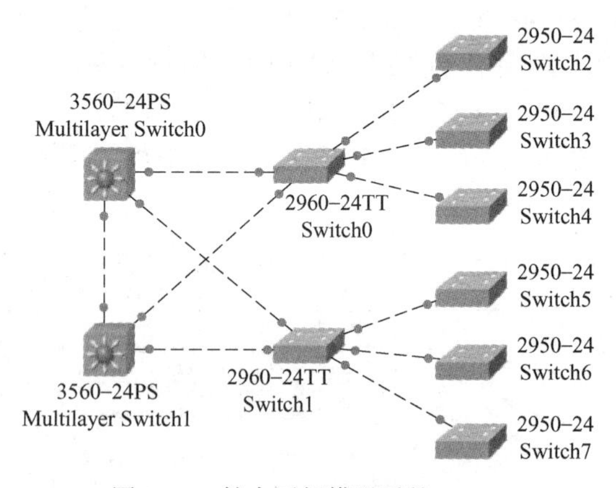


图 3-31 扩大了规模以后的 VLAN

VTP 就是为了解决上述问题而开发的。它的任务是在一定的范围内，管理和维护局域网中的 VLAN 配置的一致性。支持 VLAN 的交换机都支持 VTP。在默认情况下，VTP 相关的消息不在交换机之间发送与接收，但可以实现转发。

VTP 使用 VTP 域作为范围。一个 VTP 域可以由若干个交换机或其他网络设备构成，它们共同使用一个 VTP 的域名，且一个设备只能隶属于一个 VTP 域。

当 VTP 起作用时，可以发送 VTP 消息帧，消息帧的内容包括 VTP 版本、VTP 消息通告和 VTP 域名等。(注：一般来说，这种 VTP 消息帧是一种广播帧，以便传送至网络的各个角落。)

VTP 下的交换机有三种工作模式，即服务器模式、客户端模式和透明模式。

- 服务器模式。在此模式下的交换机，可以创建、修改或删除 VLAN，并可指定 VTP 的版本（VTP 有两个版本，且互相不兼容），且可向外发送 VTP 消息（含有 VLAN 信息及 VTP 的其他配置信息）。
- 客户端模式。在此模式下的交换机，不可更改 VLAN，只能被动接收 VLAN 信息，并对自己的 VLAN 数据库进行更新，且也转发 VTP 消息至其他交换机。
- 透明模式。在此模式下的交换机，不参与 VTP 的消息更新，当收到 VTP 消息时，交换机忽略其内容，也不更改本身的 VLAN 信息，但会将 VTP 消息帧转发给其他交换机。

如图 3-32 所示为交换机对于 VTP 的配置方法。服务器模式为默认模式，只需要设定

VTP的域（全局配置模式使用命令“vtp domain zjutdomain”），如图3-32a所示；客户端模式下，不仅需要设定VTP的域（全局配置模式使用命令“vtp domain zjutdomain”），还需要更改模式（全局配置模式下使用命令“vtp mode client”），如图3-32b所示。

这样一来，在VTP的服务器端更改VLAN配置时，会同时更改域内的其他交换机的VLAN；而如果要在VTP的客户端更改VLAN配置，系统则提示不允许这样操作VLAN。

```
Switch#config t
Enter configuration commands, one per line.  End with CNTL/Z.
Switch(config)#vtp domain zjutdomain
Changing VTP domain name from NULL to zjutdomain
Switch(config)#
Switch(config)#vtp mode server
Device mode already VTP SERVER.
Switch(config)#
```

a) VTP服务器模式

```
Switch#config t
Enter configuration commands, one per line.  End with CNTL/Z.
Switch(config)#vtp domain zjutdomain
Changing VTP domain name from NULL to zjutdomain
Switch(config)#vtp mode client
Setting device to VTP CLIENT mode.
Switch(config)#^Z
Switch#
```

b) VTP客户模式

图3-32　VTP的配置方法

## 3.6　中小企业网络模型

中小企业网络一般是由很多的局域网连接构成的。在一个具体的企业中，会涉及很多网络设备、网络线缆、连接方法以及设备互连方式等问题，在探讨这些问题的时候，人们总结了对于局域网交换技术的具体应用，并得出采用分层网络设计的方式进行网络规划。

### 3.6.1　交换技术的应用

在中小企业网络设计中，通常不只注重一个层面的交互，这种交互也称为通信流。这种通信流在多个层面上实现，并且充分利用各个层面的优越性。交换机在中小企业网络中的地位突显，它已不是简单的二层交换，而是一种通信流的流动。具体可以分为以下几种：

（1）二层交换　这种通信流的交互，从交换机的最基本的功能出发，实现如MAC地址学习、MAC表维护、广播/组播帧处理、泛洪操作等基本二层的功能。这一些技术的实现是通过交换机的专用硬件来实现的，由于这些硬件的实现和电话交换（通信类）的实现原理基本相同，所以交换机的名字也与其相同。

除此之外，交换机有时还负责二层数据帧的类型转换，因为有些交换机除了以太网口以外还有可能会有其他类型的接口，如FDDI。

（2）三层路由　三层路由的功能从路由器的功能借鉴而得。例如，根据三层地址（IP地址）来实现各个网络之间的转发分组，这个时候交换机实现了路由器的功能，它不会转发广播包，却会解封装数据帧，将其三层协议信息（如IP地址）提取出来，并根据交换机自己的路由表来决定转发方向。

（3）三层交换　三层交换的概念与路由器在第三层的工作相似，只是一旦读取了三层信息后，并不是一直使用路由表，而是改用硬件技术实现快速转发，这样就不会像路由器那样对网络延时有所影响。

三层交换有时还可以通过三层的一些信息，实现转发时的安全控制或服务质量控制（QoS）。

（4）四层交换　四层交换比三层交换层次更深，在读取三层信息，以确定三层信息中的协议类型（常见的如TCP或UDP）后，还需要读取第四层的某些数据段（如端口号），这样可以对交换机经过的通信流进行更高层次的流量控制（也包括对流量的统计等）。另外，四层交换常常还和 QoS 一起被用来定义某种服务的服务质量控制。

（5）多层交换　多层交换结合了以上的二层、三层、四层的交换技术以及三层路由的功能，但还是更多地利用硬件技术来实现转发。此外，还引入了会话机制，使得 MAC 表、路由表、访问流量控制表等被读取以后，就建立会话从而实现快速转发。

### 3.6.2　分层网络

网络设计会面临很多的问题，而对于这些问题的解决，把复杂的问题分解成很多个小的问题更容易解决。分级或分层的网络设计方法于是就产生了。这种方法也被很多的网络设备生产商应用到实际中，这些网络设备从硬件、软件等方面来分解大问题解决小问题。

Cisco 公司作为网络产品的主要生产商，提出了三层的网络设计模型。许多网络产品厂商也纷纷采用了这种三层设计方法，由于开放标准是各个厂商都遵循的，所以不同厂商生产的产品也可以实现兼容，并成功解决各种问题。

图 3-33 所示就是类似于 Cisco 公司提出的三层网络设计模型。

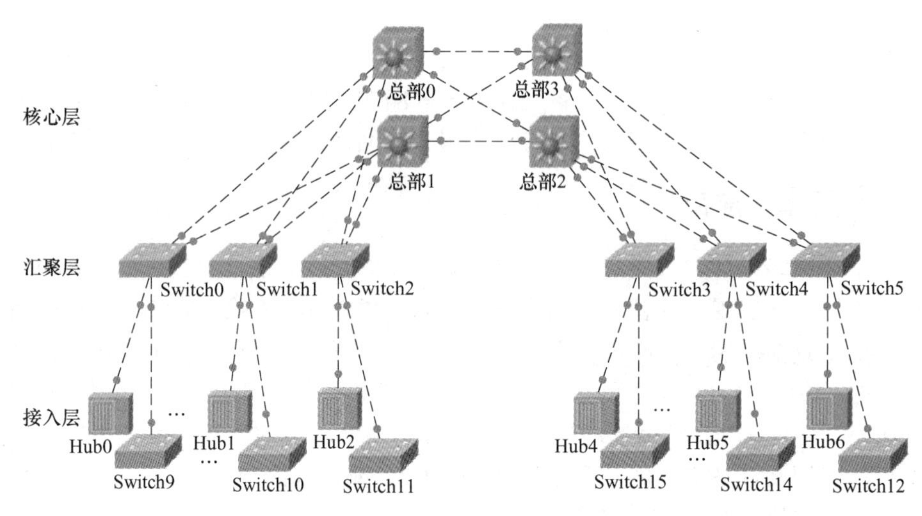


图 3-33　三层网络设计模型

在此网络模型中，对于网络设备的具体化并没有做限制，它们可以是路由器、交换机，也可以是一些链路设备，或者是简单的局域网集线器；并且对于网络的异构化也可以应付，如可以加入 FDDI 网络的一些设备来实现冗余功能等。

三层网络设计模型具体如下：

**1. 核心层**

核心层是三层网络设计模型中的顶端，是整个网络的核心部分，通过高速网络转发通信流量，并且提供一定的可靠传输架构。

核心层的目的是尽可能地实现快速传输，所以在有些情况下，反而不使用多层技术（如三层转发技术），仅简单地使用二层转发技术来实现更快的转发。当然这也只是一个概念上的核心层思想，并不是说核心层的交换机都不支持三层转发技术。

在图 3-33 所示的网络中，左右两边的交换机要实现通信必须要通过顶层的核心交换机，那么这些核心交换机的流量一般都会很大。

对于中小企业来说，有时核心层的交换机并不是必选的。所以，对于核心层的交换机，厂商们也提供了多种选择，以支持不同的业务需求。

对于核心层来说，为实现可靠性，很多情况下使用冗余链路，并且一些冗余链路是对称实现的，有时还做一些负载均衡。另外，可靠性的实现有时也需要通过配备冗余电源来实现，以防止在某些情况下需要供电模块不工作或切换，有了冗余电源，核心层设备可以在电源模块“热插拔”的情况下继续工作。

图3-34所示为Cisco公司生产的7000系列核心层交换机。在这个系列当中，有很多型号可供选择。

图3-34 核心层交换机

**2. 汇聚层**

汇聚层也叫分布层，顾名思义是用来对流量进行归类、聚合的。汇聚层把网络从分布的角度进行边界定义，不应该进入核心层的流量在此被限制或被过滤。

在汇聚层中，启用了策略的方法，这些策略包括路由的选择策略、路由的汇总策略、VLAN流量策略、广播/组播控制策略等，同时也可能包括一些访问控制之类的流量限制策略。此外，汇聚层还需要处理一些介质转换的事宜。

汇聚层对于流量的快速转发的要求已经不像核心层那么高了，有些情况下也省去了冗余处理，所以对于接口的个数反而没有核心层交换设备那么多，接口的传输速率，也没有核心层那么高的要求了。

一般来说，对于网络要求不太高的中小企业来说，汇聚层交换机就是网络分层结构的顶部了，仅依靠汇聚层交换机也可以实现对整个网络的通信管理。

图3-35所示为Cisco公司生产的4500系列汇聚层交换机（也可称为分布层交换机）。在这个系列当中，同样有很多的型号可供选择。

图3-35 汇聚层交换机

**3. 接入层**

接入层也叫访问层，这是直接面向用户的网络架构点。这个层面的交换机通常直接连线至用户的工作站、客户机。很多情况下为节省成本，仅使用固定模块，或仅提供上联口的模块化。接入层交换机多数都提供若干个（一般是1～2个）上联口，连接至汇聚层交换机或互相连接。它们的特点是：端口密集，端口速率相对不高，端口一般是用户独享。

接入层设备还可以使用一些简单的网络设备，如集线器之类，来拓展网络至用户计算机。

图3-36所示为Cisco公司生产的2960系列接入层交换机。当然，这系列之中，也同样有多种型号可供选择，如有26口的2960系列的接入层交换机，还有50口的2960系列的接入层交换机。

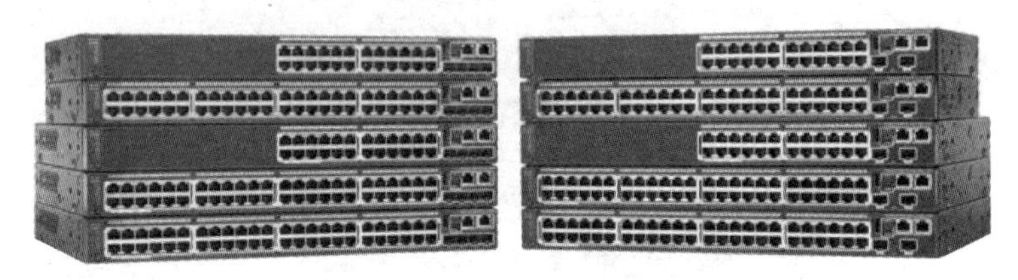

图3-36　接入层交换机

## 3.7　局域网冗余设计

冗余设计可以使得网络的可靠性变得更高，在某单一设备损坏或某单一链路被破坏的情况下也不至于整个网络陷入瘫痪状态。但是，冗余也有一些负面的效应，在某些情况下，甚至这些负面的效应会影响整个网络的正常工作。如果没有办法去解决这些负面效应，那么冗余设计反而会成为网络设计的设计缺陷。

### 3.7.1　冗余设计的必要性

随着网络应用的日益发展，网络应用对网络的要求也不断地提高，服务器、数据库、企业网络被要求全年全天候工作，一旦中断，则可能会给企业带来巨大损失或引起客户的不满。

但是网络设备、网络链路，都有可能发生意外情况，100%的可靠性是不存在的。人们就提出了一种99.999%的可靠性，或者被称为5个9的可靠性，来尽量减少网络系统故障带来的损失。这种99.999%可靠性的网络，则要求网络从设计开始就兼顾一切可能带来不可靠的因素。

从网络设计规划的角度，可以通过冗余设计来解决此问题。下面举例来说明什么是冗余。假定你每天都需要使用一把大剪刀来修剪你种植的盆景，但你无法保证你准备的大剪刀是不是一直都可以用，那么你的方法是另外再准备一把大剪刀来保证你一定有大剪刀来修剪盆景。也许你会考虑，家中没有必要准备两把剪刀而多花钱，但不必要在某一种情况下（如你不想因为没有大剪刀而放弃修剪，也愿意再准备一把大剪刀）却成了有必要了。

如图 3-37 所示，A 公司与 B 公司使用某种链路相连接，本来可以只用一条链路，但一条链路的可靠性就不如两条链路。在一般情况下，两条链路中的一条起作用（假定这条为主要链路），而另外一条是不用的（假定为次要链路），当主要链路断开或无法使用时，次要链路马上接替主要链路来传输数据，等到主要链路修复好后，次要链路仍回到原来的角色。

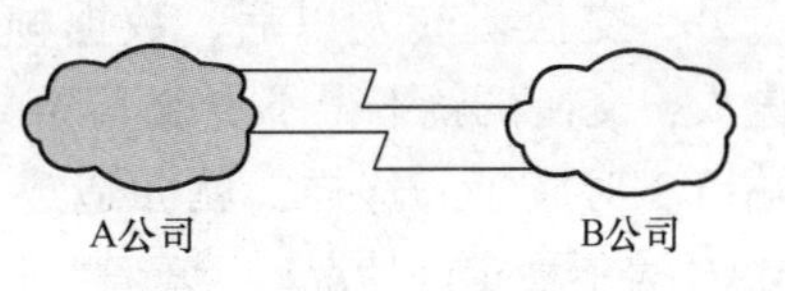

图 3-37　冗余链路的使用

### 3.7.2　冗余设计的问题

冗余设计的好处是很显然的，但问题也随之而来。最现实的问题是，多一条链路需要多花费一定的费用，而且这一条链路的利用率低。设置这链路，需要权衡利用率和可靠性以后再决定。

多花费、利用率低还不是主要的问题。事实上，在局域网设计过程中，很容易就形成一个环路，但并不一定是为了如图 3-37 那样解决可靠性问题。当链路环路出现时，由于以太网的一些特性，会使得网络出现一些不良后果，这些后果有些直接导致网络不通或网络设备的死机等。

总体来说，链路的环路可导致三类不良后果。

第一类是广播风暴问题。如图 3-38 所示，当 PC、交换机和服务器以此方式相连时，假定某一时刻，PC0 发送了一个广播帧（这种广播是很常见的，如 ARP 就会发送这种广播帧），交换机 Switch0 就会接收到这个广播帧，根据交换机处理广播帧的原则，它会将此广播帧泛洪处理，即分别从端口 1 和端口 2 一起发送出去；而当交换机 Switch1 从端口 1 和端口 2 分别接收到两个广播帧时，它也同样将此帧进行转发，那么，广播仍然会回到冗余的链路中；当其再次回到交换机 Switch0 时，还是会被泛洪处理；这样，广播帧会积累得越来越多，最终多到交换机都无法承受（因为交换机的处理能力是有限的）。这个时候交换机就会死机，网络也就瘫痪了。

第二类是帧的重复传送问题。虽然它没有广播风暴那么严重，但对于某些应用来说也是有很大影响的。当 PC0 发送一个帧给服务器时，由于 Switch0 和 Switch1 都未曾了解其 MAC 地址与端口的关系，它会从 Switch0 的端口 1 到 Switch1 的端口 1，也会从 Switch0 的端口 2 到 Switch1 的端口 2，这样，服务器就会收到两份一模一样的帧。

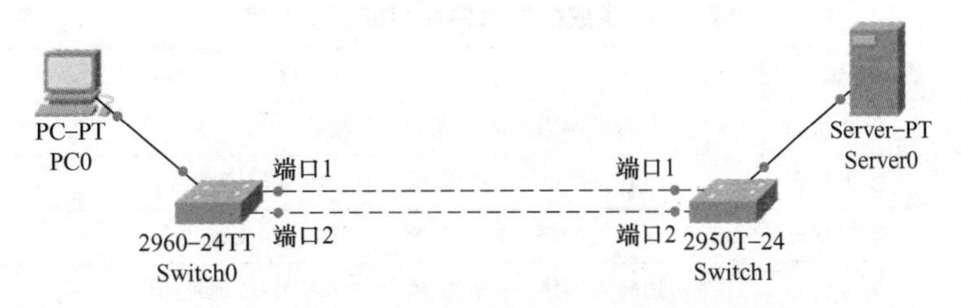

图 3-38　冗余链路可能带来的问题 1

第三类是 MAC 表的不稳定问题。如图 3-39 所示，当 PC0 发送一帧给 Server0 时，交换机 Switch0 和 Switch1 由于在初始状态下，它们都进行 MAC 学习然后再转发到另一个端口。第一次时 PC0 发出的数据帧从端口 1 进入，交换机记录其 MAC 地址与端口 1 对应，然后经过另一交换机转发以后，数据帧从端口 2 进入，交换机就不得不更改其 MAC 地址与端口 2 对应了。这样，就会造成了交换机 MAC 表不稳定的情况。

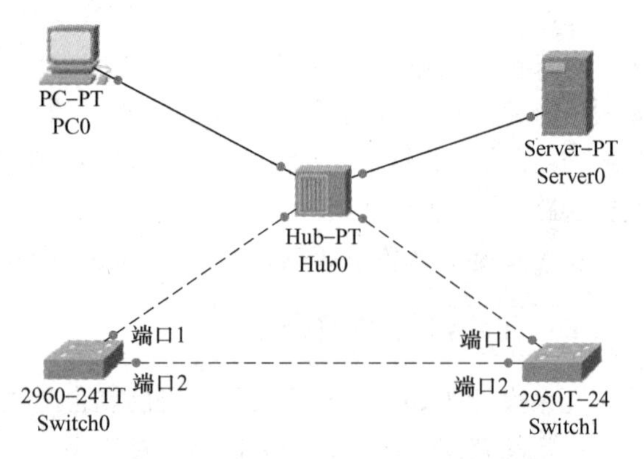


图 3-39　冗余链路可能带来的问题 2

### 3.7.3　生成树协议原理

为了使冗余链路在无环路的状态下使用，美国珀尔曼博士提出了生成树协议。通过构建生成树的方法来保证一个已知的网桥（或交换机）在其网络拓扑中动态的工作，期间通过与其他网桥（或交换机）互相交换小流量信息来监测环路，然后有选择性地关闭或阻塞一些端口，从而形成一个无环路的网络逻辑拓扑。而当网络发生变化以后，重新构建生成树，继而重新生成另一无环路的网络逻辑拓扑。

生成树的方法最终被制定成标准，即 IEEE 802.1D，也被称为 STP（Spanning Tree Protocol）。在此协议中，定义了以下内容：

- 每一个网络都有一个根网桥。
- 每一个非根网桥都有一个根端口。
- 每一个网段都有一个指定端口。
- 不是指定端口的端口，逻辑上不使用它。

在具体操作上，生成树协议通过以下四个步骤来实现：

1）选举一个根网桥。

2）在每一个非根网桥上选举一个根端口。

3）在每一个网段中选举产生指定端口。

4）逻辑上不使用非指定端口。

在生成树协议生效的网络中，交换机之间通过相互交换数据来实现信息共享，这一类数据帧就是网桥协议数据单元（Bridge Protocol Data Unit，BPDU）。在生成树协议中，定义了端口的五个状态，见表 3-4。

**表 3-4　生成树协议中端口的五个状态**

| 序号 | 状态 | 行　为 |
| --- | --- | --- |
| 1 | 阻塞状态 | 不转发网络上的数据帧，只接收 BPDU |
| 2 | 侦听状态 | 不转发网络上的数据帧，只侦听数据帧 |
| 3 | 学习状态 | 不转发网络上的数据帧，只学习 MAC 地址 |
| 4 | 转发状态 | 边转发网络上的数据帧，边学习 MAC 地址 |
| 5 | 禁止状态 | 不转发网络上的数据帧，也不接收 BPDU |

当交换机（或网桥）刚启动时，交换机的所有端口都被置成阻塞状态，然后接收来自其他交换机的 BPDU，这时的交换机会设定自己为根网桥（因为选举并没完全开始），然后进入侦听状态。侦听状态是一个过滤状态，这种状态是交换机确立自己在网

络拓扑中的地位的主要时刻（根网桥、根端口、指定端口都是在这个时候大致设定完成的）。

接着，交换机就会进入学习状态。这个时候的交换机会简单建立 MAC 表（即 MAC 地址与其端口对应关系的表）。在学习状态下，交换机只学习不转发。

经过几秒钟以后，交换机退出学习状态，然后根据生成树的规则，将非指定端口设置成阻塞状态，而其他则设置成转发状态。转发状态就是一种比较正常的状态。这时，交换机可以转发数据帧了，但与此同时也会接收 BPDU，并且仍学习更新 MAC 表。

交换机端口还有一个禁止状态，在这种状态下，什么数据帧也不处理，也包括 BPDU。

生成树协议的选举过程是通过优先级和交换机本身的 MAC 地址两部分组成的 BID，再结合网络的路径成本来比较完成的。具体的过程就不在此展开，有兴趣的读者可自行查阅生成树相关资料。

当网络拓扑发生变化的时候，生成树协议会动态地调整，但这种调整需要在一定的时间以后才能调整好，而在调整之前网络处于不正常的状态，这就是生成树协议的收敛问题。为了解决收敛问题，对生成树协议（STP）进行了改进，这便有了快速生成树协议（RSTP）。这个协议也被 IEEE 标准化组织定义，即 IEEE 802.1w 标准，它保持了和 IEEE 802.1d 的兼容性，并渐渐被很多交换机采纳应用。

### 3.7.4 生成树协议操作

生成树协议由于其重要性，所以在一些比较高端的交换机中默认启用。

在如图 3-40 所示的网络拓扑中，三个交换机形成了一个环路的拓扑结构。

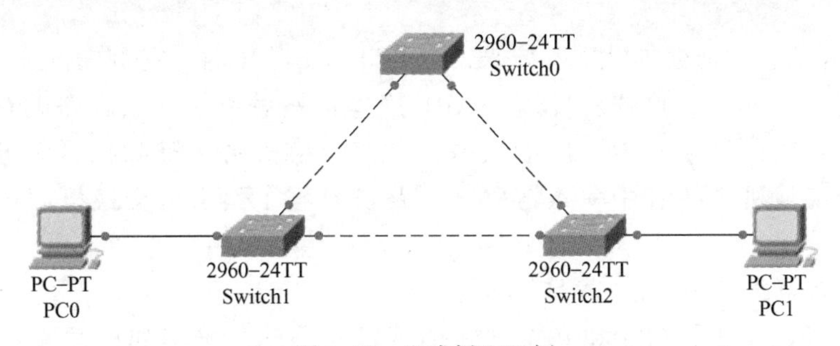


图 3-40　生成树配置例

当 PC0 和 PC1 分别配置 IP 地址后（如配置 PC0 的 IP 地址为 192.168.0.1，而 PC1 的 IP 地址为 192.168.0.2），可以发现它们互相可以 ping 通。环路并没有产生不好的影响，这是因为三个交换机上都启用了生成树协议。在三个交换机的某一个接口上，该接口的灯（即为接口边上的点的颜色）并不是淡绿色的，对这个交换机，在特权模式下使用“show spanning-tree”命令可以看到如图 3-41 所示的生成树信息。

这些信息包含了此网络拓扑中根网桥的信息（优先级及端口等）、当前网桥的优先级、MAC 地址以及当前网桥的端口的状态。由图 3-41 可以发现，有一个端口被置成了阻塞状态（即 BLK 状态）；另外两个端口，一个为根端口（root），一个为指定端口（desg），被置为正常的转发态（FWD）。

```
Switch#show spanning
Switch#show spanning-tree
VLAN0001
  Spanning tree enabled protocol ieee
  Root ID    Priority    32769
             Address     0001.4320.513A
             Cost        19
             Port        3(FastEthernet0/3)
             Hello Time  2 sec  Max Age 20 sec  Forward Delay 15 sec

  Bridge ID  Priority    32769  (priority 32768 sys-id-ext 1)
             Address     00D0.BC3E.D83B
             Hello Time  2 sec  Max Age 20 sec  Forward Delay 15 sec
             Aging Time  20

Interface        Role Sts Cost      Prio.Nbr Type
---------------- ---- --- --------- -------- --------------------------------
Fa0/1            Desg FWD 19        128.1    P2p
Fa0/2            Altn BLK 19        128.2    P2p
Fa0/3            Root FWD 19        128.3    P2p

Switch#
```

图 3-41　查看生成树信息

下面来尝试关闭生成树协议会如何。

在三个交换机上分别执行配置（在配置模式下输入）“no spanning-tree vlan 1”，然后再执行“show spanning-tree”命令就会显示“no spanning tree instance exists”，表示已无生成树实例存在了。而交换机端口的反应则是所有端口都会回到类似于转发态的情况，端口的灯都变成淡绿色了。

但是，若尝试从 PC0 ping PC1 以后，则会发现一开始 ping 时所有的交换机的灯都变成了墨绿色了。这个状态可以被认为是在 Packet Tracer 下的端口保护状态。但若是真正的交换机，则会死机。

ping 是不通的，为何会如此呢？原来，当 PC0 ping PC1 时，它首先得进行 ARP，查询 PC1 的 MAC 地址为多少，这样就发送了 ARP 广播，然后由于冗余环路的存在，且又没有生成树协议，所以最终发生了广播风暴，致使交换机由于资源耗尽而进入非正常状态。撤销三个交换机中的其中一条链路，环路被打破了，重启交换机即可让其恢复正常的工作状态。

细心的读者可能观察到，若是环路存在，也没有生成树协议，要是不发送类似 ARP 的广播至环路中去，PC0 和 PC1 之间仍可以互访问。确实如此，假定 PC0 的 ARP 表中有 PC1，而 PC1 的 ARP 表中也有 PC0，则两个 PC 暂时不会发送 ARP 广播，网络暂时是可以通的。

## 3.8　本章总结

本章从 VLAN 概念的引入出发，逐步分析 VLAN 应用的各种背景和类型；然后讲述了 VLAN 在交换机上的基础配置实现、中继配置实现，以及 VLAN 间路由、三层交换及 VTP 的简单应用；最后，针对中小企业的实际规划，阐述了交换机的分层模型，并对生成树协议做了简单介绍。通过本章的学习，读者可以对 VLAN 技术及交换机局域网规划有一个基本的了解。

## 3.9 本章实践

### 实践一：交换机 VLAN 划分与使用

如图 3-42 所示，本实践使用 Packet Tracer 模拟一简单网络拓扑，两个交换机配置 VLAN 并互相连接。

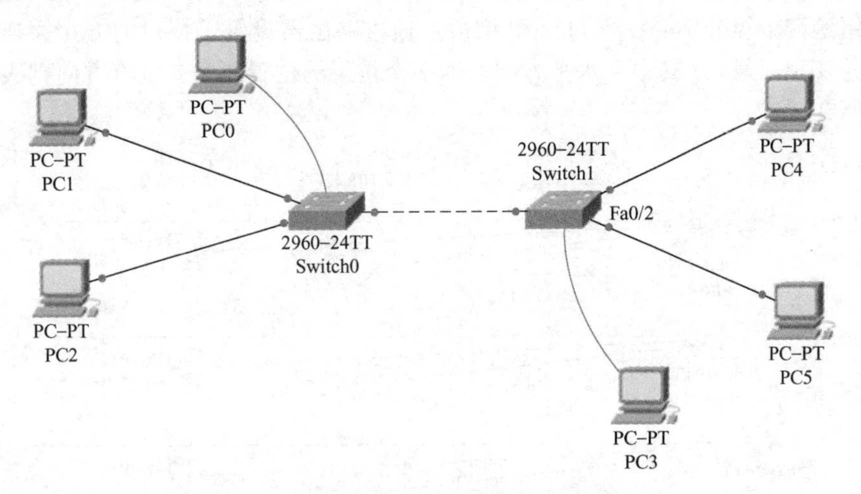


图 3-42 实践一的网络拓扑

实践拓扑的具体原始配置内容见表 3-5。

**表 3-5 实践一设备配置表**

| 设备 | 接口名 | IP 地址 | 子网掩码 | 备注 |
| --- | --- | --- | --- | --- |
| PC1 | 以太网口 | 192.168.0.100 | 255.255.255.0 | |
| PC2 | 以太网口 | 192.168.1.101 | 255.255.255.0 | |
| PC4 | 以太网口 | 192.168.0.100 | 255.255.255.0 | |
| PC5 | 以太网口 | 192.168.1.101 | 255.255.255.0 | |
| Switch0 | Fa0/1，Fa0/2 | | | 连接 PC1 和 PC2 |
| Switch0 | Fa0/4 | | | 连接 Switch1 |
| Switch1 | Fa0/1，Fa0/2 | | | 连接 PC4 和 PC5 |
| Switch1 | Fa0/4 | | | 连接 Switch0 |

1. 测试 PC1 与 PC4 之间的连通性。
2. 测试 PC2 与 PC5 之间的连通性（使用 ping 的方法）。
3. 配置两个交换机的 VLAN，先创建 VLAN 10，把 Fa0/1 加入 VLAN 10，再创建 VLAN 20，把 Fa0/2 加入 VLAN 20。
4. 再次测试 PC1 与 PC4 之间及 PC2 与 PC5 之间的连通性。
5. 配置互连线的交换机口 Fa0/4 为级联线 trunk 口（trunk 口是一种以太网端口，可以允许多个 VLAN 通过，可以接收和发送多个 VLAN 报文，一般用于交换机与交换机相关的接口)。

6. 测试 PC1 与 PC4 之间的连通性。
7. 测试 PC2 与 PC5 之间的连通性。

## 实践二：单臂 VLAN 间路由

按图 3-43 所示配置网络中的交换机及路由器，目的是使得教师组、学生 1 组、学生 2 组、其他组这四个组分别处在不同的 IP 网段。通过路由器设置子接口的方式去连接各个虚拟局域网并实现互通。(其中，水平方向表示一个楼层的位置所在，垂直方向则表示一个逻辑虚拟组所在。)

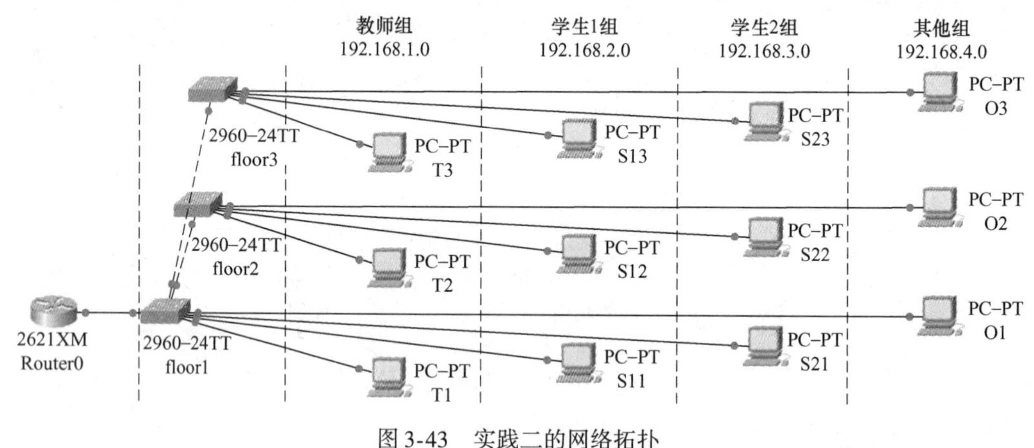


图 3-43　实践二的网络拓扑

## 实践三：三层交换机的 VLAN 实现

按图 3-44 所示配置其中的三层及二层交换机，目的是使得 PC0、PC1 处于 VLAN 10 中，PC2 和 PC3 处于 VLAN 20 中，PC4 和 PC5 处于 VLAN 30 中，PC6 和 PC7 处于 VLAN 40 中。自定义设定好相关的网络配置，使得 8 个 PC 实现 VLAN 间互访。

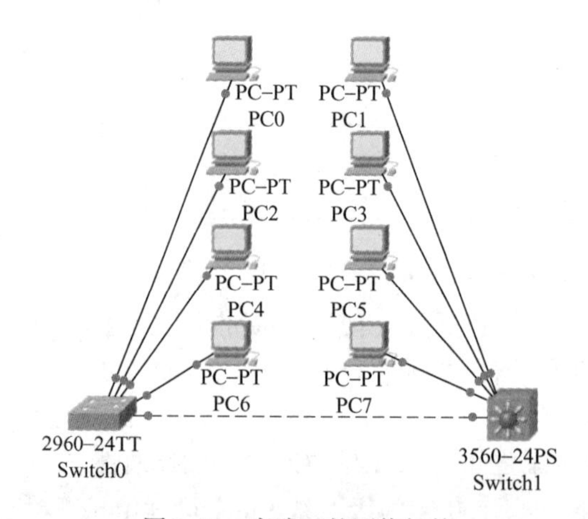


图 3-44　实践三的网络拓扑

## 实践四：生成树协议

按图 3-45 所示在 Packet Tracer 中设计网络（为 PC 配置好相应的 IP 地址）。

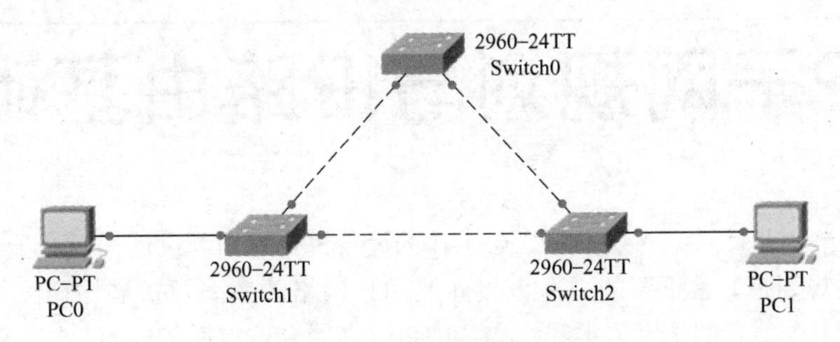


图 3-45 实践四的网络拓扑

1. 将 PC0 和 PC1 分别配置同子网的 IP 地址，然后测试其连通性。思考测试数据的具体走向。

2. 打开其中一个交换机的配置窗口，并打开 CLI 配置选项卡，进入特权模式下输入命令“show spanning-tree”。

1）交换机输出是什么？请试解释其中最后四五行的含义。

2）再打开另一个交换机的配置窗口，在特权模式下入命令“show spanning-tree”后，比较与前者有何不同？

3）将三个交换机之间的连线拆掉一根，情况会如何？

*4）若使用命令“no spanning-tree vlan 1”在其中的两个交换机上，则会出现何种情况？若是三个交换机都使用命令“no spanning-tree vlan 1”呢？

# 第4章

# IP子网规划与IP路由基础

前面的章节主要针对第一层和第二层工作的设备进行规划与设计，而对于中小型企业来说，IP层面的规划是非常重要的，这直接涉及用户网络的效率及扩展性两大重要问题。怎样才能设计出一个适合的子网方案呢？本章中将逐渐展开这方面的内容。

## 4.1　IP地址与IP分类

通过前几章的学习，大致了解了网络设备的互连，可以解决以太网中，或者是IP网（使用IP的虚拟互连网络）当中的一些问题。但在设计与规划之初，常常需要考虑的一个问题是“IP地址怎么设置?”。可能很多人按习惯会设置成“自动获取”，但在规划时，这个所谓的自动获取也需要有一个获取的来源，于是，IP规划就被列为了规划网络的重要部分。

### 4.1.1　IP地址

在规划IP地址之前首先需要了解什么是IP地址。其与MAC地址有点类似，MAC地址是第二层（数据链路层）的地址，是48位的，是固化在网络接口卡上而被操作系统或软件取来用的；IP地址是第三层（网络层）的地址，是32位的，是操作系统设置或采用的逻辑地址。一旦采用了某个IP地址以后，网络设备在它所在的网络中逻辑上应该是唯一的，这一点和MAC地址不同。MAC地址一般都是烧录在网络接口卡中的，基本是不变的，由烧录的厂商来保证其唯一性；而IP地址则需要规划者来保证其唯一性。

IP地址之所以称为逻辑地址，是因为它是用于在IP这个层面上的逻辑定位的。当一个计算机硬件系统从一个地方搬迁至另外一个地方，则它原来的IP地址就没有太多的意义了。由于换了一个地方，换了一个网络，其网络中的逻辑定位也需要重新进行设定。这种定位不仅仅是用来定位某一台计算机，有时也用来定位某一个网络，因为对于网络而言，也有它的网络地址。另外，互联网上的IP地址的分配也有其一定的规律，有时，可以根据IP地址所处的范围来定位主机的物理位置。

根据计算机系统的特性，IP v4采用32位IP地址，所以，一般说IP地址有32位。但由于32位长度的二进制数不方便记忆，所以采用点分十进制的方法将其表示出来，即把32位划分成4个8位组，然后把每个8位组换算成十进制，（每个8位组最大换算成255，最小为0）。如表4-1所示，当计算机的IP地址为192.168.0.1时，换算成二进制形式就是11000000.10101000.00000000.00000001。

表 4-1 IP 地址的二进制与十进制表示

| 点分十进制形式 | 192. | 168. | 0. | 1 |
| --- | --- | --- | --- | --- |
| 点分二进制形式 | 11000000. | 10101000. | 00000000. | 00000001 |

### 4.1.2 IP 地址的分类

IP 地址用来逻辑地区分网络中的设备，它可以分为两个部分，前面的部分称为网络号，后面的部分称为主机号。网络号表示网络设备所处的网络，而主机号则表示它在网络中的主机位。

IP 地址被分为 A、B、C、D、E 五类：首位为 0 的，称为 A 类地址；前两位为 10 的称为 B 类地址；前三位为 110 的称为 C 类地址；余下的两类则为多播和预留地址。如图 4-1 所示，A 类地址的范围为 0.0.0.0 ~ 127.255.255.255，B 类地址的范围为 128.0.0.0 ~ 191.255.255.255，C 类地址的范围为 192.0.0.0 ~ 223.255. 255.255，D 类地址的范围为 224.0.0.0 ~ 239.255. 255.255，其他为 E 类。

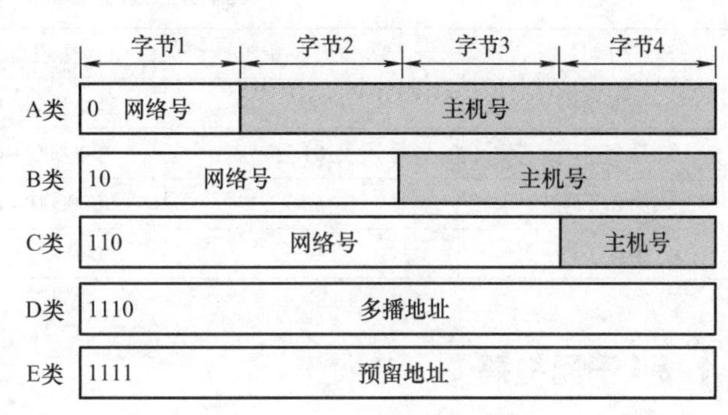


图 4-1 IP 地址的分类

对于 A 类地址，网络号占 1 个字节，主机号占 3 个字节；对于 B 类地址，网络号占 2 个字节，主机号占 2 个字节；而对于 C 类地址，网络号占 3 个字节，主机号占 1 个字节。例如，IP 地址 172.16.0.1 是一个 B 类地址，所以 172.16 就是它的网络号，而 0.1 则是它的主机号。

对于互联网来说，起初 IP 地址的分配是按网络号来分的。A 类地址在分配的时候，主机的个数理论上可以达到 256 × 256 × 256 这个数量级（实际达不到），这种网络一般分别给大型网络或大型公司使用。而对于 C 类地址，主机的个数就要少得多，则用来分配给一些小一点的网络或公司使用。而现如今，IP 地址很紧张，人们对其进行多次划分后再分配。

## 4.2 子网与子网掩码

对于 A 类、B 类、C 类的地址，如果直接使用网络号来规划成一个网络是很浪费的。像 A 类地址，网络里主机的个数实在太大，一般网络根本用不了这么多地址。所以，就有了网络的子网化，也就是把一个网络划分成多个小的子网络（subnetwork）的方法，被划分出来的网络称为子网（subnet）。

### 4.2.1 子网

与 IP 地址的网络号与主机号相似，子网地址也有子网号和子网内主机号这样一种布局。所不同的是，子网还有一个所处的网络号的问题，这个源自于子网地址本身所处的 IP 地址类。

为了创建一个子网，人们采用了从主机号“借”位的方法。例如，A 类的网络地址主机号有 24 位，那么最多可以将这 24 位中的 22 位“借”给子网（必须要保留至少 2 位的主机位）；而 C 类的网络地址只有 8 位的主机号，那么最多只可以将 6 位“借”给子网了。显然，当主机号的位数少 1 位，则主机的个数也就会相应地减少，大致是 2 倍的关系。

例如，IP 地址为 192. 168. 1. 0 的网络，如果按表 4-2 所示的划分方法进行划分，每一个子网就可以单独被使用起来了。

**表 4-2　划分成 4 个子网**

| 子网号 | 子网“借”主机号 | 主机号范围 | IP 地址范围 |
|---|---|---|---|
| 第 1 子网 | 00 | 000000 ~ 111111 | 192. 168. 1. 0 ~ 192. 168. 1. 63 |
| 第 2 子网 | 01 | 000000 ~ 111111 | 192. 168. 1. 64 ~ 192. 168. 1. 127 |
| 第 3 子网 | 10 | 000000 ~ 111111 | 192. 168. 1. 128 ~ 192. 168. 1. 191 |
| 第 4 子网 | 11 | 000000 ~ 111111 | 192. 168. 1. 192 ~ 192. 168. 1. 255 |

### 4. 2. 2　子网掩码

在 IP 配置过程中，IP 地址和子网掩码总是紧密结合起来的。

从字面上理解，子网掩码的“掩”（mask）就是隐蔽的意思。子网掩码和 IP 地址一样，都是 32 位的，也是点分十进制的形式的，但子网掩码的组成和 IP 不同。最大的不同就是，子网掩码若换算成 32 位二进制形式，它是由连续的 1 跟着连续的 0 组成的。

子网掩码里的“1”表示“在乎”，而“0”则表示“忽略”的意思。例如，若有一台计算机配置 IP 地址为 192. 168. 1. 1，子网掩码为 255. 255. 255. 0，则由于子网掩码由 24 位的 1 和 8 位的 0 构成，那么也就是子网“在乎”192. 168. 1. 1 当中的前 24 位，其他则“忽略”，即 192. 168. 1 为子网所有，那么在这个之后填写 0，这也就是子网地址 192. 168. 1. 0 了。

事实上，计算机在具体操作的过程中，使用子网掩码进行了一项“与”的操作。见表 4-3，当 1 参与“与”的操作的时候，无论是 0 还是 1 结果都为原来的值，当 0 参与“与”的操作的时候，无论是 0 还是 1 结果都为 0。

**表 4-3　子网地址的产生**

| IP 地址 | 192. 168. 1. 1 | 11000000　10101000　00000001　00000001 |
|---|---|---|
| 子网掩码 | 255. 255. 255. 0 | 11111111　11111111　11111111　00000000 |
| 子网地址 | 192. 168. 1. 0 | 11000000　10101000　00000001　00000000 |

子网掩码的另外一种表示方法就是斜线记法，也就是使用斜线加一个数字的表示方法，这个数字就是子网掩码中 1 的个数。例如，“/16”表示 255. 255. 0. 0 的子网掩码，而“/18”则表示 255. 255. 192. 0 的子网掩码。对于 A 类、B 类、C 类的 IP 地址，都有一个默认的子网掩码，在未设定子网掩码时，系统自动选用，见表 4-4。

表 4-4 默认子网掩码

| 地址类 | 默认子网掩码 | 斜线法子网掩码 |
|---|---|---|
| A 类 IP 地址 | 255. 0. 0. 0 | /8 |
| B 类 IP 地址 | 255. 255. 0. 0 | /16 |
| C 类 IP 地址 | 255. 255. 255. 0 | /24 |

主机设置了 IP 地址与子网掩码以后，当主机要发送 IP 数据包时，就使用到子网掩码，在图 4-2 所示的例子中，PC1 的 IP 地址为 192. 168. 0. 1，使用 255. 2555. 255. 128 的子网掩码（可简写为/25）；PC2 的 IP 地址为 192. 168. 0. 9，也使用同样的子网掩码；PC3 的 IP 地址为 192. 168. 0. 200，也使用相同子网掩码。三个计算机通过未知的网络进行连接。

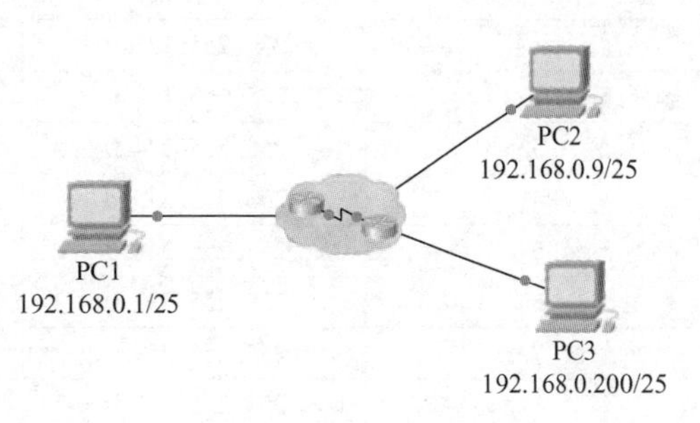


图 4-2 子网掩码的作用

当 PC1 要发送数据给 PC2 时，将 PC2 的 IP 地址（即 192. 168. 0. 9）与自己的子网掩码 255. 255. 255. 128，进行“与”操作，结果可以当作 PC2 所在的子网地址，即 192. 168. 0. 0，而 PC1 本身的 IP 地址与子网掩码 255. 255. 255. 128 进行“与”操作的结果（即 PC1 所在的子网地址）为 192. 168. 0. 0，两者相同，则表明 PC1 和 PC2 处于同一个子网，见表 4-5。这样，PC1 在处理第二层时，直接把 PC2 的二层地址作为目的地址就可以了。

表 4-5 子网的计算结果

| PC 号 | IP 地址 | 子网掩码 | 所在子网 |
|---|---|---|---|
| PC1 | 192. 168. 0. 1 | 255. 255. 255. 128 | 192. 168. 0. 0 |
| PC2 | 192. 168. 0. 9 | 255. 255. 255. 128 | 192. 168. 0. 0 |
| PC3 | 192. 168. 0. 200 | 255. 255. 255. 128 | 192. 168. 0. 128 |

当 PC1 要发送数据给 PC3 时，将 PC3 的 IP 地址（即 192. 168. 0. 200）与自己的子网掩码 255. 255. 255. 128 进行“与”操作，结果当作 PC3 所在的子网地址，即 192. 168. 0. 128，而 PC1 本身所在子网地址为 192. 168. 0. 0，两者不相同，则表明 PC1 和 PC3 未处于同一个子网。这样，PC1 就需要借助它的网关来完成操作（即需要把数据发送至网关）。这时，PC1 发送出去的内容，第三层（网络层）的以 PC3 的 IP 地址为目的地址，而第二层（数据链路层）的则需要把网关的二层地址作为目的地址。

### 4.2.3 子网规划

划分子网以后，子网内的 IP 合计和原来的网络 IP 个数上虽然一样多，但是子网中并不是所有的 IP 都可以使用。换言之，子网化以后，可使用的主机 IP 地址的个数会有所下降。

第一个不可以使用的地址就是子网地址，也就是主机号位为全“0”的，这个是用来表示子网；第二个不可以使用的地址则是子网广播地址，也就是主机号位为全“1”的那个地址。例如在表 4-3 的例子中，在 192. 168. 1. 0 的这个子网中，192. 168. 1. 0 和 192. 168. 1. 255

这两个地址是不能用的，在这个子网中，可以供主机使用的 IP 地址范围为 192.168.1.1 ~ 192.168.1.254，一共是 $2^8-2=254$ 个。

当使用 B 类来划分子网时，子网掩码的使用及子网内的主机个数见表 4-6（其中主机号位数若为 $n$，则子网内可用主机数为 $2^n-2$ 个）。

**表 4-6 B 类地址的子网化**

| 子网借位 | 子网掩码 | 主机号位位数 | 子网内可用主机数 |
|---|---|---|---|
| 1 | 255.255.128.0 | 15 | 32766 |
| 2 | 255.255.192.0 | 14 | 16382 |
| 3 | 255.255.224.0 | 13 | 8190 |
| 4 | 255.255.240.0 | 12 | 4094 |
| 5 | 255.255.248.0 | 11 | 2046 |
| 6 | 255.255.252.0 | 10 | 1022 |
| 7 | 255.255.254.0 | 9 | 510 |
| 8 | 255.255.255.0 | 8 | 254 |
| 9 | 255.255.255.128 | 7 | 126 |
| 10 | 255.255.255.192 | 6 | 62 |
| 11 | 255..255.255.224 | 5 | 30 |
| 12 | 255.255.255.240 | 4 | 14 |
| 13 | 255.255.255.248 | 3 | 6 |
| 14 | 255.255.255.252 | 2 | 2 |

在规划子网的时候，为了有更好的合理性和扩展性，子网掩码的设置一般都需要结合网络中主机的个数，可用主机数应该大于所需要的当前的主机个数。例如，某一个网络中需要有 100 台主机，那么如果在不考虑其他因素的情况下，则需要使用子网掩码 255.255.255.128，由表 4-6 中的数值可知，100 介于 62 和 126 之间，选用 255.255.255.128 则可有 126 个主机，足够使用，但要是使用 255.255.255.192 则不够用了。

在正确选择子网掩码的基础上，规划网络时就可以充分考虑层次问题，如图 4-3 所示。

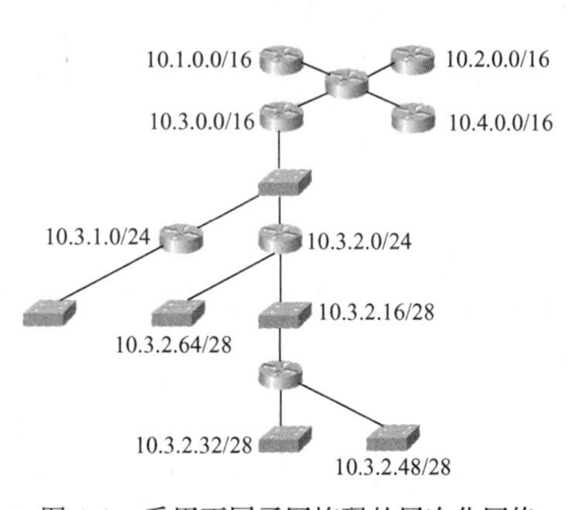


图 4-3 采用不同子网掩码的层次化网络

## 4.3 IP 路由

IP 地址是为了在网络中定位网络设备的。那么它是如何定位的呢？怎么样才能利用 IP 网络来传递 IP 数据包呢？这些问题都是由 IP 路由来解决的。

### 4.3.1 路由器的引入

在为 PC 设置 IP 的时候，不仅需要设置 IP 地址和子网掩码，而且还需要设置网关。那么网关在网络中处于什么样的位置？网关由谁来充当呢？

有的人会说，网关地址就是可以帮忙转发的路由器的地址。这种回答基本上是对的。但为什么会是路由器？路由器充当了一个什么样的角色呢？

其实，路由器也是一台计算机，只不过它是有专门用途的计算机。图4-4所示为一台思科公司生产的路由器的内部组件构造图。可以看到，路由器内部有CPU，有内存（RAM和ROM），还有Flash（类似PC中的硬盘）。

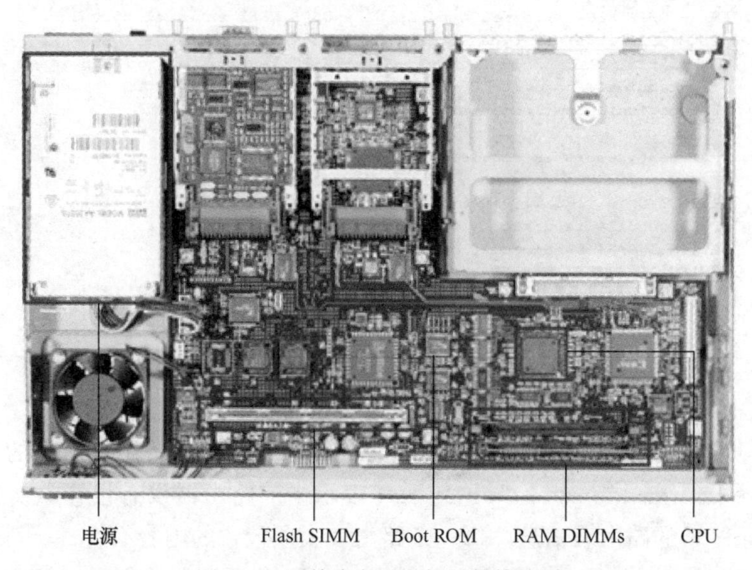


图4-4　思科路由器内部组件构造图

除了这些可以看到的，路由器也有它自己的软件系统或者说是操作系统，可以用来实现管理和控制的功能，这些在思科的路由器中被称为IOS（internetwork operating system）。

路由器的作用就是根据收到的数据包的目的IP地址，来确定一条到达该网络的路径，然后将其从适当的接口发出去。

如图4-5所示，当前的路由器已经连接了192.168.0.0/24、192.168.1.0/24、192.168.2.0/24和192.168.3.0/24四个网络，对于每一个网络分别有一个实际的接口与其相连。现从192.168.0.0/24的网络发来一个数据包，数据包的目的IP地址属于192.168.3.0/24这个网络，那么路由器就会做出转发的操作，把这个数据包进行转发，即从连接192.168.3.0/24的接口发出去，这样就实现了数据包的传递。

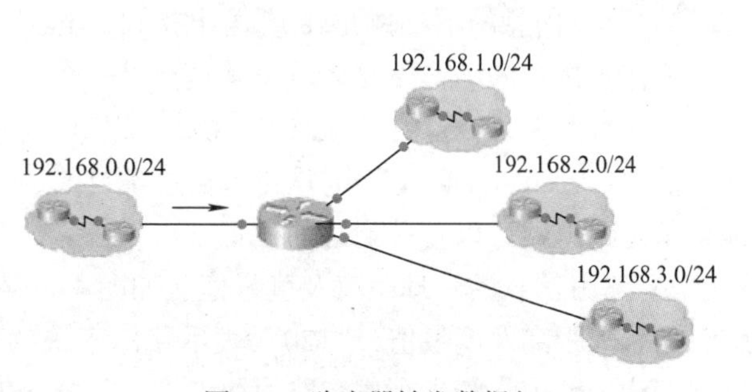


图4-5　路由器转发数据包

在上例这个情况中，数据包的转发看似非常简单，其实路由器在转发数据包的时候是需要依据其了解的路由信息的。也就是说，路由器的RAM中保存了关于当前网络的一些信息，这些信息以数据表的形式存在，一般可称之为路由表。路由器一边要使用路由表，一边也要维护路由表。

### 4.3.2 IP路由表

路由表中的信息包含了IP网络的网路信息，可以在路由器上执行“show ip route”命令来查看这个表，如图4-6所示。

```
Router#show ip route
Codes: C - connected, S - static, I - IGRP, R - RIP, M - mobile, B - BGP
       D - EIGRP, EX - EIGRP external, O - OSPF, IA - OSPF inter area
       N1 - OSPF NSSA external type 1, N2 - OSPF NSSA external type 2
       E1 - OSPF external type 1, E2 - OSPF external type 2, E - EGP
       i - IS-IS, L1 - IS-IS level-1, L2 - IS-IS level-2, ia - IS-IS inter area
       * - candidate default, U - per-user static route, o - ODR
       P - periodic downloaded static route

Gateway of last resort is not set

R    172.16.0.0/16 [120/1] via 192.168.3.2, 00:00:20, FastEthernet1/1
C    192.168.0.0/24 is directly connected, FastEthernet0/0
C    192.168.1.0/24 is directly connected, FastEthernet1/0
C    192.168.2.0/24 is directly connected, FastEthernet0/1
C    192.168.3.0/24 is directly connected, FastEthernet1/1
S    192.168.5.0/24 [1/0] via 192.168.3.2
Router#
```

图4-6 查看路由器的路由表

在图4-6显示的内容中，前半部分属于codes段，主要是提示用户后面的字母包含的意义；“Gateway of last resort is not set”这句话（表示当前路由器没有设置默认路由）的后面才是真正的一条一条的路由表信息。每一条路由表表项包含的内容有：

1）路由信息的来源。如第一行中的字母“R”和第二行中的字母“C”就表示的是路由信息的来源，代表了路由从某一个路由协议，或由路由本身连接得到此路由表项。如“R”表示这条信息是由RIP学习得到的，而“C”表示路由器直接和这个网络相连所得。

2）路由信息的目的网络。如第一行中的172.16.0.0/16就表示了路由信息指向的网络，这与数据包的目的IP地址相关联，由目的网络和子网掩码结合起来表示。

3）路由信息的下一跳地址或送出接口。这是当路由器收到与目的网络匹配的数据包时，所需要执行的动作。要么就将其送至某一个IP地址，要么就将其从某一个接口送出去。图4-6中路由表第一行的“via 192.168.3.2”就是路由信息条目指定的下一跳地址，而第二行中的“FastEthernet0/0 ”则是路由信息条目的送出接口。一般来说，这里指定的下一跳的地址都是路由器可以直接到达的位置。

4）路由信息的管理距离及度量值。如图4-6路由表第一行中的“[120/1]”就是路由信息的管理距离及度量值，“120”表示路由来源的管理复杂度，“1”是指在这个管理复杂度下的代价数值。管理距离和路由协议有关，如RIP的管理距离为120；而度量值与跳数有关，度量为1表示需要经过一个路由器可到达此网络。

### 4.3.3 路由表的创建

路由器连接到网络后，就有了路由器了解网络的过程，然后就有了路由器转发网络数据包的过程。

路由器了解网络然后创建路由表的过程，和生活中的一些现象很相像。生活中，人们都见过像图4-7所示的“南京中路”的路牌。一般来说，当看到这个路牌的时候，人们已经在南京中路上了。这就好比是路由器了解的直连路由，直连路由是通过路由器的接口连接产生，路由器直接在网络中，然后就有了这样的一条直接路由。如图4-6中路由表的倒数第二行，由于路由器的接口FastEthernet1/1使用了192.168.3.0网段的某一个地址，路由器就连到了这个网络，产生了一个“C”（C就是指直连connected）类型的直连网络。

图4-7　与直连路由相似的路牌

对于直连网络，一定会有一个路由器的接口是从物理层开始工作都是正常的。如图4-8所示，在路由器端执行“show ip interface brief”命令后，显示的第一列为接口的名字，第二列为接口指定的IP地址（若未指定IP地址则为unassigned），第三列为接口正常与否，第四列为执行操作方式（手动打开manual），第五列为物理层状态（与端口开启或关闭有关），第六列为数据链路层状态。图4-8中，接口FastEthernet0/0是正常工作的，即路由器连接到了一个直连网络；而接口FastEthernet0/1则被管理性关闭。

```
Router#show ip interface brief
Interface              IP-Address      OK? Method Status                Protocol


FastEthernet0/0        192.168.0.1     YES manual up                    up

FastEthernet0/1        192.168.2.1     YES manual administratively down down
Router#
```

图4-8　路由器接口状态简要显示

仅仅有直连的网络，对于路由器是不够的，还需要让路由器了解其他的网络，路由器才能进行正常的转发工作。同样地，在生活中可能会见到如图4-9所示的路牌，当见到此路牌的时候，可以从中了解到，如果当前向左转则可以向“廊坊”方向去，如果前行则可向“马驹桥”方向，如果右转则可向“大羊坊”方向。值得一提的是，若站在此路牌前，人们既不在“廊坊”，也不在“马驹桥”，也没在“大羊坊”，这个路牌只是为人们指明了一个向“廊坊”“马驹桥”“大羊坊”的方向，至于具体到达这些地方，可能还需要好多个像这样的路牌。路由器与网络也一样，“廊坊”“马驹桥”和“大羊坊”分别代表了一个网络，“左转”“前行”或“右转”则是代表了当数据包离开路由器时所使用的接口。

图4-9　与静态路由相似的路牌

当路由器转发处理网络的数据包时，也和我们去某一个地方一路看路牌指示一样，每一个像图4-9这样的路牌（与路由器的路由表条目关联）只是告诉人们去某地的大致方向（与转发送出数据包的接口关联），等人们离开这个路牌以后这个路牌就失效（路由器不再负责这数据包）了，后面还会看到这样类型的路牌，然后通过它再做决断（与需要其他路由器转发关联）。另外，像图4-9这样的路牌有时也会没有办法指引人们去目的地。例如，若去往廊坊的路上，万一有哪一座桥断了，这条路也就不通了。在路由器进行路由操作时也有类似的情况，当路由器为数据包做相应的转发以后，下一跳的路由器无法连接或下一跳的路由器不能转发数据包，那么这一条路由条目也就可以被认为是条暂时不正确的路由条目。那么像这样的路由条目，一般是由管理员手动设定如何转发数据包的，这样的路由被称为静态路由。

除了上述两种情况，另外还有一种不是由路牌来产生路径的方法。如图 4-10 所示，从起点到终点的路并不是只有一条，但导航地图可以实时了解到每一条路的路况信息、道路宽度等，然后计算出一条代价最小的路。这一点和动态路由非常相似，动态路由信息也是这样，每一个网络好比是导航地图的每一条道路，而路口则是路由器，路由器采集了每一条链路的状态信息（对应为导航地图的路况、道路宽度信息等），然后指导每一个路由器如何进行转发操作（对应导航软件指导左、右转或前行等）。当遇到网络断开或拥堵的情况（对应道路不通或车流量大的情况）时，导航地图可以及时重新调整路线（对应路由发生变化）。

图 4-10　与动态路由相似的导航地图

可以看出，动态路由需要对网络有一个自主感知的过程，并且需要把它感知的内容通过某种方式共享到网络上的其他路由器，最后通过这些感知的内容来确定路由的方法与方向。所以说，动态路由需要耗费一定额外的 CPU 时间和内存空间，还需要占用一定的带宽。另外，由于动态路由会有一些关于网络的信息在网络上传送（即上文所提及的感知的内容），所以这种路由的安全性相对静态路由要稍差一点。

由于动态路由是通过计算机来计算的，而不再需要像静态路由那样依靠管理员手动输入，所以它可以在网络规模相对复杂又庞大的网络中应用；而静态路由则在网络规模扩大时配置的内容呈指数级上升而不适合被采用。

综上所述，对于路由器而言，一共有三种路由，分别是直连路由、静态路由和动态路由，它们的对比见表 4-7。

**表 4-7　三种路由的对比**

| | 直连路由 | 静态路由 | 动态路由 |
|---|---|---|---|
| 配置复杂性 | 不需要配置 | 随网络指数级上升 | 自动配置，与网络大小关联不大 |
| 适应拓扑变化 | 不涉及 | 需要管理干预 | 自动适应 |
| 适用规模 | 无关 | 可适应简单拓扑 | 可适应复杂拓扑 |
| 安全 | 相对安全 | 相对安全 | 相对不安全 |
| 资源问题 | 不需要额外资源 | 不需要额外资源 | 需要额外的 CPU、内存及链路带宽 |

## 4.4 静态路由与默认路由

对于拓扑简单的网络来说，静态路由配置就可以实现网络的路由。而有些时候，静态路由又被配置成默认路由的形式，对网络管理规划人员来说，静态路由和默认路由的规划与设计配置是一种基础配置。

### 4.4.1 静态路由

上一节提及了路由器转发数据包的三种路由：直连路由、静态路由和动态路由。此三种路由的共同目的就是要让路由器“了解”拓扑中的每一个网络，以便采取相应的转发策略或使用相应的转发接口发送出去。直连路由一般是不需要配置路由的，路由器会自动产生相关路由条目；静态路由则需要指定一些内容；动态路由则是通过网络来获知路由的信息并产生路由条目的。

在图4-11所示的网络拓扑中，两个PC之间通过两个路由器相连，若要对这样的网络拓扑下的路由器配置静态路由，使得网络互通，则可以按以下步骤来操作。

图4-11 静态路由配置示例

假定在路由器接口上的IP配置已经完成，且PC已经把最近的路由器的接口IP地址配置成自己的网关。

1）列出网络拓扑中的所有网络，见表4-8。

2）对每一个路由器列出所有网络的直连状态。

Router1的网络连接状态见表4-9。

表4-8 网络拓扑中的所有网络

| 序号 | 网络地址 |
|---|---|
| 1 | 192.168.0.0/24 |
| 2 | 192.168.1.0/24 |
| 3 | 192.168.2.0/24 |

表4-9 Router1的网络连接状态

| 序号 | 网络地址 | 连接状态 |
|---|---|---|
| 1 | 192.168.0.0/24 | 直连 |
| 2 | 192.168.1.0/24 | 直连 |
| 3 | 192.168.2.0/24 | 未直连 |

Router2的网络连接状态见表4-10。

3）对于每一个路由器来说，每一个未直连的网络也就是它“未了解”的网络，就需要给它配置一个静态路由。对于路由器Router1来说，未直连的网络为192.168.2.0/24，Router1若要将数据转发（或送达）至网络192.168.2.0/24，它必须将其转发到Router2那个IP地址为192.168.1.2的接口，才能实现。所以，对于路由器Router1来说192.168.2.0/24的下一跳IP地址应为192.168.1.2（注意：这个下一跳IP地址一般来说都是这个路由器直接可以连接到的IP地址，即有相关的直连路由）。图4-11的静态路由配置内容见表4-11。

表 4-10 Router2 的网络连接状态

| 序号 | 网络地址 | 连接状态 |
|---|---|---|
| 1 | 192. 168. 0. 0/24 | 未直连 |
| 2 | 192. 168. 1. 0/24 | 直连 |
| 3 | 192. 168. 2. 0/24 | 直连 |

表 4-11 静态路由配置内容

| 编号 | 路由器 | 网络地址 | 连接状态 | 下一跳地址 |
|---|---|---|---|---|
| 1 | Router1 | 192. 168. 2. 0/24 | 未直连 | 192. 168. 1. 2 |
| 2 | Router2 | 192. 168. 0. 0/24 | 未直连 | 192. 168. 1. 1 |

4）在表 4-11 的基础上，需要为每一条未直连的网络配置一条静态路由。

使用控制台方式配置路由器与使用控制台方式配置交换机的界面基本差不多，因为都是使用类似的操作系统。例如，在使用 Packet Tracer 来规划配置路由器时，使用的就是思科的 IOS 操作系统。

路由器配置静态路由的命令语法如下：

ip route [network-address] [subnet mask] [address of next hop or exit interface]

此命令需要在路由器的全局配置模式下执行。其中 ：

- ip route 可以看成是配置静态路由的关键字。
- network-address 指的是需要配置的未知网络的网络地址。
- subnet mask 是未知网络所使用的子网掩码。
- address of next hop 是指对于未知网络的转发应送达的下一跳 IP 地址。
- exit interface 是指对于一些情况（如点对点连接）可以不使用下一跳 IP 地址而使用路由器的送出接口，即路由器可以将数据包由此接口送出。

对于表 4-11 所示的情况，相应的路由配置命令见表 4-12。

表 4-12 静态路由配置命令

| 编号 | 路由器 | 需配置静态路由的网络地址 | 相应的静态路由配置命令 |
|---|---|---|---|
| 1 | Router1 | 192. 168. 2. 0/24 | ip router 192. 168. 2. 0 255. 255. 255. 0 192. 168. 1. 2 |
| 2 | Router2 | 192. 168. 0. 0/24 | ip router 192. 168. 0. 0 255. 255. 255. 0 192. 168. 1. 1 |

在 Packet Tracer 中还提供了通过图形界面来添加静态路由的方法，这和路由器可以通过 Web、网络管理工具等来操作很相似。

对于路由器 Router1 来说，选择配置（Config）选项卡，如图 4-12 所示，设置 Network、Mask 和 Next Hop 三项，即网络地址、子网掩码和下一跳 IP 地址，然后单击 Add 按钮，即可完成静态路由的配置。

5）（可选）：在配置完静态路由以后，可以检查一下路由器的路由表，以确保配置的正确性。在路由器控制台端特权模式下，执行“show ip router”命令来检查当前路由器的路由表。以 Router1 为例，查看的结果如图 4-13 所示。

当静态路由配置完毕以后，对于每一个路由器，它的路由表就应该含有网络拓扑中的所有网络。例如，图 4-13 中 Router1 有三个路由表项，而网络拓扑中正好就是这三个网络，Router2 也是如此。

### 4. 4. 2 从静态路由到默认路由

上例中的网络拓扑相对比较简单，如果拓扑复杂一些会不会有变化呢？例如，图 4-14

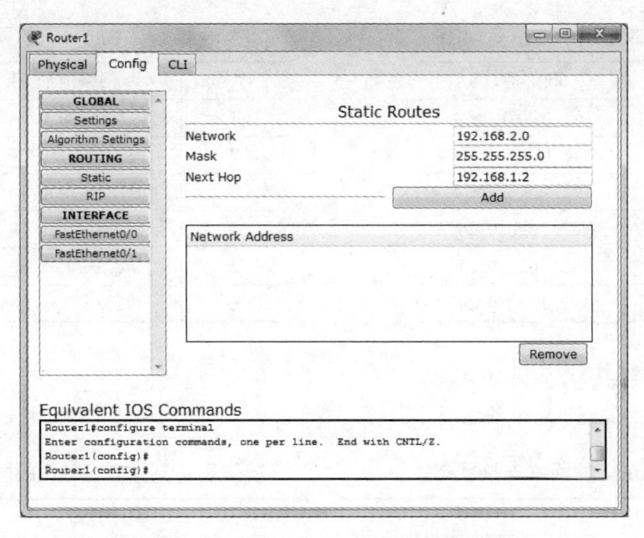


图 4-12 在 Packer Tracer 中配置静态路由

```
Router1#show ip router
Codes: C - connected, S - static, I - IGRP, R - RIP, M - mobile, B - BGP
       D - EIGRP, EX - EIGRP external, O - OSPF, IA - OSPF inter area
       N1 - OSPF NSSA external type 1, N2 - OSPF NSSA external type 2
       E1 - OSPF external type 1, E2 - OSPF external type 2, E - EGP
       i - IS-IS, L1 - IS-IS level-1, L2 - IS-IS level-2, ia - IS-IS inter area
       * - candidate default, U - per-user static route, o - ODR
       P - periodic downloaded static route

Gateway of last resort is not set

C    192.168.0.0/24 is directly connected, FastEthernet0/0
C    192.168.1.0/24 is directly connected, FastEthernet0/1
S    192.168.2.0/24 [1/0] via 192.168.1.2
Router1#
```

图 4-13 Routerl 静态路由配置好后查看路由表

所示的相对复杂的网络拓扑，还是按照上面介绍五步法，则配置过程如下。

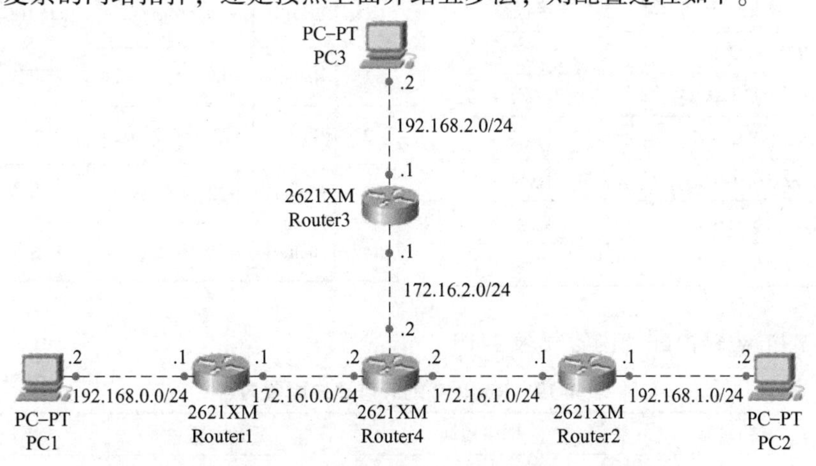


图 4-14 相对复杂的网络拓扑的静态路由配置

1）列出网络拓扑中的所有网络，见表 4-13。

2）对每一个路由器列出所有网络的直连状态。

Router1 的网络连接状态见表 4-14。

**表 4-13　网络拓扑中的所有网络**

| 序号 | 网络地址 |
|---|---|
| 1 | 192. 168. 0. 0/24 |
| 2 | 192. 168. 1. 0/24 |
| 3 | 192. 168. 2. 0/24 |
| 4 | 172. 16. 0. 0/24 |
| 5 | 172. 16. 1. 0/24 |
| 6 | 172. 16. 2. 0/24 |

**表 4-14　Router1 的网络连接状态**

| 序号 | 网络地址 | 连接状态 |
|---|---|---|
| 1 | 192. 168. 0. 0/24 | 直连 |
| 2 | 192. 168. 1. 0/24 | 未直连 |
| 3 | 192. 168. 2. 0/24 | 未直连 |
| 4 | 172. 16. 0. 0/24 | 直连 |
| 5 | 172. 16. 1. 0/24 | 未直连 |
| 6 | 172. 16. 2. 0/24 | 未直连 |

Router2 的网络连接状态见表 4-15。

Router3 的网络连接状态见表 4-16。

**表 4-15　Router2 的网络连接状态**

| 序号 | 网络地址 | 连接状态 |
|---|---|---|
| 1 | 192. 168. 0. 0/24 | 未直连 |
| 2 | 192. 168. 1. 0/24 | 直连 |
| 3 | 192. 168. 2. 0/24 | 未直连 |
| 4 | 172. 16. 0. 0/24 | 未直连 |
| 5 | 172. 16. 1. 0/24 | 直连 |
| 6 | 172. 16. 2. 0/24 | 未直连 |

**表 4-16　Router3 的网络连接状态**

| 序号 | 网络地址 | 连接状态 |
|---|---|---|
| 1 | 192. 168. 0. 0/24 | 未直连 |
| 2 | 192. 168. 1. 0/24 | 未直连 |
| 3 | 192. 168. 2. 0/24 | 直连 |
| 4 | 172. 16. 0. 0/24 | 未直连 |
| 5 | 172. 16. 1. 0/24 | 未直连 |
| 6 | 172. 16. 2. 0/24 | 直连 |

Router4 的网络连接状态见表 4-17。

3）为每一个路由器未直连的网络配置一个静态路由。

Router1 的静态路由配置内容见表 4-18。

**表 4-17　Router4 的网络连接状态**

| 序号 | 网络地址 | 连接状态 |
|---|---|---|
| 1 | 192. 168. 0. 0/24 | 未直连 |
| 2 | 192. 168. 1. 0/24 | 未直连 |
| 3 | 192. 168. 2. 0/24 | 未直连 |
| 4 | 172. 16. 0. 0/24 | 直连 |
| 5 | 172. 16. 1. 0/24 | 直连 |
| 6 | 172. 16. 2. 0/24 | 直连 |

**表 4-18　Router1 的静态路由配置内容**

| 编号 | 路由器 | 网络地址 | 连接状态 | 下一跳地址 |
|---|---|---|---|---|
| 1 | Router1 | 192. 168. 1. 0/24 | 未直连 | 172. 16. 0. 2 |
| 2 | Router1 | 192. 168. 2. 0/24 | 未直连 | 172. 16. 0. 2 |
| 3 | Router1 | 172. 16. 1. 0/24 | 未直连 | 172. 16. 0. 2 |
| 4 | Router1 | 172. 16. 2. 0/24 | 未直连 | 172. 16. 0. 2 |

Router2 的静态路由配置内容见表 4-19。

**表 4-19　Router2 的静态路由配置内容**

| 编号 | 路由器 | 网络地址 | 连接状态 | 下一跳地址 |
|---|---|---|---|---|
| 1 | Router2 | 192. 168. 0. 0/24 | 未直连 | 172. 16. 1. 2 |
| 2 | Router2 | 192. 168. 2. 0/24 | 未直连 | 172. 16. 1. 2 |
| 3 | Router2 | 172. 16. 0. 0/24 | 未直连 | 172. 16. 1. 2 |
| 4 | Router2 | 172. 16. 2. 0/24 | 未直连 | 172. 16. 1. 2 |

Router3 的静态路由配置内容见表 4-20。

**表 4-20 Router3 的静态路由配置内容**

| 编号 | 路由器 | 网络地址 | 连接状态 | 下一跳地址 |
|---|---|---|---|---|
| 1 | Router3 | 192. 168. 0. 0/24 | 未直连 | 172. 16. 2. 2 |
| 2 | Router3 | 192. 168. 1. 0/24 | 未直连 | 172. 16. 2. 2 |
| 3 | Router3 | 172. 16. 0. 0/24 | 未直连 | 172. 16. 2. 2 |
| 4 | Router3 | 172. 16. 0. 0/24 | 未直连 | 172. 16. 2. 2 |

Router4 的静态路由配置内容见表 4-21。

**表 4-21 Router4 的静态路由配置内容**

| 编号 | 路由器 | 网络地址 | 连接状态 | 下一跳地址 |
|---|---|---|---|---|
| 1 | Router4 | 192. 168. 0. 0/24 | 未直连 | 172. 16. 0. 1 |
| 2 | Router4 | 192. 168. 1. 0/24 | 未直连 | 172. 16. 1. 1 |
| 3 | Router4 | 192. 168. 2. 0/24 | 未直连 | 172. 16. 2. 1 |

4）每一个路由器静态路由配置命令见表 4-22 ~ 表 4-24。

**表 4-22 Router1 静态路由配置命令**

| 编号 | 路由器 | 需配置静态路由的网络地址 | 相应的静态路由配置命令 |
|---|---|---|---|
| 1 | Router1 | 192. 168. 1. 0/24 | ip router 192. 168. 1. 0 255. 255. 255. 0 172. 16. 0. 2 |
| 2 | Router1 | 192. 168. 2. 0/24 | ip router 192. 168. 2. 0 255. 255. 255. 0 172. 16. 0. 2 |
| 3 | Router1 | 172. 16. 1. 0/24 | ip router 172. 16. 1. 0 255. 255. 255. 0 172. 16. 0. 2 |
| 4 | Router1 | 172. 16. 2. 0/24 | ip router 172. 16. 2. 0 255. 255. 255. 0 172. 16. 0. 2 |

**表 4-23 Router2 静态路由配置命令**

| 编号 | 路由器 | 需配置静态路由的网络地址 | 相应的静态路由配置命令 |
|---|---|---|---|
| 1 | Router2 | 192. 168. 0. 0/24 | ip router 192. 168. 0. 0 255. 255. 255. 0 172. 16. 1. 2 |
| 2 | Router2 | 192. 168. 2. 0/24 | ip router 192. 168. 2. 0 255. 255. 255. 0 172. 16. 1. 2 |
| 3 | Router2 | 172. 16. 0. 0/24 | ip router 172. 16. 0. 0 255. 255. 255. 0 172. 16. 1. 2 |
| 4 | Router2 | 172. 16. 2. 0/24 | ip router 172. 16. 2. 0 255. 255. 255. 0 172. 16. 1. 2 |

**表 4-24 Router3 静态路由配置命令**

| 编号 | 路由器 | 需配置静态路由的网络地址 | 相应的静态路由配置命令 |
|---|---|---|---|
| 1 | Router3 | 192. 168. 0. 0/24 | ip router 192. 168. 0. 0 255. 255. 255. 0 172. 16. 2. 2 |
| 2 | Router3 | 192. 168. 1. 0/24 | ip router 192. 168. 1. 0 255. 255. 255. 0 172. 16. 2. 2 |
| 3 | Router3 | 172. 16. 0. 0/24 | ip router 172. 16. 0. 0 255. 255. 255. 0 172. 16. 2. 2 |
| 4 | Router3 | 172. 16. 1. 0/24 | ip router 172. 16. 1. 0 255. 255. 255. 0 172. 16. 2. 2 |

细心的读者可以发现，Router1、Router2 和 Router3 这三个路由器的下一跳地址都为同一个地址，即 Router1 到达其未知网络的下一跳地址皆为 172. 16. 0. 2，Router2 到达其未知网络的下一跳地址皆为 172. 16. 1. 2，Router3 到达其未知网络的下一跳地址皆为 172. 16. 2. 2。在这种情况下，多个静态路由可以使用一个默认路由来替代。

默认路由即网络为 0. 0. 0. 0 且使用子网掩码 0. 0. 0. 0 的路由，它囊括了所有的 IP 地址范围，所以一般在查找匹配的路由时放在最后。默认路由在动态路由中还有另外的作用，在此不再展开，请感兴趣的读者自行查阅相关文献。

本例若使用默认路由来实现，则配置命令见表 4-25。

**表 4-25 默认路由配置命令**

| 编号 | 路由器 | 相应的静态路由配置命令 |
|---|---|---|
| 1 | Router1 | ip router 0. 0. 0. 0 0. 0. 0. 0 172. 16. 0. 2 |
| 1 | Router2 | ip router 0. 0. 0. 0 0. 0. 0. 0 172. 16. 1. 2 |
| 1 | Router3 | ip router 0. 0. 0. 0 0. 0. 0. 0 172. 16. 2. 2 |

默认路由一般使用在末节网络中，而由于此例中的 Router4 并不是唯一的下一跳地址，一般就不采用默认路由了，于是 Router4 的静态路由配置命令见表 4-26。

**表 4-26 Router4 静态路由配置命令**

| 编号 | 路由器 | 需配置静态路由的网络地址 | 相应的静态路由配置命令 |
|---|---|---|---|
| 1 | Router4 | 192. 168. 0. 0/24 | ip router 192. 168. 0. 0 255. 255. 255. 0 172. 16. 0. 1 |
| 2 | Router4 | 192. 168. 1. 0/24 | ip router 192. 168. 1. 0 255. 255. 255. 0 172. 16. 1. 1 |
| 3 | Router4 | 192. 168. 2. 0/24 | ip router 192. 168. 2. 0. 255. 255. 255. 0 172. 16. 2. 1 |

5）（可选）：配置了默认路由以后，在 Router1 上执行“show ip router”命令来查看当前路由器的路由表，结果如图 4-15 所示。图中最后一条路由条目为 S 型，即表示静态路由，但这是一个特殊的静态路由，星号表示它是一个默认路由。

```
router1#show ip router
Codes: C - connected, S - static, I - IGRP, R - RIP, M - mobile, B - BGP
       D - EIGRP, EX - EIGRP external, O - OSPF, IA - OSPF inter area
       N1 - OSPF NSSA external type 1, N2 - OSPF NSSA external type 2
       E1 - OSPF external type 1, E2 - OSPF external type 2, E - EGP
       i - IS-IS, L1 - IS-IS level-1, L2 - IS-IS level-2, ia - IS-IS inter area
       * - candidate default, U - per-user static route, o - ODR
       P - periodic downloaded static route

Gateway of last resort is 172.16.0.2 to network 0.0.0.0

     172.16.0.0/24 is subnetted, 1 subnets
C       172.16.0.0 is directly connected, FastEthernet0/1
C    192.168.0.0/24 is directly connected, FastEthernet0/0
S*   0.0.0.0/0 [1/0] via 172.16.0.2
router1#
```

图 4-15 配置了默认路由后路由表查看结果

在此例的网络拓扑中，虽然共有 6 个网络，但 Router1 的路由表项却只有 3 个，这是因为这里的默认路由已经把它们囊括进去了。

## 4.5 本章总结

对于IP地址的理解与网络的IP规划关系密切。本章从IP地址在IP中的作用出发，一层层地分析IP在IP网中的规划方法，并特别阐述了子网掩码的作用和中小型企业中的IP编址及规划方法；本章最后一节结合现实生活来阐述路由，然后再分多步来实现配置静态路由和默认路由。

## 4.6 本章实践

### 实践一：IP地址规划方案分析

了解所在学校（或单位）的网络的IP规划方案，用Packet Tracer将其画出，并配置好部分网络设备。

分析IP规划配置的合理性和可扩展性等。

### 实践二：简单网络IP地址

针对某网络的现实状况（可以由教师拟定），分析子网采用的规划方案，列出子网地址、子网掩码、子网可用IP地址、子网网关IP等。

### 实践三：静态路由配置

以图4-16所示的网络为例，配置静态路由。

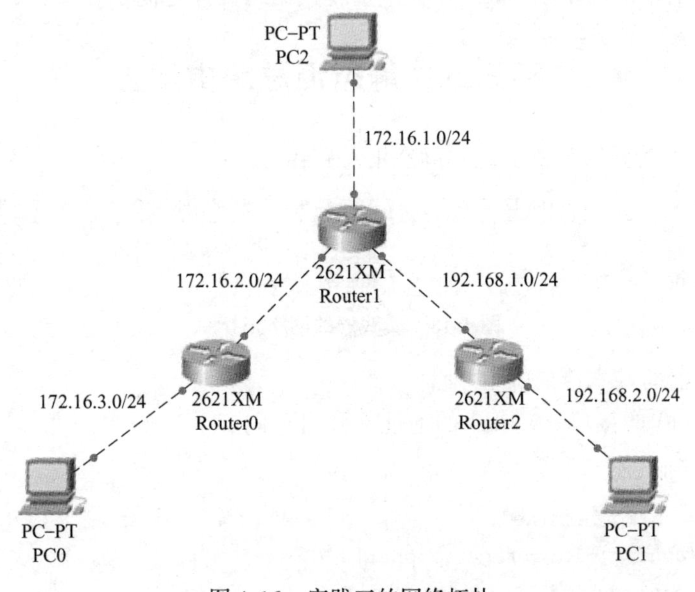


图4-16 实践三的网络拓扑

1. 配置 PC 及路由器接口的 IP 地址。
2. 使用五步法配置三个路由器的静态路由。
3. 使用 Tracer Router 测试从 PC0 到 PC1 的数据包传递过程，再测试从 PC0 到 PC2 的数据包传递过程。

## 实践四：复杂静态路由配置（含默认路由）

以图 4-17 所示的网络为例，配置相对复杂的静态路由。

1. 自定义设计图中网络的接口 IP 地址，并以表格的形式记录。
2. 配置每一个路由器接口的 IP 地址，使得相邻两个路由器之间可以互通。

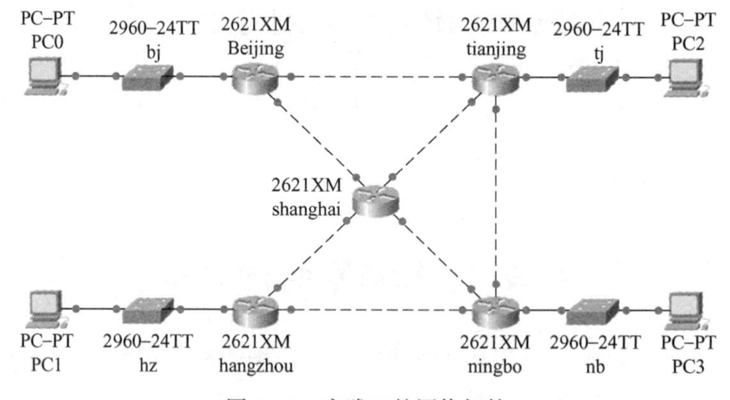


图 4-17　实践四的网络拓扑

3. 配置静态路由前查看路由器的路由表。
4. 使用“ip router”命令配置每一个路由器的静态路由，使得 PC 都可以互通。
5. 在 PC 之间使用 ping 命令检测互通性。
6. 在 PC 之间使用 Tracer Router 方法，查看数据的具体走向。

## ** 实践五：静态汇总路由配置

以图 4-18 所示的网络为例，配置静态汇总路由。

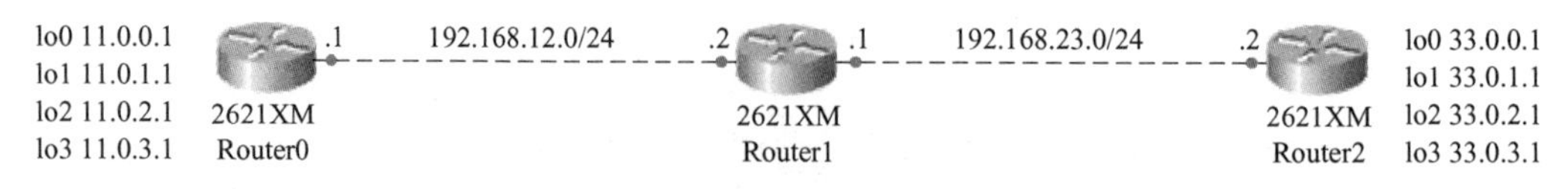


图 4-18　实践五的网络拓扑一

1. 配置路由器的基本接口的 IP 地址。
2. 配置 Router0 的接口 lo0 ~ lo3 的地址并开启它们。

参考命令如下：

```
Router0#config terminal
Router0(config)#interface loopback0
Router0(config-if)#ip address 11.0.0.1 255.255.255.0
```

```
Router0(config-if)#no shutdown
```

3. 配置 Router2 的接口 lo0 ~ lo3 的地址并开启它们。

4. 查看 Router0 ~ Router2 当前的路由表。

注意：请在第 5 题之前先保存 PKT 文件，然后另存为其他文件备用。

5. 配置 Router0 的静态路由。

1）在 Router0 上配置到网络 192.168.23.0 的静态路由。

2）在 Router0 上配置到网络 33.0.0.0 等四个网络的汇总路由。

3）查看 Router0 的路由表。

6. 配置 Router1 的静态路由。

1）在 Router1 上配置到网络 11.0.0.0 等四个网络的汇总路由。

2）在 Router1 上配置到网络 33.0.0.0 等四个网络的汇总路由。

3）查看 Router1 的路由表。

7. 配置 Router2 的静态路由。

1）在 Router2 上配置到网络 192.168.12.0 的静态路由。

2）在 Router2 上配置到网络 11.0.0.0 等四个网络的汇总路由。

3）查看 Router0 的路由表。

8. 使用 ping 命令检测互通性。

1）在 Router 0 上测试 ping 33.0.0.1。

2）在 Router 1 上测试 ping 11.0.0.1 及 33.0.0.1。

3）在 Router 2 上测试 ping 11.0.0.1。

4）请问检测结果如何？产生的原因是什么？

9. 将图 4-18 所示的网络拓扑改成图 4-19 所示的网络拓扑。

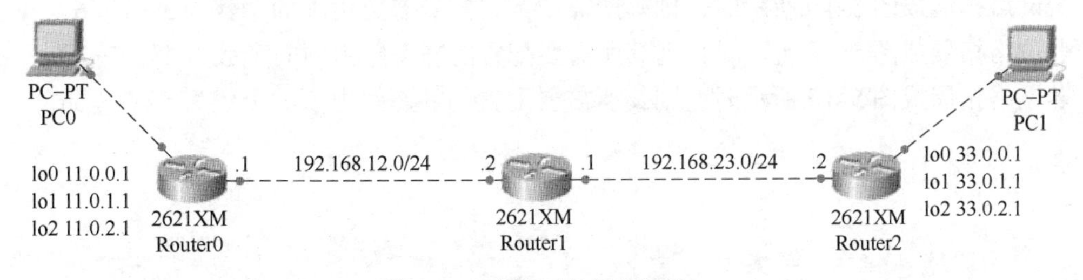


图 4-19　实践五的网络拓扑二

1）将 Router0 和 Router3 接口 loopback3 去除：

```
Interface loopback3
no ip address
shutdown
```

2）将原来 loopback3 的地址设置成新的接口地址。

3）再次检测互通性。在 Router 0 上测试 ping 33.0.3.1；在 Router 1 上测试 ping 11.0.3.1 及 33.0.3.1；在 Router 2 上测试 ping 11.0.3.1。

# 第5章 企业路由规划

第4章主要讲述了IP寻址与路由的基本概念，读者对路由有了一定的了解。本章则深入至动态路由层面。由于动态路由的使用非常广泛，对于网络规划与设计者来说，设计与规划动态路由是十分重要的。

## 5.1 动态路由协议的引入

### 5.1.1 静态路由的问题

第4章对静态路由的配置方法进行了讲述，细心的读者可以发现，在配置静态路由的时候，若路由器的数量多起来，或者若网络的数据多起来，静态路由需要配置的内容会越来越多。

若有图5-1a所示的网络拓扑（云状网络假定为二层网络不需要路由），那么所需要配置的静态路由项的个数为2×1=2。其中，前一个2表示2个路由器，后一个1则表示每个路由器所需要配置的静态路由数为1。

若网络拓展成图5-1b所示时，则其所需要配置的静态路由项的个数为3×2=6。

若网络拓展成图5-1c所示时，则其所需要配置的静态路由项的个数为4×5=20。

若网络拓展成图5-1d所示时，则其所需要配置的静态路由项的个数为5×7=35。

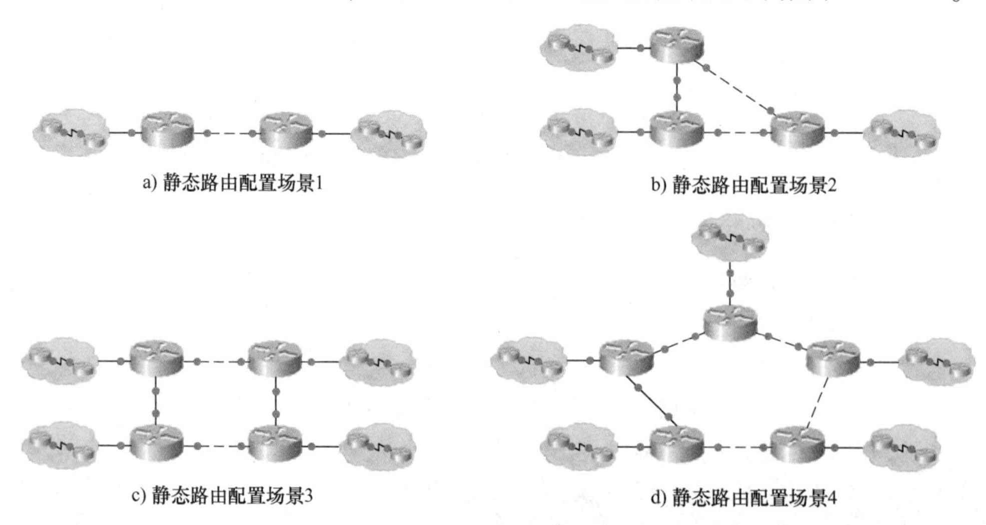


图5-1 静态路由配置场景

所以，当网络中路由器的个数为 $N$ 时，若增加一个路由器并增加一个网络的时候，需要额外配置的静态路由数目并不是 $N$ 个这么简单，而是迅速上升一个数量级。例如，像图 5-1d这样的有 5 个路由器的网络拓扑就会有 35 条静态路由需要配置。

## 5.1.2 动态路由

当网络拓扑中路由器的数量增加的时候，静态路由会因为配置内容相对复杂而不再适用。这个时候，就需要考虑使用动态路由了。

动态路由的基本思想是，让路由器自主地去了解网络，然后为每一个数据包给出一个转发策略。于是，每一个动态路由协议从内容上看就包括三方面，如图 5-2 所示。

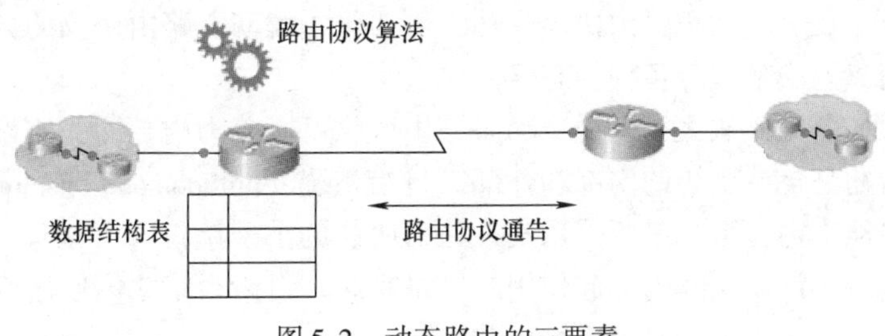


图 5-2 动态路由的三要素

1）数据结构表。这些数据结构表是为了路由器自主了解网络而暂时存储在路由器的内存中的。例如，动态路由协议常常会有邻居表这样一种数据结构表，它用来存储当前路由协议范围内路由器与其相邻接的路由器的一些信息的集合。

2）路由协议算法。路由协议的最终目的是生成到达网络的路由表转发策略（也就是生成一个关于某网络的路由表项），而数据结构表有可能是很原始的，这就需要有一个路由协议算法来“计算”出路由表项，从而实现动态路由。一些简单的路由协议仅仅是做了相互的比较而完成“算法”，但这也是一种路由协议算法。

3）路由协议通告（也称更新）。路由器需要了解自己未直连的网络，并让别的路由器了解自己已经连接的网络，这就必须进行互相之间的“交流”，这种“交流”就在路由器之间以通告的形式展开。通告就是根据动态路由协议规定内容定义一些数据包的集合，它们与动态路由协议的数据结构表是有关联的。当动态路由协议进程运行在路由器上时，路由器一边发送通告给其他的路由器，一边则接收来自其他路由器的通告。动态路由协议通告通常都会以某一周期不停地发送，这样当网络的拓扑发送变化时，数据结构表的内容也会发生变化，继而导致动态路由协议算法重新运行并生成新的路由表项，新产生的路由表即可适应新的网络拓扑。而对于静态路由则不然，当网络拓扑发生变化时，静态路由的路由表项需要管理人员手动调整才能去适应新的网络拓扑。

另外，还需特别指出的是，由于动态路由协议通告中含有网络拓扑信息（有些可能还是明文的），所以当动态路由协议运行时，网络中的这些特殊数据包，有可能会变成不法分子探知网络信息的一种来源，所以相对而言，动态路由没有静态路由安全。

根据动态路由的三要素，当动态路由协议启用时，就需要耗费一定的内存空间来存储路由协议相关的数据结构表，需要耗费一定的 CPU 时间来执行路由协议的算法，还会耗费一定的带宽用来在路由器与路由器之间传递路由协议通告。

## 5.2 动态路由协议概述

动态路由协议的应用是很广泛的，但其种类繁多，各种动态路由协议之间既有区别，也有各自的应用场合，对于一种特定的网络拓扑场景，选用合适的动态路由协议常常是路由协议效率及网络效率的关键所在。

### 5.2.1 动态路由协议的种类

在了解动态路由协议之初，需要先了解动态路由协议的分类方法及其特点。下面按各种划分方法来区分各种动态路由协议。

首先，从大类来说，动态路由协议可以分为内部网关协议和外部网关协议。内部和外部指的是自治系统的内部和外部。自治系统（autonomous System）是指在互联网中一个有权自主地决定在系统中所采用某种路由协议的小型单位，可以理解成一个企业网络内部使用的、路由协议仅在其内部起作用的网络系统。自治系统之内使用内部网关协议后，内部网关协议的路由通告在自治系统内部被传递，进而可以使系统内部网络中的各个网络实现互通；而自治系统之间，则通过外部网关协议来实现互连，如图 5-3 所示。常见的内部网关协议有 RIP、OSPF、IGRP 和 EIGRP 等，外部网关协议有 BGP 等。

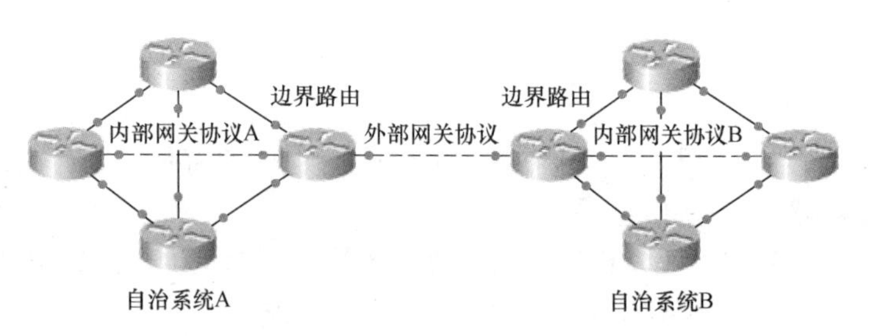


图 5-3　内部网关协议与外部网关协议

其次，内部网关协议可以分为两大类：一类为距离矢量路由协议，另一类为链路状态路由协议。这两类协议从本质上来说还是和动态路由协议的三个要素有区别的。

距离矢量路由协议属于扁平的路由协议，距离表示其记录了路由器到达目的网络的量，矢量则记录了路由器到达目的网络的方向，量和方向两者结合组成了路由协议的内容直接指向路由表的表项；链路状态路由协议则是对整个协议起作用的范围内的链路进行整合，让每一个路由器都了解网络的每一条链路的状态，然后路由器根据其在这个网络中的位置来决定到达每一个网络的路由表项，一旦链路发生变化，整个路由表项都要重新生成。简单地说，链路状态路由协议起作用后，路由器是了解整个网络的状态的，而距离矢量路由协议则没有了解，只是从邻居的路由器了解到如何传递数据包至目的网络。表 5-1 列出了距离矢量路由协议与链路状态路由协议的比较。

**表 5-1　距离矢量路由协议与链路状态路由协议的比较**

| | 距离矢量路由协议 | 链路状态路由协议 |
|---|---|---|
| 了解网络 | 只了解路由表项相关 | 了解整个网络链路状态 |
| 发送通告对象 | 只给邻接的邻居路由器 | 不仅给邻居也给其他路由器 |
| 发送通告内容 | 路由表项 | 已知链路状态信息 |
| 更新路由表 | 周期性更新 | 链路发生变化时触发更新 |
| 适合网络 | 中小型网络 | 中大型网络 |
| 配置复杂度 | 较简单 | 稍复杂 |

再者，对于路由协议来说，基本上都是为 IP 服务的，IP 也被称为“被路由协议”。由于 IP 的历史发展原因，可以将路由协议分为有类路由协议和无类路由协议。早期的路由协议多为有类路由协议，晚一些的路由协议则多为无类路由协议。

有类就是 IP 地址的类。在路由协议的机制中，路由器发送与接收的路由通告一般都需要有网络地址和子网掩码结合信息。但对于有类路由协议来说，路由通告的内容中是不含有子网掩码信息的，如果需要使用子网掩码，则通过 IP 地址的类来决定子网掩码。表 5-2 列出了有类路由协议通告默认的子网掩码。而对于无类路由协议来说，子网掩码的信息则被包含在路由通告信息里，并且可以灵活地使用多样的子网掩码，而不再像有类路由协议那样仅有三种子网掩码。若使用有类路由协议，网络在规划与设计时一般全网都采用同一个子网掩码；而当使用无类路由协议时，网络的规划与设计则可以更灵活。这正是无类路由协议相比有类路由协议适应性更强的原因。

**表 5-2 有类路由协议通告默认的子网掩码**

| IP 地址类 | 默认使用的子网掩码 |
|---|---|
| A 类 | 255. 0. 0. 0 |
| B 类 | 255. 255. 0. 0 |
| C 类 | 255. 255. 255. 0 |

有类路由协议有 RIP V1 版本、IGRP 等，无类路由协议有 RIP V2 版本、EIGRP、OSPF 等。

## 5.2.2 动态路由协议的特性指标

可以使用三个特性指标来描述和协调动态路由协议，分别是收敛、度量和管理距离。

在动态路由协议起作用以后，所有的路由器都稳定地达到拥有其他网络的路由表项，这称为完成收敛。当网络拓扑发生变化时，从变化发生到路由器调整相应路由表项并稳定下来，这一段时间称为收敛时间。

在前面的章节中曾提到，当动态路由协议起作用以后，路由器之间通过路由通告互相传递信息，然后通过计算来得到路由表。但对于各种路由协议来说，通告何时到达、路由表项何时生成、生成的路由表项是否准确，这些是各不相同的。

如图 5-4 所示，A、B、C、D 四个路由器分别连接了一个 LAN，若启用动态路由协议，则会将每一个 LAN 的信息通过路由器之间的连接共享出去，使得其他路由也能获得一条到 LAN 的路由项。但是，共享是有一定的过程的，这个过程通过 A、B、C、D 四个路由器之间的路由通告的发送与接收来完成，这种发送与接收对于每一个路由协议来说都是不同的。需要特别指出的是，距离矢量路由协议常常采用周期性（以 RIP 路由协议为例，一个周期为 30s）发送通告的方法。那么若当图 5-4 中 A 的 LAN 网络断开时，可能要过两个周期的时间，D 路由器才能了解到，也就是说，在这种情况下路由的收敛时间有可能要达到两个周期的时间。而链路状态路由协议则采用触发更新的方法，若当图 5-4 中 A 的 LAN 断开时，A 路由器即时发送相关的通告给 B、C 和 D，这样 D 很快就可以了解到 A 的 LAN 已经断开，也就是说，在这种情况下路由的收敛时间很短。

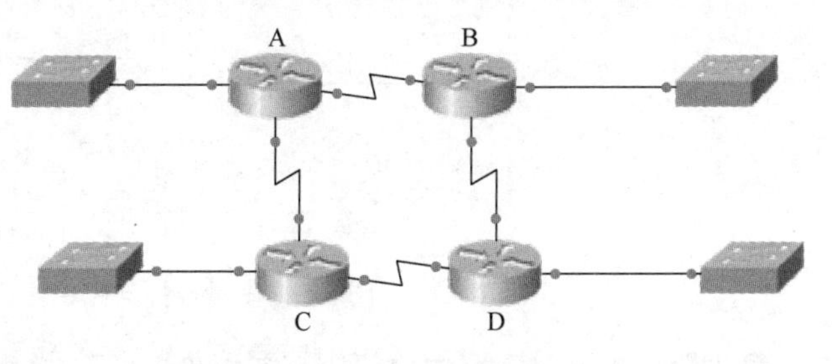


图 5-4 路由协议收敛示例

结合上面的例子可以看出，在

收敛时间这个问题上，距离矢量路由协议一般的收敛时间相对较长，而链路状态路由协议的收敛时间就比较短。当路由器没有完成收敛，路由器的路由表项是很有可能不准确的，那么传递数据包也很有可能不准确，这时网络的效率也同样降低。所以路由协议的收敛时间越短，网络的可用性就越高。这也是一些重要场合的网络避免使用距离矢量路由协议的原因之一。

度量也是动态路由协议中常常关注的内容。当有不同路径可以到达相同目的网络时，路由器需要某种路由机制来计算出最佳路径。度量也可以说是一种路径的代价，通过不同路径代价的比较来决定采用哪一条路径。

常用的度量有带宽、开销、延迟、跳数、负载和可靠性。

1）带宽指的是路由器连接网络的链路带宽值。若采用带宽为度量时，常常使用的是其倒数。带宽越大，代价相对越小。

2）开销指的是链路的成本费用。例如，连接网络所需要交给服务提供商（如电信公司、移动公司）的费用。这种度量常常由管理员手动给定。

3）延迟指的是从路由器到达远程网络所花费的时间的总和。这种度量在某些特定的链路下显得很重要，如通过通信卫星进行网络通信。

4）跳数指的是到达目标网络所需要经过的路由器的个数总和。

5）负载指的是链路中数据通信的当前量。使用负载作为度量时，常常可以充分体现链路的带宽。

6）可靠性指的是能顺利到达目标网络的数据包的比例。这种度量在链路质量不太好的时候，作用明显。

对于动态路由协议来说，度量一般都是固定的。例如，RIP 就只采用跳数作为度量。复杂的动态路由协议则可以采用多种度量来形成一个综合的度量公式。例如，EIGRP 就是这样一种协议，它的度量公式为 $256\times\{K1(10^7/\text{带宽})+K2(10^7/\text{带宽})/(256-\text{负载})+K3(\text{延迟})/10+K5/(\text{可靠性}+K4)\}$，通过调整 K1、K2、K3、K4、K5 这几个参数的值，管理员就可以自定义这些度量在路径选择中的权重。

在图 5-5 所示的网络中，若采用跳数作为度量，则从路由器 A 到路由器 E 的路径就会直接采用链路带宽仅为 1kbit/s 的串行链路；若采用带宽作为度量，则从路由器 A 到路由器 E 就会采用另一条路径即从路由器 A 到路由器 B 经过路由器 C、D 然后到达路由器 E，因为此链路虽经过三个路由器但带宽却有 100M bit/s，远远大于 1kbit/s 的直达线路。显然，此处采用带宽作为度量更合理。

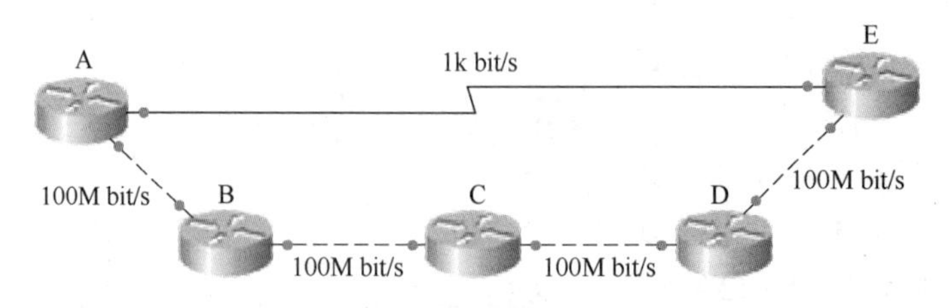


图 5-5　度量选择与路由协议的采用

管理距离也是动态路由协议中需要考虑的一个指标，它代表了动态路由协议的优先级。如图 5-6 所示，图中竖虚线左边的区域为 RIP 路由协议作用区域，而右边则为 OSPF 路由协议作用区域。那么对于路由器 R1 来说，一个路由器上启用了两个路由协议，下方的 192.168.123.0/24 网络的路由信息分别会由两个协议同时产生，那么到底应该采用哪一个呢？这时就是要看路由的管理距离。

RIP 路由协议的管理距离为 120，而 OSPF 路由协议的管理距离为 110，优先级值小的优先被采用，那么上例中 OSPF 路由协议所提供的关于 192.168.123.0/24 网络的路由表项则被路由器 R1 采用。

管理距离可以看作是路由协议的可信程度。不只是动态路由有管理距离，静态和直连路由也有。直连路由因为不需要管理，所以管理距离为 0；而静态路由通常认为它的管理基本是定下来的，所以默认情况下，它的管理距离为 1。

特殊情况下，静态路由的管理距离被设置成比某些路由协议的管理距离更大，目的是为了在动态路由失效的情况下来启用静态路由作为备用，这种情况被称为浮动静态路由。

表 5-3 列出了常用路由协议的管理距离值。

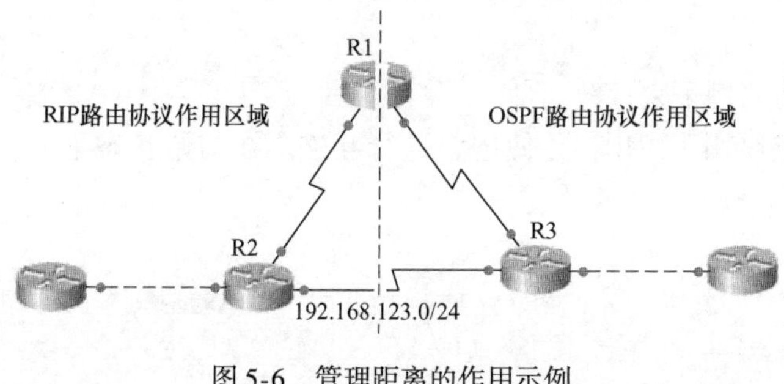


图 5-6　管理距离的作用示例

表 5-3　常用路由协议的管理距离值

| 路由协议名 | 管理距离值 |
| --- | --- |
| 直连路由 | 0 |
| 静态路由 | 1（默认） |
| RIP | 120 |
| OSPF | 110 |
| 内部 EIGRP | 90 |
| 外部 EIGRP | 170 |

## 5.3　RIP

动态路由协议的发展过程是先简单再复杂的。在内部网关协议中，距离矢量路由协议相比链路状态路由协议要简单，所以最早被广泛应用。而在距离矢量路由协议中，RIP 是最典型的一种，而且到现在为止，它仍旧有广泛的应用场景。

### 5.3.1　RIP 概述

RIP 的全称为路由信息协议（routing information protocol）。它是一种距离矢量路由协议，所以在它的机理中就围绕着距离（即网络有多远）和方向两个方面来展开。

可以试想一下，在刚开始设计路由协议时，设计的目的是让路由器来简单地共享网络的信息，那么最简单的方式就是，路由器周期性地将自己已经获得的网络的信息，包括网络的距离和方向（即与它的路由表完全关联），发送给自己相邻的路由器，当对方接收信息后调整自己的路由表。这样，网络的信息随着路由器之间的相互传递而传递到网络的每一个角落。

在 RIP 中，每一个路由器会联系已经直接相连并同样启用 RIP 的路由器，生成邻居表，并不断地维护这个表的即时性。

初始过程：RIP 刚开始时，会从已启用 RIP 的接口发送请求数据包出去，以请求对方发送完整的路由表给自己。

接收请求过程：收到请求数据包的路由器（已启用 RIP）将完整的路由表处理一下，结合跳数度量值（不超过 16），以应答的方式送回去。

响应接收：发送请求数据包的路由器接收来自各个路由的反馈，并通过它们对路由器进行添加、删除和更新。

常规更新：每隔一定的时间（默认为 30s），以发送应答消息的方式通告给邻居路由器，邻居收到后若有需要更新则更新路由表。

刷新与抑制操作：当路由器收到一条新的路由或者现有路由的更新信息时，会设置一个 180s 的计时器。若 180s 内无任何更新信息，路由的跳数设为 16。一直等到刷新计时器（默认为 240s）计时结束，从路由表中删除此路由。另外，有些 RIP 执行时还额外采用了抑制计时器，即接收到一个度量较高的路由后的 180s 内，路由器暂不用它接收到的新信息进行更新。

### 5.3.2 RIP 的运作

关于 RIP 的运作过程，可以通过下面的例子来理解。

如图 5-7 所示，三个路由器分别已经启用了 RIP，并使用它进行互连。在初始状态下，路由器的路由表仅含有直连路由。

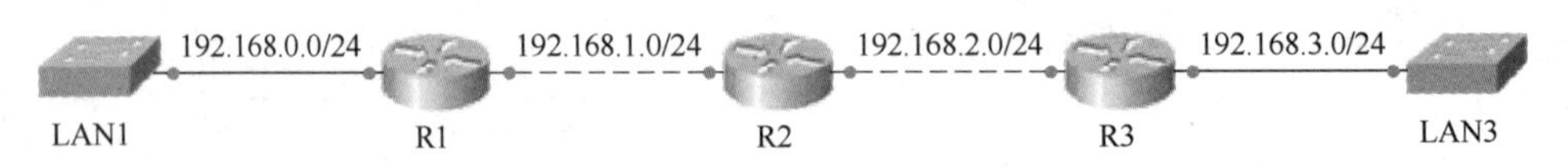


图 5-7 RIP 运作案例的网络拓扑

这个时候，路由器之间的邻居关系可以建立（邻居表中是已经启用了 RIP 的已直连的路由器），R1 的邻居表中有 R2，R2 的邻居表中有 R1 和 R3，R3 的邻居表中有 R2。

由于 RIP 是以跳数作为度量，所以在路由表的基础上添加上跳数作为内容。初始路由表及度量如图 5-8 所示。

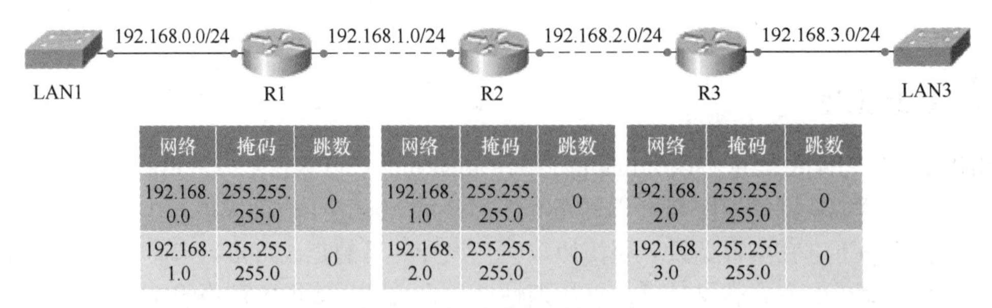


| 网络 | 掩码 | 跳数 |
|---|---|---|
| 192.168.0.0 | 255.255.255.0 | 0 |
| 192.168.1.0 | 255.255.255.0 | 0 |

| 网络 | 掩码 | 跳数 |
|---|---|---|
| 192.168.1.0 | 255.255.255.0 | 0 |
| 192.168.2.0 | 255.255.255.0 | 0 |

| 网络 | 掩码 | 跳数 |
|---|---|---|
| 192.168.2.0 | 255.255.255.0 | 0 |
| 192.168.3.0 | 255.255.255.0 | 0 |

图 5-8 初始路由表及度量

接下来，路由器就要发送路由通告了，发送的内容就是图 5-8 所示的路由表中的内容。R1 路由器将收到来自 R2 的关于 192.168.1.0/24 和 192.168.2.0/24 的通告。由于 R1 自身已有 192.168.1.0/24 的信息，所以忽略这一条，而将 192.168.2.0/24 的那一条采用了。由于是从 R2 那里“学习”得到，所以原来的跳数值需要加 1，即跳数值为 1。

R2 路由器将收到来自 R1 的关于 192.168.0.0/24 和 192.168.1.0/24 的通告，也将收到

来自 R3 的关于 192. 168. 2. 0/24 和 192. 168. 3. 0/24 的通告。同样，R2 也忽略了自身已有的信息，只选择从 R1 那里“学习”得到关于 192. 168. 0. 0/24 的通告和从 R3 那里“学习”得到关于 192. 168. 3. 0/24 的通告。这两条的跳数也为 1。

R3 路由器则将收到来自 R2 的关于 192. 168. 1. 0/24 和 192. 168. 2. 0/24 的通告。同样，由于 R3 自身已有 192. 168. 2. 0 的信息，所以就忽略了这一条，而将 192. 168. 1. 0/24 的那一条采用了。这一条的跳数也为 1。

如此，路由器 R1、R2、R3 通过互相发送一轮通告以后，路由表及度量就变成图 5-9 所示的了。

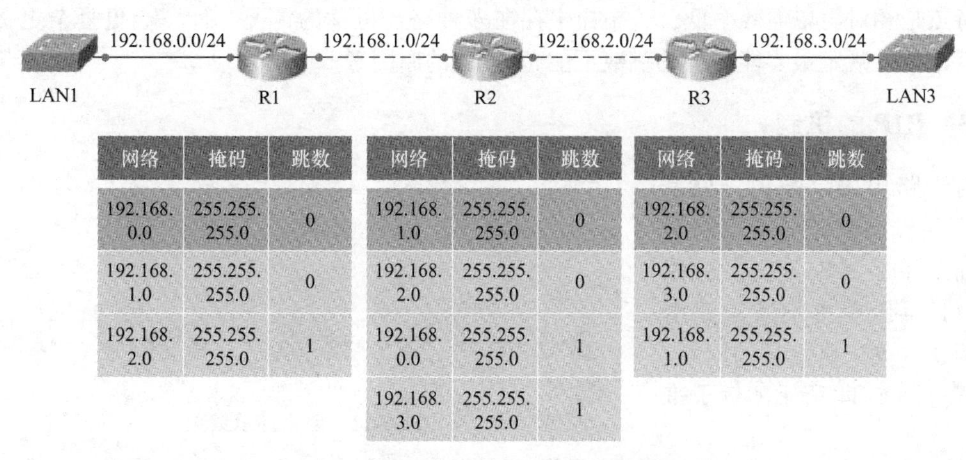


| 网络 | 掩码 | 跳数 |
|---|---|---|
| 192.168.0.0 | 255.255.255.0 | 0 |
| 192.168.1.0 | 255.255.255.0 | 0 |
| 192.168.2.0 | 255.255.255.0 | 1 |

| 网络 | 掩码 | 跳数 |
|---|---|---|
| 192.168.1.0 | 255.255.255.0 | 0 |
| 192.168.2.0 | 255.255.255.0 | 0 |
| 192.168.0.0 | 255.255.255.0 | 1 |
| 192.168.3.0 | 255.255.255.0 | 1 |

| 网络 | 掩码 | 跳数 |
|---|---|---|
| 192.168.2.0 | 255.255.255.0 | 0 |
| 192.168.3.0 | 255.255.255.0 | 0 |
| 192.168.1.0 | 255.255.255.0 | 1 |

图 5-9　发送一轮通告后的路由表及度量

可以发现，经过路由器之间的相互发送与接收消息，使路由器“了解”了未直接连接的网络，但仅一次发送并不能达到要求，如图 5-9 所示 R1 和 R3 都仅有三条路由表项，即各自缺少了一条。RIP 中默认情况下以 30s 作为周期，也就是说一次发送与接收通告以后，下一次可能要等到 30s 以后。以 30s 作为周期也是 RIP 的一个重要特征。

当下一个周期到来时，三个路由器再次相互发送与接收消息，发送的内容还是当前的路由表项（已经和初始状态有所区别）。按照前面的步骤，最终路由表及度量如图 5-10 所示。

192.168.0.0/24　192.168.1.0/24　192.168.2.0/24　192.168.3.0/24

LAN1　R1　R2　R3　LAN3

| 网络 | 掩码 | 跳数 |
|---|---|---|
| 192.168.0.0 | 255.255.255.0 | 0 |
| 192.168.1.0 | 255.255.255.0 | 0 |
| 192.168.2.0 | 255.255.255.0 | 1 |
| 192.168.3.0 | 255.255.255.0 | 2 |

| 网络 | 掩码 | 跳数 |
|---|---|---|
| 192.168.1.0 | 255.255.255.0 | 0 |
| 192.168.2.0 | 255.255.255.0 | 0 |
| 192.168.0.0 | 255.255.255.0 | 1 |
| 192.168.3.0 | 255.255.255.0 | 1 |

| 网络 | 掩码 | 跳数 |
|---|---|---|
| 192.168.2.0 | 255.255.255.0 | 0 |
| 192.168.3.0 | 255.255.255.0 | 0 |
| 192.168.1.0 | 255.255.255.0 | 1 |
| 192.168.0.0 | 255.255.255.0 | 2 |

图 5-10　经过两轮通告后的路由表及度量

值得注意的是，图 5-10 中的 R1 和 R3 的表项中各有一个表项的跳数值为 2，即表示了路由器通过 2 跳以后可以到达该网络，由图得知的确如此。至此，三个路由器的路由表项都为 4 项了，而图中网络的个数也正好就是 4 个，这说明路由协议起作用以后，路由器已“学习”得知了所有的可以连接到的网络。第 3、第 4 轮及后面的路由通告发送与接收后，由于接收到的内容已经没有什么新的内容，所以路由表项也就不会再有什么更改了。

通过上面的例子可以大概地对 RIP 的运作有一定的了解。但实际网络并没有像例子中的那么简单。在 RIP 起作用时，会用到图论的一些思想对网络的路径进行比较，对于结合跳数的算法的问题，RIP 使用的是 Bellman-ford 算法（一种含权的单源最短路径算法）。这种算法的特点是相对简单但效率低，若拓扑中存在多种路径可达的情况，计算会更复杂更费时。这也就是 RIP 规定最多能支持的跳数不能超过 16 的原因。

### 5.3.3 RIP 的机制

对于路由协议来说，总是需要一些机制来完成特定的工作，而对于距离矢量路由协议来说，还需要额外地解决路由环的问题。关于路由环的问题，可以通过图 5-11 所示的例子来了解。

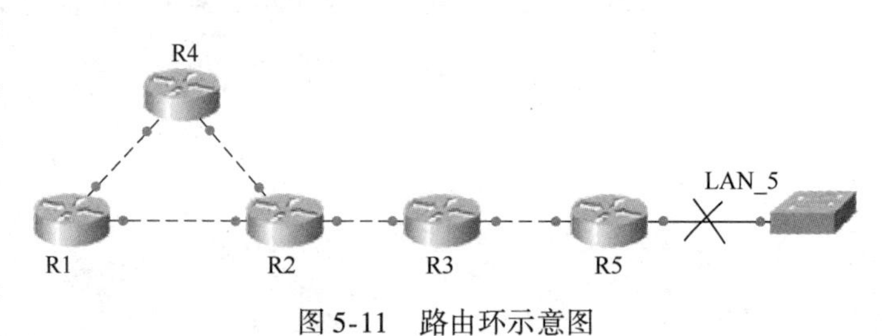


图 5-11 路由环示意图

在图 5-11 所示的网络拓扑中，假定使用 5.3.2 节的距离矢量路由协议的相互通告的方法以后，R1、R2、R3、R4、R5 就会了解到每一个网络（包括其中的 LAN_5 网络）。假定有一时刻，网络 LAN_5 出现问题了（如断开连接），这时 R5 就会发送路由通告给 R3，告知此情况；R3 接着就删除了通过 R5 路由到网络 LAN_5 的路由条目；但此时 R1、R2 和 R4 并不了解网络 LAN_5 已经出现问题，它们依然会继续发送关于 LAN_5 的路由表项的路由通告信息。当 R3 发送给 R2 关于断开路由到网络 LAN_5 的通告时，R1 和 R4 仍保留着关于网络 LAN_5 的路由可用且跳数为 3。接着，R1 还发送更新给其他路由器就说网络 LAN_5 还可用。R2 和 R4 接收到 R1 发来的路由通告后以为经过 R1 是可到达网络 LAN_5 的，R2 信为以真，就增加了一条通过给 R1 到达网络 LAN_5 的路由条目。最终结果就是，一个本不能连接的目标网络 LAN_5 的数据包就将路由给 R1，然后又路由到 R2，然后又回到 R1，这样反复无休止。

以上就是产生路由环的情况，在这种情况下，路由器的路由表是不准确的，所以，路由环是距离矢量路由协议必须要解决的问题（链路状态路由协议由于让每一个路由器已经了解了全网络的链路信息，所以不需要解决这个问题）。以下几种方法可用于解决路由环的问题。

1）计数到最大（maximum hop count）。定义一个最大的跳数值（如 RIP 为 15 跳），若超过这个最大跳数值，则目标网络不可达。这个方法并不是直接作用于解决路由环的问题，它是结合其他的方法而起作用的。

2）水平分割（split horizon）。规定了从一个接口学习得到的路由条目项，不再通告回该接口去。若在发生图 5-11 的情况下，R1 关于 LAN_5 的路由信息内容是从 R2 处得到的，那么也就不应该再传回 R2 去，这样，R2 就不会再有经过 R1 能路由到 LAN_5 的路由条目了，路由环路也就被阻止了。

3）路由毒化和毒性逆转（route poisoning and poison reverse）。规定当路由器有路由条目失效后，标记一个不可达的度量（如跳数为 16），然后再传送出去，当被毒化的路由传递下去以后，由于其不可达的性质，路由环路也就不能产生了。

4）触发更新（trigger update）。一旦检测到路由崩溃，立即广播路由刷新报文，而不是等下一个周期的到来。

以上几个方法相互补充共同来克服路由环，使得距离矢量路由协议可以正常工作。当然，在一些具体路由协议里，可能还会有一些其他的机制使得其有更好的效率，本书不再展开，请读者自行查阅相关文献。

### 5.3.4 RIP 的配置

在路由器上实施路由协议需要有一些基础的配置方法。RIP 属于比较简单的路由协议，了解了配置 RIP 路由协议的方法以后其他的路由协议的基本配置方法也就迎刃而解了。

下面以一个简单的网络拓扑中的 RIP 配置为例，讲解 RIP 路由协议的配置方法。如图 5-12 所示，共有 6 个网络，网络地址从 192.168.1.0/24 ~ 192.168.6.0/24，R1、R2、R3 各自单独连接了一个 LAN，且相互连接。

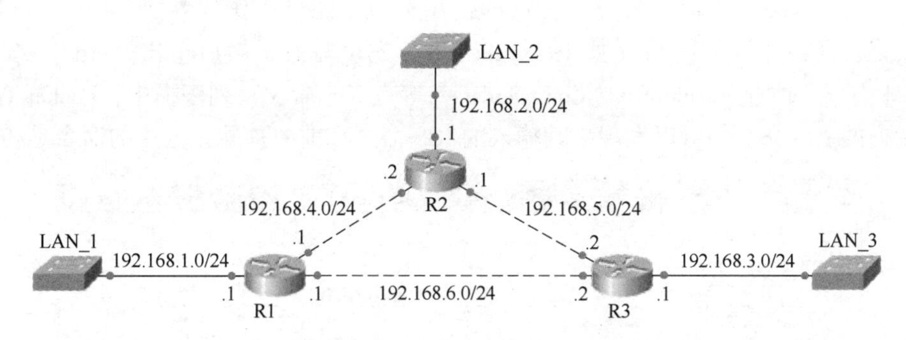


图 5-12　RIP 配置示例的网络拓扑

在配置路由协议之前，先简单实现两两互通，也就是直连路由生成。图中标出了每一个网络的地址，且在路由器接口边上标出了它在网络中的地址（如 R2 的接口 .2 在 192.168.4.0/24 中即表示其 IP 地址配置为 192.168.4.2 ）。路由器在 LAN 中常使用第一个可用地址（如 R2 连接 LAN_2 的接口 IP 设置为 192.168.2.1）。

使用 Packet Tracer 规划配置 RIP 时，可以有两种方法来实现。

第一种方法是使用 CLI 方式配置 RIP。如图 5-13 所示，其中第一行命令“enable”是从用户模式（以“ > ”为提示符）切换至特权模式（以“#”为提示符）；第二行命令“config terminal”表示以终端方式来配置路由器，即切换至全局配置模式（在提示符“#”前显示“（config)”）；接下来的“router ?”命令是用来查看当前路由器可以支持的路由协议，结果显示有四个协议可支持；最后“router rip”命令一方面在当前路由器上启用 RIP，另一方面则进入 RIP 的配置子模式下（在提示符“#”前显示“（config-router)”）。

在 RIP 中定义了路由器需要和邻居路由器相互发送/接收的路由通告。所以，在配置

```
R1>enable
R1#config terminal
Enter configuration commands, one per line.  End with CNTL/Z.
R1(config)#router ?
  bgp     Border Gateway Protocol (BGP)
  eigrp   Enhanced Interior Gateway Routing Protocol (EIGRP)
  ospf    Open Shortest Path First (OSPF)
  rip     Routing Information Protocol (RIP)
R1(config)#router rip
R1(config-router)#
```

图 5-13　使用 CLI 方式配置 RIP

RIP 时，需要“告诉”路由器哪些网络是需要发送/接收通告的。在 RIP 配置子模式下，使用“network”命令来实现。network 后面的参数是有类网络地址，也就是网络地址向有类边界汇总的地址。例如 192.168.1.0/24，由于它是 C 类地址，默认子网掩码为/24，所以有类网络地址还是 192.168.1.0，若配置 RIP 添加网络，则使用命令“network 192.168.1.0”。而如果是 172.16.1.0/24，则由于它是 B 类地址，默认子网掩码为/16，所以有类网络地址变为 172.16.0.0，则使用命令“network 172.16.0.0”。

在图 5-13 所示的网络中，IP 地址都为 C 类地址，所以若为路由器 R1 添加 RIP，则需要分别通告三个网络，使用三个命令，分别为“network 192.168.1.0”“network 192.168.4.0”和“network 192.168.6.0”。这样，路由器 R1 就一方面向此三个网络发送 RIP 通告，另一方面也接收来自于此三个网络的由其他路由器发出来的 RIP 通告了。

在 Packet Tracer 中，第二种配置方法即使用类似于图形操作的界面。如图 5-14 所示，此种方法是将需要通告的网络（如 192.168.1.0）先填写好，然后单击“Add”按钮，这时，在窗口下方的“Equivalent IOS Commands”（等效 IOS 命令）列表框中，Packet Tracer 会产生一系列的 IOS 命令。可以发现，其输入的 IOS 命令和前一种配置方法的命令是相同的。

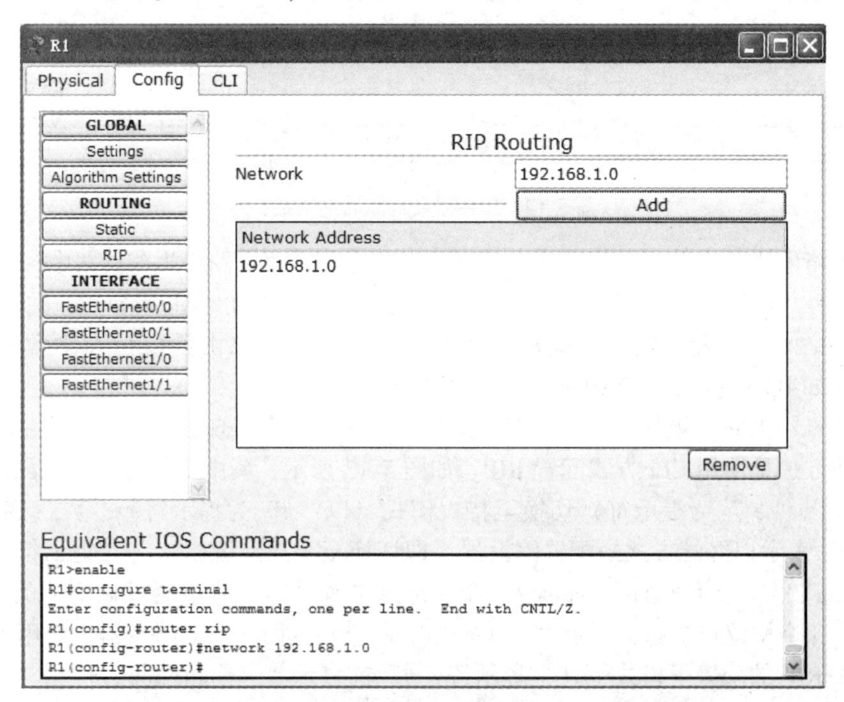


图 5-14　Packet Tracer 中提供的简易路由协议图形配置界面

同理，可以配置 R2 和 R3 的 RIP。R2 需要通告的网络为 192. 168. 2. 0、192. 168. 4. 0 和 192. 168. 5. 0，而 R3 需要通告的网络为 192. 168. 3. 0、192. 168. 5. 0 和 192. 168. 6. 0。

当配置完成以后，可以使用 IOS 命令或 Packet Tracer 中的工具来查看一下当前路由器的路由表。图 5-15 所示即是在 IOS 的命令行接口特权模式下输入“show ip route”命令后显示出来的路由表信息。

```
R1#show ip route
Codes: C - connected, S - static, I - IGRP, R - RIP, M - mobile, B - BGP
       D - EIGRP, EX - EIGRP external, O - OSPF, IA - OSPF inter area
       N1 - OSPF NSSA external type 1, N2 - OSPF NSSA external type 2
       E1 - OSPF external type 1, E2 - OSPF external type 2, E - EGP
       i - IS-IS, L1 - IS-IS level-1, L2 - IS-IS level-2, ia - IS-IS inter area
       * - candidate default, U - per-user static route, o - ODR
       P - periodic downloaded static route

Gateway of last resort is not set

C    192.168.1.0/24 is directly connected, FastEthernet1/0
R    192.168.2.0/24 [120/1] via 192.168.4.2, 00:00:16, FastEthernet0/0
R    192.168.3.0/24 [120/1] via 192.168.6.2, 00:00:12, FastEthernet0/1
C    192.168.4.0/24 is directly connected, FastEthernet0/0
R    192.168.5.0/24 [120/1] via 192.168.4.2, 00:00:16, FastEthernet0/0
                    [120/1] via 192.168.6.2, 00:00:12, FastEthernet0/1
C    192.168.6.0/24 is directly connected, FastEthernet0/1
```

图 5-15　执行“show ip route”命令显示路由表信息

也可以在 Packet Tracer 中利用右侧工具栏中的探查工具（显示为放大镜样式的图标），然后单击路由器选择 Routing Table，即可显示如图 5-16 所示的图表。

Routing Table for R1

| Type | Network | Port | Next Hop IP | Metric |
|---|---|---|---|---|
| C | 192.168.1.0/24 | FastEthernet1/0 | --- | 0/0 |
| C | 192.168.4.0/24 | FastEthernet0/0 | --- | 0/0 |
| C | 192.168.6.0/24 | FastEthernet0/1 | --- | 0/0 |
| R | 192.168.2.0/24 | FastEthernet0/0 | 192.168.4.2 | 120/1 |
| R | 192.168.3.0/24 | FastEthernet0/1 | 192.168.6.2 | 120/1 |
| R | 192.168.5.0/24 | FastEthernet0/0 | 192.168.4.2 | 120/1 |
| R | 192.168.5.0/24 | FastEthernet0/1 | 192.168.6.2 | 120/1 |

图 5-16　利用探查工具查看路由器的路由表

在图 5-15 和图 5-16 中，以 C 打头的路由条目，表示其为直连路由，在未配置 RIP 时已经存在；而 R 打头的路由条目，则为 RIP 产生的路由条目。其中，192. 168. 5. 0 这个网络，由于对 R1 路由器来说，有两条路径都可以到达且都是相同的度量代价（跳数都为 1），所以同时起作用，可以说两条路径是均衡起作用的。每一条路由条目都给出了网络地址、出去的接口、下一跳地址、管理距离、度量值。

至此，可以使用 PC 连接 LAN_1、LAN_2 和 LAN_3（设置相应的 IP 地址并将最近的路由器接口地址作为网关），测试几个网络的连通性。测试结果是可以互通的。

Packet Tracer 还提供了类似路由器调试的功能，用来动态显示路由器的动作（如发送/接收数据包或更改配置）。对于 RIP 来说，可以使用如图 5-17 所示的方法来调试与查看相关的信息。

```
R1>en
R1#debug ip rip
RIP protocol debugging is on
R1#RIP: received v1 update from 192.168.4.2 on FastEthernet0/0
      192.168.2.0 in 1 hops
      192.168.3.0 in 2 hops
      192.168.5.0 in 1 hops
RIP: received v1 update from 192.168.6.2 on FastEthernet0/1
      192.168.2.0 in 2 hops
      192.168.3.0 in 1 hops
      192.168.5.0 in 1 hops
RIP: sending  v1 update to 255.255.255.255 via FastEthernet0/0 (192.168.4.1)
RIP: build update entries
      network 192.168.1.0 metric 1
      network 192.168.3.0 metric 2
      network 192.168.6.0 metric 1
RIP: sending  v1 update to 255.255.255.255 via FastEthernet0/1 (192.168.6.1)
RIP: build update entries
      network 192.168.1.0 metric 1
      network 192.168.2.0 metric 2
      network 192.168.4.0 metric 1
RIP: sending  v1 update to 255.255.255.255 via FastEthernet1/0 (192.168.1.1)
RIP: build update entries
      network 192.168.2.0 metric 2
      network 192.168.3.0 metric 2
      network 192.168.4.0 metric 1
      network 192.168.5.0 metric 2
      network 192.168.6.0 metric 1
```

图 5-17　调试与查看 RIP

图 5-17 所示内容可分为两个部分。前面两段是路由器 R1 接收到的关于 RIP 的信息，此时路由器接收到的信息是 RIP 的 V1 版本的更新。

第一段显示了从 IP 地址为 192. 168. 4. 2 发送过来的、从 FastEthernet0/0 接口进入的 RIP 通告信息，信息里包含了 192. 168. 2. 0、192. 168. 3. 0 和 192. 168. 5. 0 分别需要 1 跳、2 跳和 1 跳可以到达；第二段显示了从 IP 地址为 192. 168. 6. 2 发送过来的、从 FastEthernet0/1 接口进入的 RIP 通告信息，信息里包含了 192. 168. 2. 0、192. 168. 3. 0 和 192. 168. 5. 0 分别需要 2 跳、1 跳和 1 跳可以到达。两个接收下来关于网络的信息有重叠，选择更小度量（即跳数）的，若度量相同则都保留下来。

后面三段，则是将路由器 R1 已有的路由表项信息在已经通告的网络上发送出去的 RIP V1 版本的更新通告。

第三段显示了从 FastEthernet0/0 接口发送出去的、源 IP 地址为 192. 168. 4. 1 的路由更新条目，它包含了三个相关网络 192. 168. 1. 0、192. 168. 3. 0 和 192. 168. 6. 0（未包含全部路由表的条目正是因为防止环路的机制在起作用，如水平分割等）；第四段显示了从 FastEthernet0/1 接口发送出去的、源 IP 地址为 192. 168. 6. 1 的路由更新条目，它包含了三个相关网络 192. 168. 1. 0、192. 168. 2. 0 和 192. 168. 4. 0；第五段显示了从 FastEthernet1/0 接口发送出去的、源 IP 地址为 192. 168. 1. 1 的路由更新条目，它包含的路由条目相对比较多，除了当前网络以外所有路由表中的条目都被添加进来，当然这个路由通告在此拓扑中并没有接收者使用它。

RIP 在默认配置下的协议版本是 V1 版，是一种有类路由协议。RIP 在 V1 版本下路由的更新信息是按 IP 地址类进行，子网掩码信息在路由更新中是不存在的，而且，V1 版本的更新是通过广播方式进行的。

如图 5-18 所示，可以通过 IOS 命令的方式将 RIP 的版本更改至 V2 版本（也可以通过命令“version 1”来改回至 V1 版本）。

当启用了 RIP 的 V2 版本以后，从表面上看没有什么差别（在上例的拓扑中），但在路

```
R1>enable
R1#configure terminal
Enter configuration commands, one per line.  End with CNTL/Z.
R1(config)#router rip
R1(config-router)#version 2
R1(config-router)#
```

图 5-18　启用 V2 版本

由协议的作用内部却发生了变化，如果执行调试，则调试的信息将显示如图 5-19 所示。

```
R1>en
R1#debug ip rip
RIP protocol debugging is on
R1#RIP: received v2 update from 192.168.4.2 on FastEthernet0/0
      192.168.2.0/24 via 0.0.0.0 in 1 hops
      192.168.3.0/24 via 0.0.0.0 in 2 hops
      192.168.5.0/24 via 0.0.0.0 in 1 hops
RIP: sending  v2 update to 224.0.0.9 via FastEthernet0/0 (192.168.4.1)
RIP: build update entries
      192.168.1.0/24 via 0.0.0.0, metric 1, tag 0
      192.168.3.0/24 via 0.0.0.0, metric 2, tag 0
      192.168.6.0/24 via 0.0.0.0, metric 1, tag 0
RIP: sending  v2 update to 224.0.0.9 via FastEthernet0/1 (192.168.6.1)
RIP: build update entries
      192.168.1.0/24 via 0.0.0.0, metric 1, tag 0
      192.168.2.0/24 via 0.0.0.0, metric 2, tag 0
      192.168.4.0/24 via 0.0.0.0, metric 1, tag 0
RIP: sending  v2 update to 224.0.0.9 via FastEthernet1/0 (192.168.1.1)
RIP: build update entries
      192.168.2.0/24 via 0.0.0.0, metric 2, tag 0
      192.168.3.0/24 via 0.0.0.0, metric 2, tag 0
      192.168.4.0/24 via 0.0.0.0, metric 1, tag 0
      192.168.5.0/24 via 0.0.0.0, metric 2, tag 0
      192.168.6.0/24 via 0.0.0.0, metric 1, tag 0
RIP: received v2 update from 192.168.6.2 on FastEthernet0/1
      192.168.2.0/24 via 0.0.0.0 in 2 hops
      192.168.3.0/24 via 0.0.0.0 in 1 hops
      192.168.5.0/24 via 0.0.0.0 in 1 hops
```

图 5-19　RIP V2 版本的调试信息

与图 5-17 所示的调试信息所不同的是，原来 RIP V1 版本的更新发送到广播地址 255.255.255.255，V2 版本的更新发送到 224.0.0.9，这是 RIP 相关的一个组播协议地址，只有启用了 RIP 的路由器会从这个地址接收路由通告更新。原来 V1 版本的 192.168.1.0 等网络的信息后添加了“/24”的子网掩码信息。

表 5-4 列出了 RIP 的 V1 和 V2 版本的区别。

**表 5-4　RIP 的 V1 和 V2 版本的区别**

| | V1 | V2 |
|---|---|---|
| 有类与无类 | 有类 | 无类 |
| 更新方式 | 广播更新 | 组播更新 |
| 认证功能 | 不支持 | 支持 |
| 汇总方式 | 不支持手动 | 可支持手动 |
| 标记功能 | 不支持 | 支持 |

### 5.3.5 动态路由常用的其他方法

当在路由器上实施动态路由协议时，有时会使用回环（loopback）地址，如图 5-20 所示。当路由器的一部分接口还没有连接时，可以使用回环接口来暂时替代它。

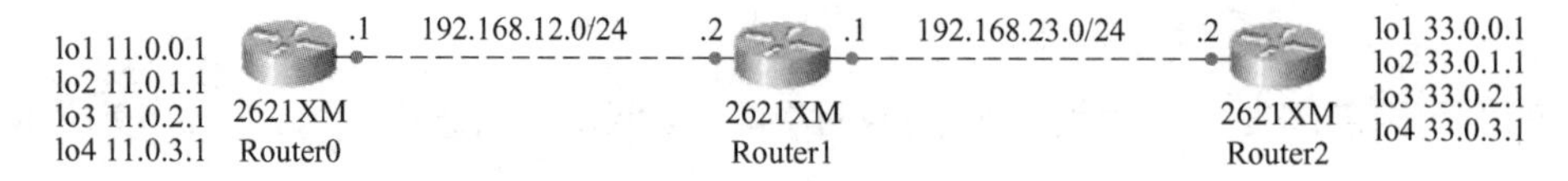


图 5-20　动态路由协议实施时使用回环地址

路由器上的回环接口是一种虚拟的接口，它并不像物理接口一样实际存在，但它可以虚拟地连接到一个网络，只需要手动开启它，就可实现。根据图 5-20 配置路由器的基本接口的 IP 地址，接着配置 Router0 的接口 loopback0 的地址并开启它，并用同样的方法配置 loopback1、loopback2 和 loopback3。参考命令如下：

```
Router0#config terminal
Router0(config)#interface loopback0
Router0(config-if)#ip address 11.0.0.1 255.255.255.0
Router0(config-if)#no shutdown
```

同理，完成配置 Router2 的接口 loopback0、loopback1、loopback2 和 loopback3。此时，若查看 Router0 的路由表，显示结果如图 5-21 所示。

```
Router0#show ip route
Codes: C - connected, S - static, I - IGRP, R - RIP, M - mobile, B - BGP
       D - EIGRP, EX - EIGRP external, O - OSPF, IA - OSPF inter area
       N1 - OSPF NSSA external type 1, N2 - OSPF NSSA external type 2
       E1 - OSPF external type 1, E2 - OSPF external type 2, E - EGP
       i - IS-IS, L1 - IS-IS level-1, L2 - IS-IS level-2, ia - IS-IS inter area
       * - candidate default, U - per-user static route, o - ODR
       P - periodic downloaded static route

Gateway of last resort is not set

     11.0.0.0/24 is subnetted, 4 subnets
C       11.0.0.0 is directly connected, Loopback0
C       11.0.1.0 is directly connected, Loopback1
C       11.0.2.0 is directly connected, Loopback2
C       11.0.3.0 is directly connected, Loopback3
C    192.168.12.0/24 is directly connected, FastEthernet0/0
```

图 5-21　Router0 的起始路由

执行“show ip route”查看命令，显示出来的路由已经添加了四个，按路由的 IP 地址类分开，正好是属于 11.0.0.0 这一个类地址；后面几行表示，11.0.0.0 使用/24 的子网掩码被子网化，并有四个子网连接。同理，Router2 也是类似情况。

接下来，在路由器上启用 RIP 的 V1 版本，增加 RIP 开启的网络。由于 RIP 的 network 命令后面的网络地址是一个类地址，所以，Router0 要开启的网络即为 192.168.12.0 和 11.0.0.0，Router1 要开启的网络即为 192.168.12.0 和 192.168.23.0，Router2 要开启的网络即为 192.168.23.0 和 33.0.0.0。

这时，若采用 Packet Tracer 的路由查看工具查看路由器 Router0 上的路由表，结果如

图 5-22 所示。可以发现，路由表中 33. 0. 0. 0 属于汇总路由，它是由 RIP 学习而得。若显示 Router2 也是类似情况。

Routing Table for Router0

| Type | Network | Port | Next Hop IP | Metric |
|---|---|---|---|---|
| C | 11.0.0.0/24 | Loopback0 | --- | 0/0 |
| C | 11.0.1.0/24 | Loopback1 | --- | 0/0 |
| C | 11.0.2.0/24 | Loopback2 | --- | 0/0 |
| C | 11.0.3.0/24 | Loopback3 | --- | 0/0 |
| C | 192.168.12.0/24 | FastEthernet0/0 | --- | 0/0 |
| R | 192.168.23.0/24 | FastEthernet0/0 | 192.168.12.2 | 120/1 |
| R | 33.0.0.0/8 | FastEthernet0/0 | 192.168.12.2 | 120/2 |

图 5-22　RIP V1 版本下的汇总路由表

由于 RIP V1 版本是直接采用汇总路由的，所以不会对回环接口产生的路由进行细分。但若是采用 RIP 的 V2 版本，即在路由配置模式下添加命令 "version 2"，然后再加上 "no auto-summary" 命令，则路由表会逐条传递相应路由，如图 5-23 所示。

Routing Table for Router2

| Type | Network | Port | Next Hop IP | Metric |
|---|---|---|---|---|
| C | 192.168.23.0/24 | FastEthernet0/0 | --- | 0/0 |
| C | 33.0.0.0/24 | Loopback0 | --- | 0/0 |
| C | 33.0.1.0/24 | Loopback1 | --- | 0/0 |
| C | 33.0.2.0/24 | Loopback2 | --- | 0/0 |
| C | 33.0.3.0/24 | Loopback3 | --- | 0/0 |
| R | 11.0.0.0/24 | FastEthernet0/0 | 192.168.23.1 | 120/2 |
| R | 11.0.0.0/8 | FastEthernet0/0 | 192.168.23.1 | 120/2 |
| R | 11.0.1.0/24 | FastEthernet0/0 | 192.168.23.1 | 120/2 |
| R | 11.0.2.0/24 | FastEthernet0/0 | 192.168.23.1 | 120/2 |
| R | 11.0.3.0/24 | FastEthernet0/0 | 192.168.23.1 | 120/2 |
| R | 192.168.12.0/24 | FastEthernet0/0 | 192.168.23.1 | 120/1 |

图 5-23　RIP V2 版本下禁止路由汇总

另外，对于 RIP 来说，还可以结合默认路由来使用。例如，若在 Router0 上添加一默认路由（如使用命令 "ip route 0. 0. 0. 0 0. 0. 0. 0 loopback0"），然后在 RIP 配置中执行命令 "default-information originate"，则 RIP 就会将默认路由通过 RIP 进行传递。此方法在其他路由协议上也适用，且是很常见的用法。图 5-24 显示了 Router1 通过 RIP 获得了默认路由的情景。

Routing Table for Router1

| Type | Network | Port | Next Hop IP | Metric |
|---|---|---|---|---|
| C | 192.168.12.0/24 | FastEthernet0/0 | --- | 0/0 |
| C | 192.168.23.0/24 | FastEthernet0/1 | --- | 0/0 |
| R | 0.0.0.0/0 | FastEthernet0/0 | 192.168.12.1 | 120/1 |
| R | 11.0.0.0/24 | FastEthernet0/0 | 192.168.12.1 | 120/1 |
| R | 11.0.0.0/8 | FastEthernet0/0 | 192.168.12.1 | 120/16 |
| R | 11.0.1.0/24 | FastEthernet0/0 | 192.168.12.1 | 120/1 |
| R | 11.0.2.0/24 | FastEthernet0/0 | 192.168.12.1 | 120/1 |
| R | 11.0.3.0/24 | FastEthernet0/0 | 192.168.12.1 | 120/1 |
| R | 33.0.0.0/24 | FastEthernet0/1 | 192.168.23.2 | 120/1 |
| R | 33.0.0.0/8 | FastEthernet0/1 | 192.168.23.2 | 120/16 |
| R | 33.0.1.0/24 | FastEthernet0/1 | 192.168.23.2 | 120/1 |
| R | 33.0.2.0/24 | FastEthernet0/1 | 192.168.23.2 | 120/1 |
| R | 33.0.3.0/24 | FastEthernet0/1 | 192.168.23.2 | 120/1 |

图 5-24　默认路由通过 RIP 传递

# 5.4 有类 IP 与无类 IP

## 5.4.1 IP 地址的类与寻址

IP 一开始是用于学术方面的，没考虑太多的网络场景，从 IP 衍生出来的一些路由协议，在起初的设计上也是同样的。例如，1981 年以前，人们用 IP 地址的前 8 位来表示地址中的网络，那时的 IP 网络（也就是 ARPANET 网）最多只能有 256 个网络。很快，人们就感觉这 256 个网络不够用了。

接着，RFC 791 规定了 IP 地址的类，即有 A、B、C、D、E 五类，除 D、E 类不使用于主机配置地址外，A、B、C 类的地址皆可，见表 5-5。当时规定，A、B、C 类的地址应用的网络规模不相同：A 类地址的网络部分仍使用 8 位；B 类地址的网络部分使用 16 位；C 类地址的网络部分使用 24 位。这样，可用网络的数量就大大增加了。与这种方法关联的，可以称之为有类寻址方式。

**表 5-5　默认子网掩码**

| 类 | IP 范围 | 网络位个数 | 默认子网掩码 |
|---|---|---|---|
| A 类 | 0. 0. 0. 0 ~ 127. 255. 255. 255 | 8 | 255. 0. 0. 0 |
| B 类 | 128. 0. 0. 0 ~ 191. 255. 255. 255 | 16 | 255. 255. 0. 0 |
| C 类 | 192. 0. 0. 0 ~ 223. 255. 255. 255 | 24 | 255. 255. 255. 0 |

但是，这种做法后来被证明也只是一种“临时”的方法，由于不能较好地细分网络，在分配网络的时候，往往是一个类的网分配下去。分配一个 A 类的网络，A 类的地址个数为 256 × 256 × 256 个，而真正用的却远没有这么多。IP 地址的分配是有历史遗留的，美国作为互联网的发源地，分配了较多的 IP 地址，好多美国大公司当年分配的 IP 地址都是一整个的 A 类网段。如美国通用电气公司拥有了 30. 0. 0. 0/8 的网段，地址个数很多。事实上，像亚太地区很多公司都没有这么多的 IP 地址可用。

## 5.4.2 VLSM 与 CIDR

IP 地址按原来的设计进行使用时，发现地址浪费非常严重，慢慢地 IP 地址紧缺的问题越来越严重。此后，IETF 组织引入了 CIDR（classless inter-domain routing，无类域间路由）的概念，使用 VLSM（可变长子网掩码）来节省地址空间。

VLSM 的基本方法是，将原来的主类（或是 A 类，或是 B 类，或是 C 类）网络通过子网掩码的作用划分成多个子网，每个子网络的 IP 地址可以由子网掩码的长度进行更方便的微调整。这样，浪费的 IP 可以比原来少很多。关于基于 VLSM 的子网规划，本书在第 4 章中已经提及，在此不再赘述。

而 CIDR 也是伴随着 VLSM 提出的，其目的也是为了解决 IP 地址空间即将耗尽的问题。CIDR 不再使用旧的有类网络地址的概念，基本上不区分 A、B、C 类网络地址。在分配真实 IP 地址时，不再按照有类网络地址的类别进行分配，而是将 IP 空间看成整体，在分配时可分配大小不同的连续地址。

与 IP 地址的使用一样，IP 路由协议也是随之而变的。起初，在只有 8 位表示网络位的时期，表示网络时，也不需要用到子网掩码，网络之间的路由相对比较简单，甚至于不需要路由协议也可以。发展到使用 CIDR 和 VLSM 以后，路由协议也随之发生了变化，原来的路由协议有些并不支持 CIDR 和 VLSM，这样就没办法实现网络互通，一些新的路由协议随之出现，老的路由协议也推出了各种新版本以适应网络的复杂性要求。

尽管有 CIDR 和 VLSM，IP 地址紧缺的问题还是没有最终得到解决，虽然，后来设计的 IPv6 的方案基本可以解决这个问题，但其具体的实施，或者说如何实现从 IPv4 到 IPv6 的过渡问题并没有得到很好的解决，IPv6 一直都没有完全实现。

### 5.4.3 路由汇总

在使用 VLSM 和 CIDR 时，常常采用路由总结的方式。这种利用单个汇总的地址来表示一系列的网络，并用来通告其他路由器的方法被称为路由汇总，如图 5-25 所示。

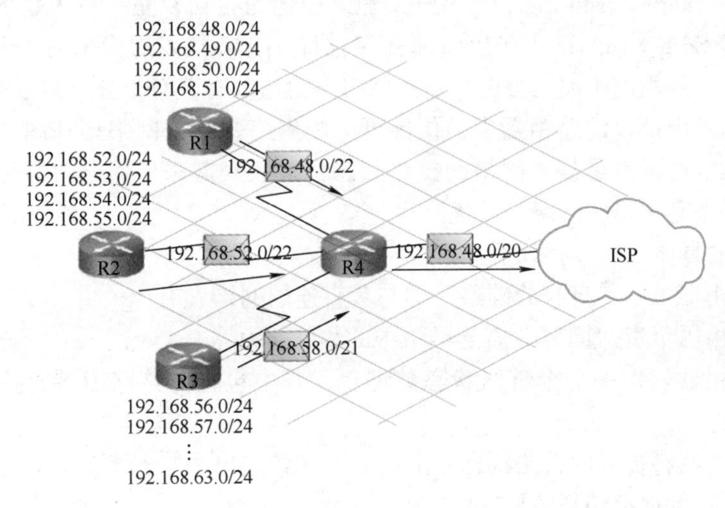


图 5-25　路由汇总示例

图 5-25 中，R1 连接的 192.168.48.0/24、192.168.49.0/24、192.168.50.0/24 和 192.168.51.0/24 被汇总成一个网络（即 192.168.48.0/22）通告给 R4，这样本来的四条路由条目就变成了一条；R2、R3 同理；而 R4 又将 R1、R2、R3 通告给它的几个汇总路由再次汇总成 192.168.48.0/20，然后通告给 ISP。

通过上面的例子可以看出，若采用路由汇总的形式进行通告，比起原来，一方面在网络上的路由通告就少了很多，而另一方面，路由器上的路由条目也同样少了很多。Internet 路由表的条目在早期基本上几个月就要翻一翻，路由表条目成为对路由器内存的一个严重考验，而 CIDR 一经使用，路由表条目精简到原来的一半都不到，现如今，Internet 的核心路由器的路由表条目约为 7000000 条。若无 CIDR，路由器内存就被耗尽了。

路由汇总有时采用手动汇总，有时则由路由协议进行自动汇总。若采用手动汇总，计算过程如图 5-26 所示。

192.168.4.0 = 11000000 10101000 000001|00 00000000
192.168.5.0 = 11000000 10101000 000001|01 00000000
192.168.6.0 = 11000000 10101000 000001|10 00000000
192.168.7.0 = 11000000 10101000 000001|11 00000000

图 5-26　手动路由汇总计算过程

可以看出，四个网络 192.168.4.0/24、192.168.5.0/

24、192.168.6.0/24、192.168.7.0/24 写成完全二进制的形式后，从左数起的前面 22 位是相同的（即为 11000000 10101000 000001），后面第 23 和第 24 位是不同的，而从第 25 位开始则表示四个网络本身中的主机位了。这种情况下，这四个网络汇总以后的子网掩码取 22 位，网络位即为 22 位（其中已经包含了子网位），后面 8 + 2 = 10 位为主机位，即汇总地址（将主机位用 0 补足）为 192.168.4.0/22。

## 5.5 链路状态路由协议

链路状态路由协议虽然与距离矢量路由协议同属于内部网关协议，但却与距离矢量路由协议不太相同。前者使用范围更广，且效率也更高。

### 5.5.1 链路状态路由的工作过程

OSPF（open shortest path first，开放式最短路径优先）协议是一种典型的链路状态路由协议。它是基于 Edsger Dijkstra 的 SPF（最短路径优先）算法发展而来的。不同于距离矢量路由协议中仅了解路由的距离与方向，链路状态路由协议有着对于整个网络的把控，在已经启用了链路状态路由协议的路由器中，仿佛可以画出一张整个网络拓扑图。这种“画”出整个网络拓扑图的前提就是整个网络的链路状态都被收集起来，而路由器可以根据 SPF 算法来计算得到一条到达目标网络的最优路径。

OSPF 协议的具体工作过程如下：

1）每台路由器了解其自身的链路（即与其直连的网络）。

2）每台路由器负责“问候”直连网络中的相邻路由器。

3）每台路由器创建一个个链路状态数据包，其中包含与该路由器直连的每条链路的状态。

4）每台路由器将传入的链路状态路由包泛洪（传递出去）给所有邻居，然后邻居将收到的所有链路状态数据存储到数据库中。

5）每台路由器使用数据库构建一个完整的拓扑图并计算通向每个目的网络的最佳路径。

以上几个过程是不停止的反复过程。以图 5-27 所示的网络为例，来理解 OSPF 协议的工作过程。

在图 5-27 所示的网络中，共有 5 个路由器，分别是 R1、R2、R3、R4、R5。它们都连接有一个自己的 LAN。

在 OSPF 协议进程启用以后，路由器会关注每一个连接的状态。路由器 R1 有一个 LAN 和三个与其他路由器相连的连接，那么它们的状态是可以被路由器“了解”的。

路由器 R1 的链路状态如图 5-28 所示。

链路的状态包括：

- 链路连接的网络及连接网络的本机接口的 IP 地址。
- 网络的类型。
- 链路的开销。
- 链路最近的邻居。

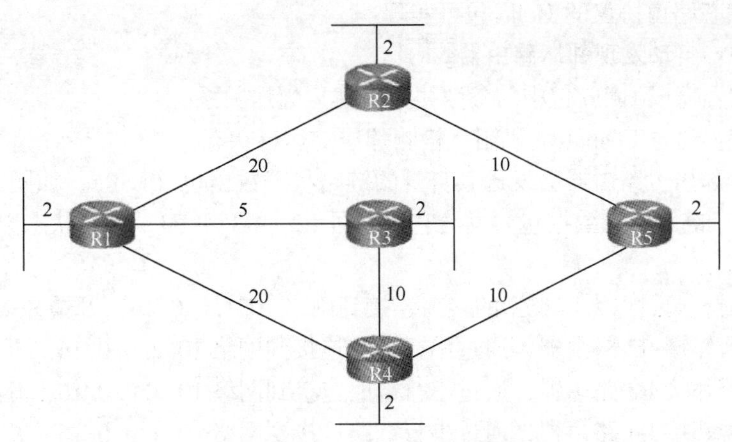


图 5-27　OSPF 协议的工作过程

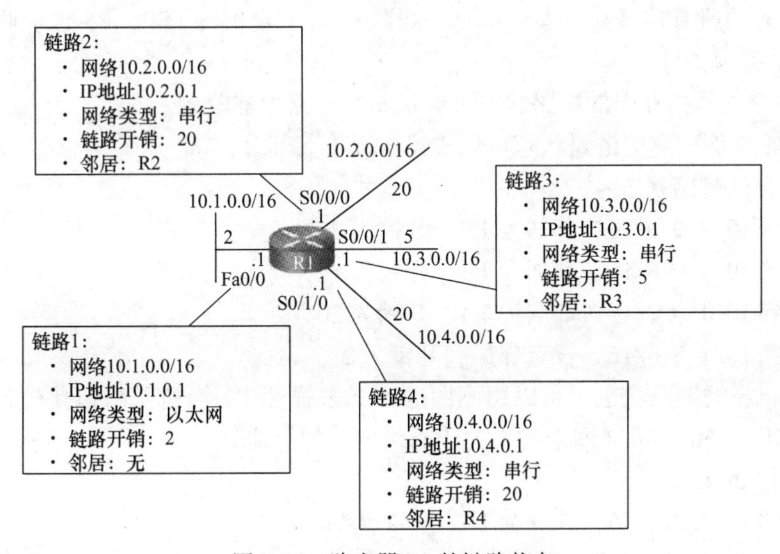


图 5-28　路由器 R1 的链路状态

这些作为链路状态的数据存放在链路状态数据库表中。

根据已经启用的接口（接口的状态为 up），路由器需要发送 Hello 协议包来发现邻居，Hello 协议也属于链路状态路由协议，Hello 协议包一般都不大，主要实现协议内的握手，如图 5-29 所示。

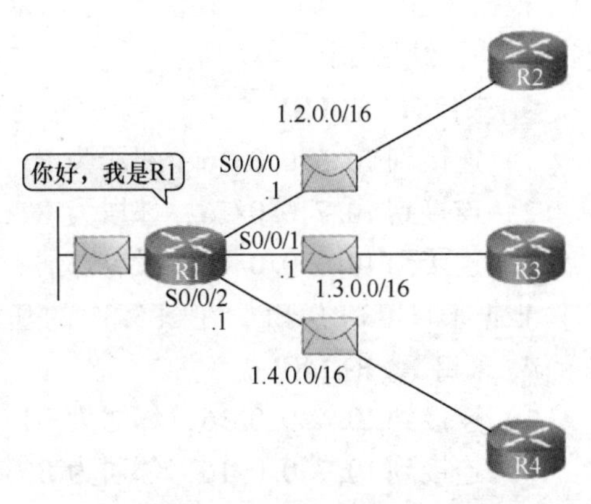


图 5-29　用 Hello 协议包来发现邻居

对于每一个链路，启用 OSPF 协议的路由器都会发送 Hello 包出去（有些并不一定能建立邻居关系，如图 5-29 中 R1 的 LAN 方向）。Hello 包主要包含了 Hello 间隔时间、失效间隔、路由器的 ID、优先级、子网掩码等内容，以一定的发送周期来进行发送。

通过链路状态路由协议的 Hello 包可实现：

- 邻居发现：自动发现邻居路由器。
- 邻居建立：完成 Hello 包中的参数协商，建立邻居关系。
- 邻居保持：通过 Keepalive 机制，检测邻居的运行状态。

对于每一个邻居，路由器会发送其自身的链路状态数据包（LSP），如图 5-28 中的路由器 R1 会产生四个链路状态数据包，发给它的邻居 R2、R3 和 R4。链路状态数据包的内容可以描述成：

- R1 路由器，通过以太网类型的接口连接到网络 10.1.0.0/16，开销为 2。
- R1 路由器邻接 R2 路由器，通过串行链路连接到网络 10.2.0.0/16，开销为 20。
- R1 路由器邻接 R3 路由器，通过串行链路连接到网络 10.3.0.0/16，开销为 5。
- R1 路由器邻接 R4 路由器，通过串行链路连接到网络 10.4.0.0/16，开销为 20。

邻居收到链路状态数据包以后，则执行泛洪操作（也就是将该 LSP 复制后从除接收该 LSP 的接口之外的所有接口发出去一份）。这样，由 R1 发出的 LSP，R5 也会收到一份（虽然不是直接由 R1 发的）。

最后，整个网络拓扑中的链路状态都会被每一个路由器收到。

这里以 R1 为例，它的链路状态可以描述成以下五部分：

**1. R1 自身的链路状态**

1）连接到 10.2.0.0/16，邻居为 R2，开销为 20。

2）连接到 10.3.0.0/16，邻居为 R3，开销为 5。

3）连接到 10.4.0.0/16，邻居为 R4，开销为 20。

4）连接到 10.1.0.0/16，没有邻居，开销为 2。

根据 R1 自身的链路状态，可以用画图的方式来描述 R1 构建网络拓扑的过程。此时的网络拓扑图如图 5-30 所示（图中省去关于网络地址的标注）。

**2. 来自 R2 的 LSP**

1）连接到 10.2.0.0/16，邻居为 R1，开销为 20。

2）连接到 10.9.0.0/16，邻居为 R5，开销为 10。

3）连接到 10.5.0.0/16，没有邻居，开销为 2。

根据来自 R2 的 LSP，在图 5-30 的基础上继续构建网络拓扑，结果如图 5-31 所示。

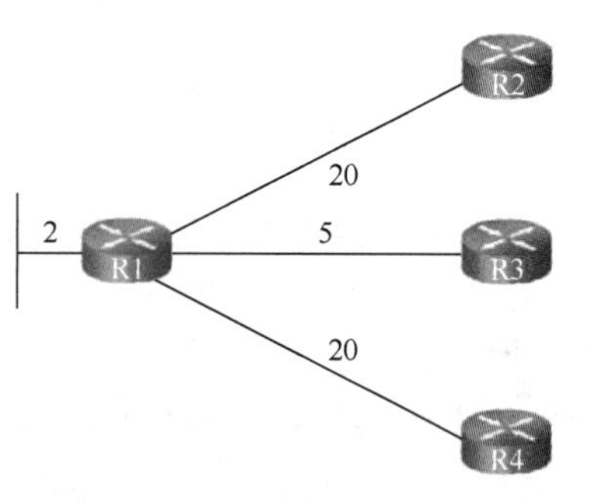


图 5-30 根据 R1 自身链路构建网络拓扑

**3. 来自 R3 的 LSP**

1）连接到 10.3.0.0/16，邻居为 R1，开销为 5。

2）连接到 10.7.0.0/16，邻居为 R4，开销为 10。

3）连接到 10.6.0.0/16，没有邻居，开销为 2。

根据来自 R3 的 LSP，在图 5-31 的基础上继续构建网络拓扑，结果如图 5-32 所示。

**4. 来自 R4 的 LSP**

1）连接到 10.4.0.0/16，邻居为 R1，开销为 20。

2）连接到 10.7.0.0/16，邻居为 R3，开销为 10。

3）连接到 10.10.0.0/16，邻居为 R5，开销为 10。

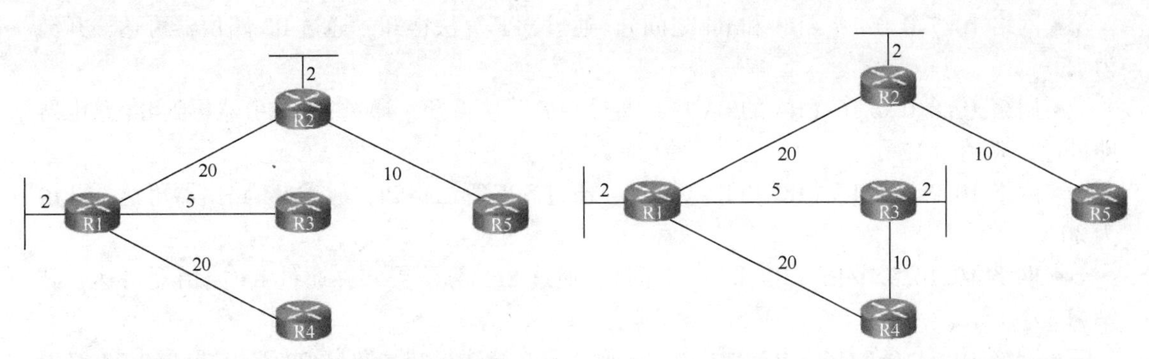


图 5-31 根据来自 R2 的 LSP 继续构建网络拓扑 图 5-32 根据来自 R3 的 LSP 继续构建网络拓扑

4）连接到 10.8.0.0/16，没有邻居，开销为 2。

根据来自 R4 的 LSP，在图 5-32 的基础上继续构建网络拓扑，结果如图 5-33 所示。

**5. 来自 R5 的 LSP**

1）连接到 10.9.0.0/16，邻居为 R2，开销为 10。

2）连接到 10.10.0.0/16，邻居为 R4，开销为 10。

3）连接到 10.11.0.0/16，没有邻居，开销为 2。

根据来自 R5 的 LSP，在图 5-33 的基础上继续构建网络拓扑，结果如图 5-34 所示。

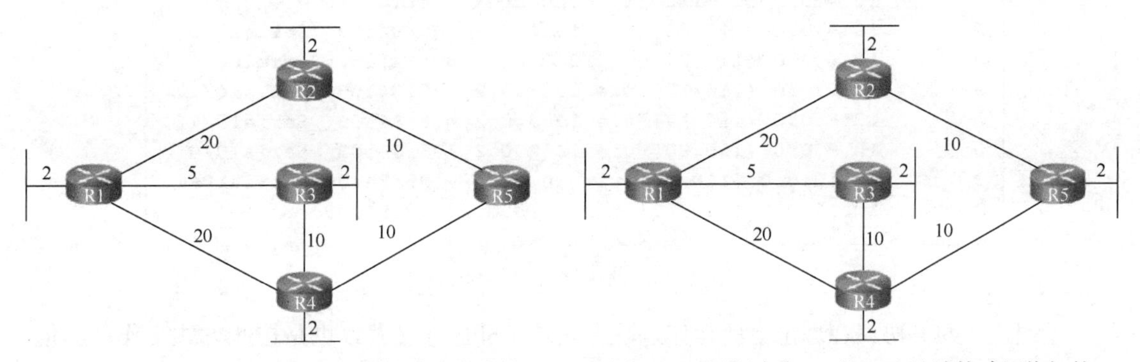


图 5-33 根据来自 R4 的 LSP 继续构建网络拓扑 图 5-34 根据来自 R5 的 LSP 继续构建网络拓扑

至此，将所有的 LSP 的内容都派上用场以后，路由器 R1 已经可以画出整个网络的拓扑图（在路由器的内部这张图的存储是以某数据结构的形式存在的）。

接下来，路由器需要为拓扑中的每一个网络确定一条路径。首先确定的是已经直连的网络。以 R1 为例：

- 网络 10.1.0.0/16（R1 的 LAN）已经直连，无须路径。
- 网络 10.2.0.0/16（R1 和 R2 之间）已经直连，无须路径。
- 网络 10.3.0.0/16（R1 和 R3 之间）已经直连，无须路径。
- 网络 10.4.0.0/16（R1 和 R4 之间）已经直连，无须路径。
- 网络 10.5.0.0/16（R2 的 LAN），通过 SPF 算法得知，通过 R2 路由器可达，开销为 22。
- 网络 10.6.0.0/16（R3 的 LAN），通过 SPF 算法得知，通过 R3 路由器可达，开销为 7。

• 网络 10.7.0.0/16（R3 和 R4 之间），通过 SPF 算法得知，通过 R3 路由器可达，开销为 15。

• 网络 10.8.0.0/16（R4 的 LAN），通过 SPF 算法得知，通过 R3 路由器再到 R4 路由器即可达，开销为 17。

• 网络 10.9.0.0/16（R2 和 R5 之间），通过 SPF 算法得知，通过 R2 路由器可达，开销为 30。

• 网络 10.10.0.0/16（R4 和 R5 之间），通过 SPF 算法得知，通过 R4 路由器可达，开销为 30。

• 网络 10.11.0.0/16（R5 的 LAN），通过 SPF 算法得知，通过 R3 路由器转到 R4 路由器再转到 R5 路由器可达，开销为 27。注意：由于从路由器 R1 直接到路由器 R4 再转到路由器 R5 等路径的开销较大，SPF 算法经过计算后未予采纳。

于是，所有的路由器都通过链路状态及 SPF 算法的作用，而得到到达每一个网络的路由表项。若查看路由器 R1 上的路由表，则结果如图 5-35 所示。

```
     10.0.0.0/16 is subnetted, 11 subnets
C       10.1.0.0 is directly connected, FastEthernet0/0
C       10.2.0.0 is directly connected, Serial0/0
C       10.3.0.0 is directly connected, Serial0/1
C       10.4.0.0 is directly connected, Serial0/2
O       10.5.0.0 [110/22] via 10.2.0.2, 05:34:09, Serial0/0
O       10.6.0.0 [110/7] via 10.3.0.2, 05:34:09, Serial0/1
O       10.7.0.0 [110/15] via 10.3.0.2, 05:34:09, Serial0/1
O       10.8.0.0 [110/17] via 10.3.0.2, 05:34:09, Serial0/1
O       10.9.0.0 [110/30] via 10.2.0.2, 05:34:09, Serial0/0
O       10.10.0.0 [110/25] via 10.3.0.2, 05:34:09, Serial0/1
O       10.11.0.0 [110/27] via 10.3.0.2, 05:34:09, Serial0/1
```

图 5-35　路由器 R1 的路由表

上述是 OSPF 协议在理论上的运作过程，具体 OSPF 协议大致也是按此方式工作的，但由于实际网络的复杂性，像 OSPF 这样的链路状态路由协议还有很多其他机制，一方面可以更好地实现链路状态的可达，另一方面也可减少一部分在网络传送的 LSP 数据。

### 5.5.2　OSPF 协议的选举

OSPF 协议是企业网络规划中相对较大的网络常采用的链路状态路由协议，它具有典型的链路状态路由协议的特性。

5.5.1 节提到了在 OSPF 协议中，使用泛洪的方法将链路状态数据信息传递到网络的各个角落。事实上，这种方法是有一定的局部性的。对于简单的网络，这样做是可以的，典型的链路状态路由协议 OSPF 协议也是这么完成的。但是对于稍复杂一点的网络，例如，在多路访问的网络中，这种泛洪将会变得复杂，网络的通信数据包也会混乱。

这里，在 OSPF 协议中引入了 DR 选举的概念。

DR 即为指定路由器，即在多路访问的网络中，指定一台路由器，由它来集中负责与该多路访问网络中的其他路由器的邻居关系，由它来统一泛洪并更新链路状态数据库。除了这个 DR 以外，一般还会有一个 BDR 作为备份指定路由器，当 DR 不能正常工作时，BDR 接替它。

图 5-36 所示为多路访问的网络，其中路由器 R1、R2、R3、R4 同时接到了交换机 Switch0 上，这个时候 OSPF 协议若要工作则要先进行 DR 选举。

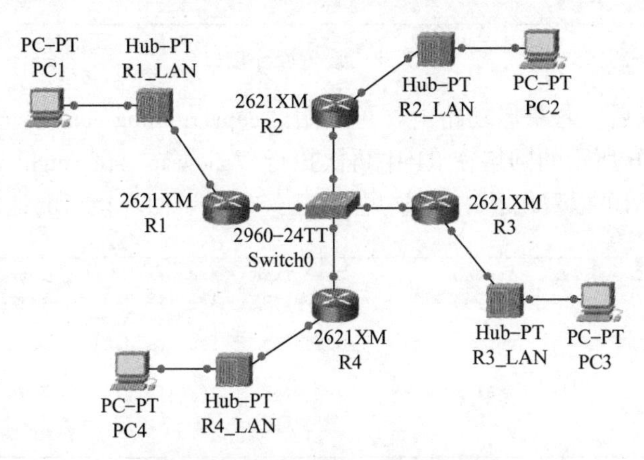


图 5-36　OSPF 协议中的 DR 选举

OSPF 的选举在同一个多路访问网络中进行。在图 5-36 所示的网络中，即在 R1、R2、R3、R4 中进行。选举 Router ID 较大的路由器为 DR，第二大的则为 BDR（这里的 Router ID 在默认情况下为一个路由器的最大的 IP 地址值）。图 5-37 所示即为 DR 选举结束以后在 R1 上查看邻居的情况。R4 的 Router ID（192. 168. 0. 4）最大，所以 R4 为 DR；R3 的 Router ID（192. 168. 0. 3）次之，所以 R3 为 BDR；R1 和 R2 的 Router ID 为 192. 168. 0. 1 和 192. 168. 0. 2，较小，所以它们都是 DROTHER。（在此种邻居关系建立期间，OSPF 的邻居关系经历 DOWN、INIT、2WAY、EXSTART、EXCHANGE、LOADING、FULL 七个阶段，最后稳定在 FULL 或 2WAY 阶段。FULL 是 DROTHER 与 DR 或 BDR 之间的稳定关系，2WAY 则是 DROTHER 之间的稳定关系。）

```
R1#show ip ospf neighbor

Neighbor ID     Pri   State           Dead Time   Address         Interface
192.168.0.4       1   FULL/DR         00:00:33    192.168.0.4     FastEthernet0/
1
192.168.0.2       1   2WAY/DROTHER    00:00:33    192.168.0.2     FastEthernet0/
1
192.168.0.3       1   FULL/BDR        00:00:33    192.168.0.3     FastEthernet0/
1
R1#
```

图 5-37　DR 选举后 R1 邻居的情况

在 OSPF 协议已启用的路由器上，若已经设置了回环接口 loopback，则以 loopback 接口的地址作为 Router ID（OSPF 进程已经启用的话，就不再更新 Router ID 了，等到下次启动时再更新）。这样，一般若要路由器的 Route ID 比较固定（路由器的接口的 IP 地址可能变化），则常采用设置路由器的回环接口的方法，如图 5-38 所示。

```
R1(config)#interface loopback 0


%LINK-5-CHANGED: Interface Loopback0, changed state to up
R1(config-if)#
%LINEPROTO-5-UPDOWN: Line protocol on Interface Loopback0, changed state to up

R1(config-if)#ip address 1.1.1.1 255.255.255.255
R1(config-if)#^Z
```

图 5-38　设置回环接口

设置回环接口以后，若重启动路由（可利用“copy running-config startup-config”命令保存配置）后，图 5-36 所示的网络在 R1 中再次执行“show ip ospf neighbor”命令的话，则显示结果如图 5-39 所示可以看出，R1 邻居的 ID 已经变成了回环接口的地址。

```
Neighbor ID     Pri   State           Dead Time   Address         Interface
3.3.3.3           1   FULL/BDR        00:00:30    192.168.0.3     FastEthernet0/
1
4.4.4.4           1   FULL/DR         00:00:30    192.168.0.4     FastEthernet0/
1
2.2.2.2           1   2WAY/DROTHER    00:00:30    192.168.0.2     FastEthernet0/
1
R1#
```

图 5-39　再次查看 OSPF 的邻居

细心的读者可能发现，在图 5-39 中，除了 Neighbor ID（也就是 Neighbor Router ID）之外，第二列是 Pri，这就是优先级的设定。优先级在 DR 选举过程中作为高位字段，而 Router ID 则作为低位字段。也就是说，若高位字段比较大，则不再比较低位字段的内容。设置的方法如图 5-40 所示，直接在接口上进行设置。图中设置优先级值为 10，默认值为 1，由于 10 > 1，所以 R1 优先成为 DR。若设置优先级为 0，则表示不再是 DR 或 BDR。

```
R1#config t
Enter configuration commands, one per line.  End with CNTL/Z.
R1(config)#interface FastEthernet0/1
R1(config-if)#ip ospf priority 10
R1(config-if)#^Z
R1#
```

图 5-40　接口优先级设置

再次重启动以后，R1 已经是 DR 了，如图 5-41 所示。

```
R1#show ip ospf neighbor

Neighbor ID     Pri   State           Dead Time   Address         Interface
3.3.3.3           1   FULL/DROTHER    00:00:39    192.168.0.3     FastEthernet0/
1
2.2.2.2           1   FULL/DROTHER    00:00:39    192.168.0.2     FastEthernet0/
1
4.4.4.4           1   FULL/BDR        00:00:39    192.168.0.4     FastEthernet0/
1
```

图 5-41　R1 为 DR

## 5.5.3 OSPF 协议的配置

OSPF 协议的选举虽然可以从配置上进行干预，但很多情况下其实都由 OSPF 协议自动完成的，这些是在 OSPF 协议配置完成的情况下进行的。下面分几个方面来讲解 OSPF 协议的配置。

对于路由器来说，OSPF 协议的工作都是通过 OSPF 进程的形式存在。如图 5-42 所示，输入命令“router ospf 1”可以启动一个 OSPF 进程。

```
R1#config t
Enter configuration commands, one per line.  End with CNTL/Z.
R1(config)#router ospf 1
R1(config-router)#
R1(config-router)#
```

图 5-42　启动 OSPF 进程

“router ospf 1”命令中的“router”表示要开启路由协议，“ospf”表示开启的路由协议为 OSPF，而“1”则表示 OSPF 进程的进程号，注意这个进程号，只是仅仅代表本地开启的 OSPF进程，如果一个 OSPF 的网络中，各个路由器的 OSPF 的进程号不相同也不会影响OSPF 协议的正常工作。有的时候，OSPF 进程可以在一个路由器中开启多个，它们之间互不影响。

接下来需要指定 OSPF 协议作用的网络，并指定其区域，如图 5-43 所示。

```
Router(config)#router ospf 1
Router(config-router)#network 10.1.0.0 0.0.255.255 area 0
Router(config-router)#network 10.2.0.0 0.0.255.255 area 0
Router(config-router)#network 10.3.0.0 0.0.255.255 area 0
Router(config-router)#network 10.4.0.0 0.0.255.255 area 0
Router(config-router)#^Z
Router#
```

图 5-43　为 OSPF 指定网络

其中，“network ”是关键字，表示用来指定作用的网络，第一个参数是网络的地址，和第二个参数通配掩码结合，可以看成是 OSPF 通告的范围；接着“area”关键字后面的表示区域号，OSPF 协议支持多区域，如果是单区域，一般就设置为区域 0，也就是骨干区域。

对于相对复杂的网络，有时 OSPF 协议本身产生的流量可能会相对多。例如，在泛洪的时候，这种情况可能使用多区域 OSPF，如图 5-44 所示，可以将原来同是一个区域的网络分成多个区域，这样各区域的流量不会泛洪，而是通过区域边界的路由器进行传递，于是 OSPF协议不仅在流量上，而且对 CPU 和内存的压力也相对减少。

RIP 默认的度量是跳数，也就是比较路过多少个路由器来决定路径的远近。这显然是不适用于复杂的网络的。因为现实中有些线路的带宽很低，速度很慢，常作为备用存在，如果不加考虑就采用这种路径，效率将大打折扣。在 OSPF 协议中，采用开销（cost）作为度量，对于每一条线路都会有它的带宽值，这个带宽值一般是固定的，开销的默认值为 $10^8$/带宽值，单位是 bit/s，带宽越大开销越小，带宽越小开销越大。例如，快速以太网（100M bit/s）的开销为 1，普通以太网（10M bit/s）的开销为 10，而串行 T1 链路若带宽为 1.544M bit/s，则它的开销为 64。

OSPF 协议的这个度量名为开销。从另一个意义来说，它其实是与链路的费用相关

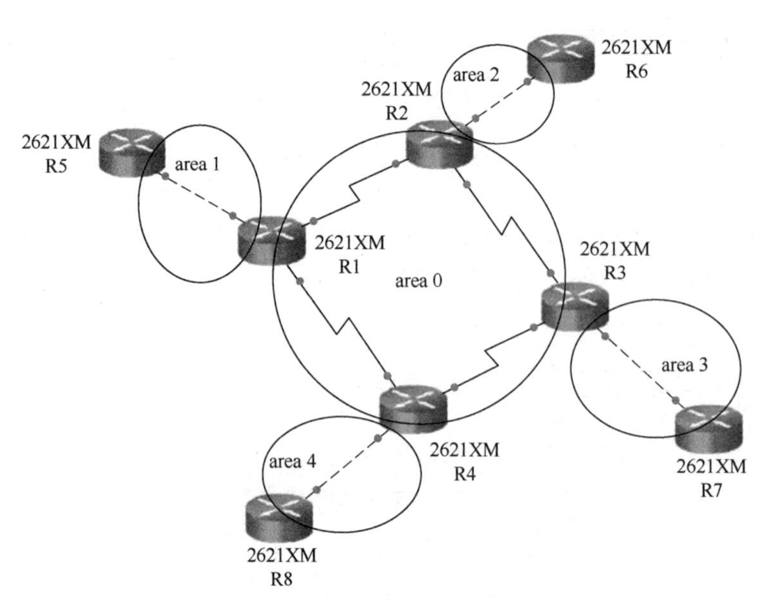


图 5-44　多区域 OSPF

联的。在现实中，很多链路的使用是需要费用的，而且，有可能的是同样带宽的链路的费用可能并不相同。OSPF 可以灵活地把费用和协议联系在一起，为每一条链路手动设定开销值（由于这个开销的值与链路相关，所以路由器上的设置需要在链路接口上进行），设定好之后就不再使用“$10^8$/带宽值”这个默认值了。设置方法如图 5-45 所示。

```
R1#config terminal
Enter configuration commands, one per line.  End with CNTL/Z.
R1(config)#interface fastethernet0/0
R1(config-if)#ip ospf cost 3
R1(config-if)#^Z
```

图 5-45　设定开销值

OSPF 协议更能适应规模庞大的网络，一方面得益于链路状态路由协议的特性，另一方面还在于 OSPF 协议可使用多区域的概念。OSPF 协议可以使用多区域的概念将网络进行分割，其目的是为了 OSPF 协议能适应更大的网络，同时也可以减少 OSPF 协议流量在网络上的传送。本书在此不再展开有关 OSPF 协议相关的内容，有兴趣的读者可参考相关资料。

## 5.6　本章总结

本章从静态路由协议面对复杂网络的问题出发，逐步引入动态路由协议；从简单机理到具体实施，然后再以 OSPF 动态路由协议为例，使读者简单了解链路状态协议及路由策略的基本原理及具体实施方法；本章最后还将链路动态路由中路由汇总的方法也做了介绍。

## 5.7 本章实践

### 实践一：RIP 配置之一

以图 5-46 所示的网络为例，进行下面的实践操作。

.2 192.168.0.0/24 .1 .1 192.168.1.0/24 .2 .1 192.168.2.0/24 .2
PC-PT PC0　2621XM Router0　2621XM Router1　PC-PT PC1

图 5-46　RIP 配置实践一

1. 配置路由器及 PC 的 IP。

1）记录 PC0 的 IP 地址为____________________，子网掩码为____________________，网关为____________________。

2）记录 PC1 的 IP 地址为____________________，子网掩码为____________________，网关为____________________。

3）记录路由器 Router0 的 FastEthernet0/0 接口的 IP 地址为____________________，子网掩码为____________________。

4）记录路由器 Router0 的 FastEthernet0/1 接口的 IP 地址为____________________，子网掩码为____________________。

5）记录路由器 Router1 的 FastEthernet0/0 接口的 IP 地址为____________________，子网掩码为____________________。

6）记录路由器 Router1 的 FastEthernet0/1 接口的 IP 地址为____________________，子网掩码为____________________。

2. 在未配置路由协议之前，查看路由器的路由表。

1）在 Router0 上的 CLI 命令行模式下执行“show ip route”命令，显示结果是什么？

2）在 Router1 上的 CLI 命令行模式下执行“show ip route”命令，则显示结果是什么？

3. 确认以上步骤中的直连路由都已经生效（即有两条 C 类型路由条目）。

4. 在两个路由器中启用 RIP。

1）分别在两个路由器上进入配置模式，在配置模式下启用 RIP。参考命令如下：

```
Router0(config)#router rip
Router1(config)#router rip
```

2）对于路由器 Router0 来说，直连的网络有两个，分别是____________________和____________________。

3）在 Router0 的两个直连网络上通告 RIP：

```
Router0(config-router)#______________
Router0(config-router)#______________
```

4）对于路由器 Router1 来说，直连的网络有两个，分别是＿＿＿＿＿＿＿＿＿＿和＿＿＿＿＿＿＿＿＿＿。在 Router1 的两个直连网络上通告 RIP：

```
Router1(config-router)#______________
Router1(config-router)#______________
```

5. 配置好 RIP 以后，分别在 Router0 和 Router1 上再次执行“show ip route”命令，两个路由器的路由表显示的结果是什么？

6. 测试 PC0 与 PC1 之间的连通性（使用 ping + 目标设备地址），结果如何？

在 PC0 上使用“tracert”命令，则显示结果是什么？原因是什么？

7. 在路由器上执行命令“debug ip rip”，过一会以后，路由调试内容出现，可看到 RIP 的接收过程为＿＿＿＿＿＿＿＿＿＿＿＿＿＿＿＿＿＿；可看到 RIP 的发送过程为＿＿＿＿＿＿＿＿＿＿＿＿＿＿＿＿＿＿。

## 实践二：RIP 配置之二

以图 5-47 所示的网络为例，进行下面的实践操作。

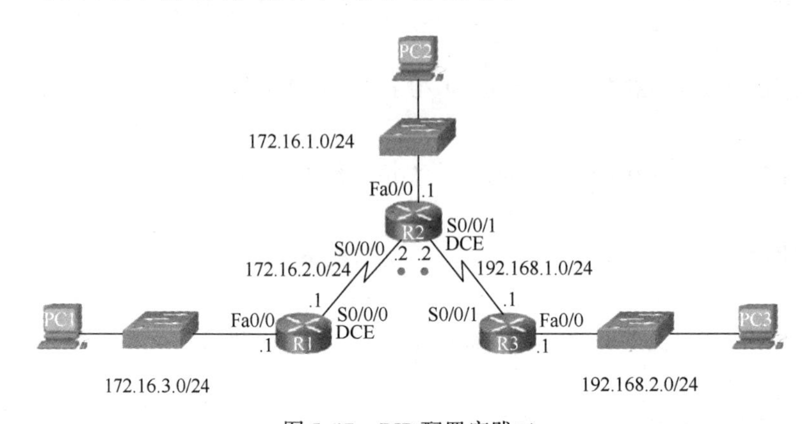


图 5-47 RIP 配置实践二

1. 进行基本 IP 设置。其中，折线线缆为广域网链路，需要在 DCE 端设置时钟频率如下：

路由器 R1：

```
Router0(config)#interface s0/0/0
Router0(config-if)#clock rate 128000
Router0(config-if)#no shutdown
```

路由器 R2：

```
Router1(config)#interface s0/0/0
Router1(config-if)#clock rate 128000
Router1(config-if)#no shutdown
```

2. 查看路由器的路由表（使用“show ip route”命令）。

3. 配置每一个路由器的 RIP，使得 PC1、PC2 与 PC3 都可以互通。

1）启用 RIP，使用命令类似“router（config）router rip”。

2）查看当前路由器连接的网络有哪些？网络地址（含有子网掩码）是什么？

3）写出当前路由器连接的有类网络，其有类地址是什么？

4）对于当前路由器连接的每一个有类地址，使用什么命令？

5）改用 RIP V2 的命令是：

```
Router(config-router)#________
```

4. 使用 tracert 使命，从 PC1 到 PC2，再从 PC1 到 PC3。

## 实践三：复杂拓扑动态路由配置

以图 5-48 所示的网络为例，进行下面的实践操作。

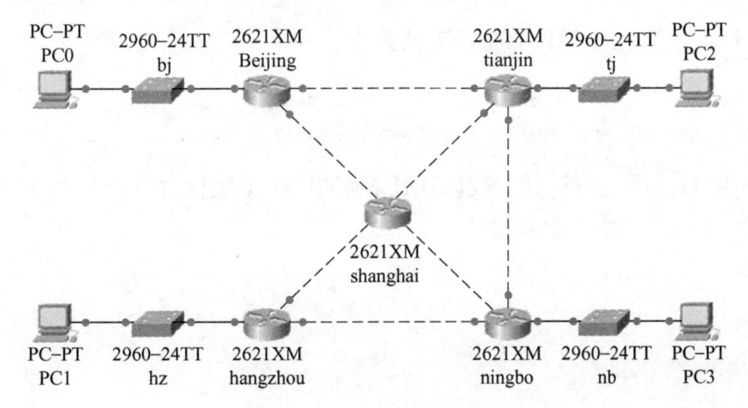


图 5-48　RIP 配置实践三

1. 按图示进行基本的 IP 设置（请自己定义）。
2. 配置每一个路由器接口的 IP 地址，使得相邻两个路由器之间可以互通。
3. 配置动态路由协议前查看路由器的路由表。
4. 使用 RIP V2 版本配置每一个路由器的路由，使得 PC 都可以互通。
5. 在 PC 之间使用 ping 命令检测互通性。
6. 在 PC 之间使用 tracert 命令，查看数据走向。

## *实践四：RIP 配置综合实践

以图 5-49 所示的网络为例进行下面的实践操作。

1. 按图所示配置路由器接口的 IP 地址，使两两之间可互通。在此六个路由器上启用 RIP V2 版本。使用 network 命令增加适当的网络。

2. 启用协议以后，查看 BJR1 和 HZR1 的路由表。

3. 使用 BJR1 路由器 ping IP 地址 172. 16. 3. 2，结果是什么？请分析原因。

4. 在各个路由器的 RIP 配置中增加关于关闭自动汇总的命令，然后查看其中 BJR1 和 HZR1 的路由表。

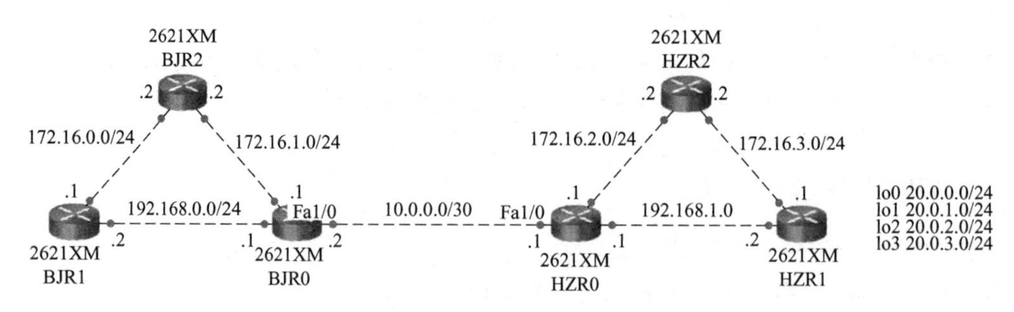

图 5-49　RIP 配置综合实践

5. 再次使用 BJR1 路由器 ping IP 地址 172. 16. 3. 2，结果是什么？请分析原因。

6. 在 HZR1 路由器上添加默认路由：

```
HZR1(config)#ip route 0.0.0.0 0.0.0.0 loopback0
```

7. 在 HZR1 路由器上的 RIP 中通告默认路由：

```
HZR1(config)#router rip
HZR1(config-router)# default-information originate
```

8. 先查看 HZR1 的路由表，再查看 BJR1 的路由表（建议过几秒以后）。请对最后一行进行解释。

# 第6章 网络访问安全

在网络的规划与设计中，出于对性能和安全的考虑，常常需要对部分网络实现有限访问。这种访问的控制由于在网络的内部实现，所以不能从防火墙等安全设备上着手，只能在组成网络骨架的路由器上来完成，这就是访问控制列表（access control list）所要完成的。本章从路由器的标准访问控制列表、扩展访问控制列表两方面来实现网络的简单安全访问。

## 6.1 访问控制技术

### 6.1.1 访问控制列表的引入

说到网络安全，一般想到的都是防火墙、IDS 等。其实，网络安全是多方面的，防火墙和 IDS 只是一个方面，而路由器上的访问控制则是另一个方面。在企业网的设计中，前者守着大门，警惕每一个与外面接触的进与出的数据包；而后者则是在网络的内部设置各个关卡检查来往的数据包。如图 6-1 所示，如果想限制 Net1 网络中的计算机访问 DMZ 网络，那么右侧的防火墙是无能为力的，但通过路由器 R1、R2、R3 的访问控制来实现，则相对容易。

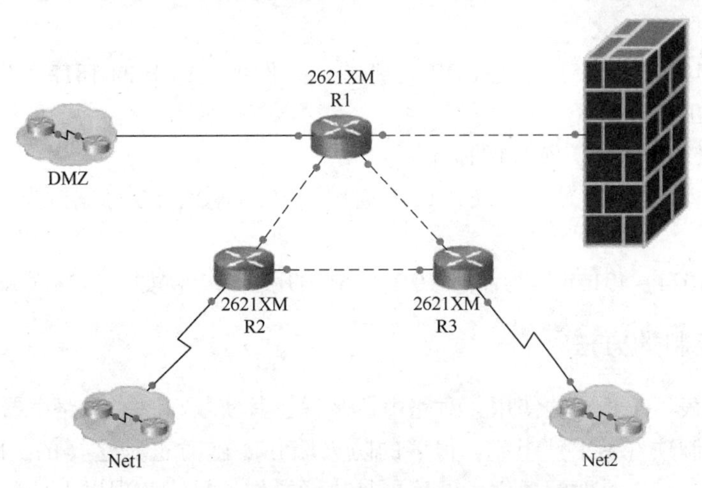


图 6-1　路由器访问控制与防火墙、IDS 的关系

另外，对于网络上的路由器与交换机，常使用远程控制的方法进行管理，但一般不是所有的计算机都可以管理，而是指定某个或某几个特定的计算机。这时，也可以通过路由器访问控制列表来实现控制。

### 6.1.2 访问控制列表的控制对象

访问控制的目的是为了控制网络的流量，简单地说就是限流。那么网络的流量到底是什么样的呢？

IP 网络是路由器访问控制的主要对象，即 IP 流量就是网络流量，也是访问控制列表的主要对象。在没有访问控制列表的情况下，路由器对 IP 数据包的操作基本上就是以路由表为依据，决定它被转发、丢弃或接收。路由器对于 IP 数据包的操作一般是从数据包的报头中提取出 IP 数据包的目的地址的。

当访问控制列表在路由器接口上起作用时，路由器也同样可以从数据包的报头中提取信息。不过，此时提取的信息可能还包括 IP 数据包的目的地址或者是 IP 数据包的源地址，这些都是数据包的 IP 层（第三层）信息。访问控制列表起作用以后，还可能再深入一层取得第三层和第四层信息，这些提取的信息包含 TCP 或 UDP 的源端口、TCP 或 UDP 的目的端口、数据包的类型等。

按照上述信息，可以将这种有来有往的流量看成是一种会话，而访问控制列表正是关注这种会话的过程的，从而限制网络。

根据端口类型的不同，可以将这些会话分为三类。很多的 IP 网络协议或应用的默认情况与这些会话相对应。

（1）基于 TCP 端口的会话

1）端口号 0 ~ 1023 号为 TCP 公认端口。常见的有：21 号端口为 FTP，23 号端口为 Telnet，25 号端口为 SMTP，80 端口为 HTTP，110 号端口为 POP3，443 号端口为 HTTP。

2）端口号 1024 ~ 49151 号为注册端口。例如，8080 号端口就是常用的注册 TCP 端口。

（2）基于 UDP 端口的会话

1）端口号 0 ~ 1023 号为 UDP 公认端口。常见的有：69 号端口为 TFTP，520 号端口为 RIP。

2）端口号 1024 ~ 49151 号为 UDP 注册端口。例如，UDP 的 1812 号端口为 RADIUS，5060 号端口为 SIP（VOIP）。

（3）基于 TCP 兼有 UDP 端口的会话

1）端口号 0 ~ 1023 号为公认 TCP/UDP 通用端口。例如，53 号端口为 DNS，161 号端口为 SNMP。

2）端口号 1024 ~ 49151 号为注册 TCP/UDP 通用端口。例如，1433 号端口为 MSSQL。

### 6.1.3 访问控制的方法

访问控制列表（ACL）的使用，对路由器来说，其实仅仅是一种路由器的配置脚本。它本身是由访问控制项（ACE）组成，很多的防火墙在实施时也是这样的。路由器通过这种配置脚本的运行，首先是匹配条件，然后再是执行操作，最终实现以下任务：

1）限制网络流量以提高网络性能。

2）决定在路由器接口上转发或阻止一些类型的流量。

3）控制客户端可以访问网络中的区域。

4）提供基本的网络访问安全性。

对于访问控制列表，在具体使用的过程中，需要遵循“三每”原则。

（1）每种协议　访问控制列表并不是一个IP下专用的方法，其他协议如IPX、AppleTalk等也可以用访问控制列表。而对于IP内的协议（如TCP、UDP、ICMP等），访问控制列表也需要为每一种协议单独定义。例如，要控制接口上的流量，必须为接口上启用的每种协议定义相应的访问控制列表。

（2）每个方向　每一个访问控制列表只能实现在控制接口上一个方向的流量（并不是双向）。如图6-2所示，如果流量的方向是向右的，那么，对于路由器左边接口来说，就是入站口，而对于路由器右边接口来说，就是出站口。如果混淆了方向，那有可能就起不到访问控制的效果。如果要控制入站流量和出站流量，必须分别定义两个访问控制列表。

（3）每个接口　定义了访问控制列表以后，需要应用到接口（如某快速以太网口）才能控制流量。

这样，访问控制列表起作用时，就有了固定的协议、固定的方向、固定的接口，也就有了相对固定的数据包对象。当数据包（第三层数据）入站时，数据是从一个入站口进来的，那么如果这个入站口上有入站方向的访问控制列表，那访问控制列表就开始起作用了。访问控制列表是由一项项的访问控制项组成，且这些项是有先后次序的。入站访问控制列表的作用流程如图6-3所示。

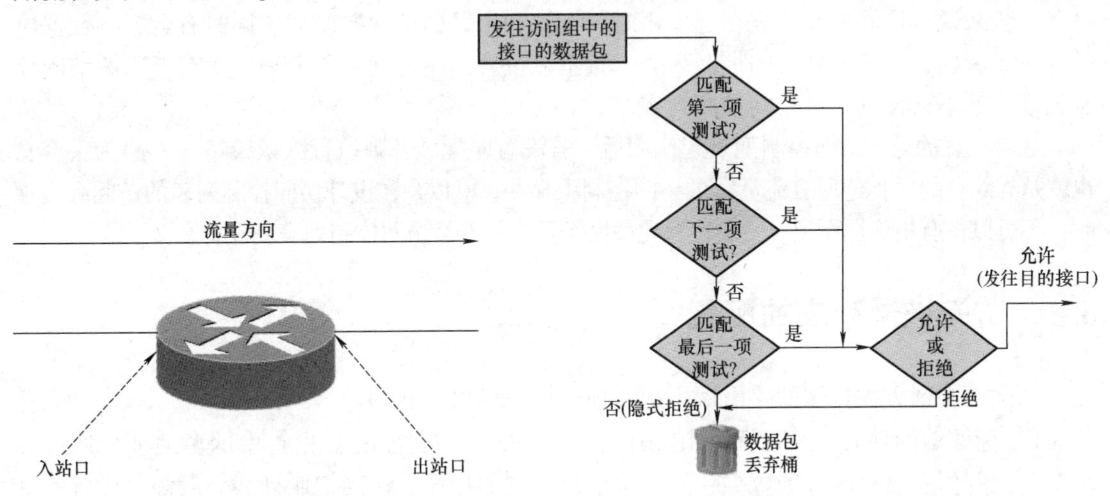


图6-2　访问控制列表中的流量方向

图6-3　入站访问控制列表的作用流程图

1）数据包尝试匹配第一项，若匹配成功，数据包被放行或丢弃则取决于此项的允许与拒绝的控制，此时若被放行，则该数据包入站成功。

2）若匹配不成功，则尝试匹配下一项。

3）匹配过程从第一项开始直至最后一项，都未匹配成功，则选用默认策略（在思科的路由器中，此默认策略为丢弃，其他一些路由器中存在可以更改为默认放行）。

出站的数据包要么来自本机（路由器本身），要么来自入站数据包（外来需要被转发）。出站访问控制列表的作用流程如图6-4所示。

1）出站的数据包需要先确定出站的路由器接口是哪个。这个需要通过路由表来确定。如果路由表中没有相应项，则数据包无法被路由，就直接被丢弃。

2）确定了出站的路由器接口，接下来需要确定该接口上是否启用访问控制列表。

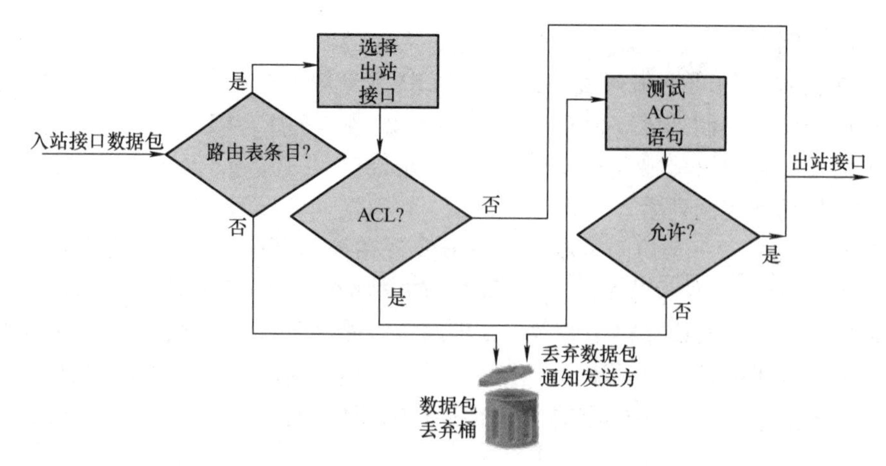


图 6-4　出站访问控制列表的作用流程图

● 如果没有启用，则直接交由出站口送出数据包。

● 如果启用了访问控制列表，则依次检查其访问控制项：若匹配访问控制项条件，则立即决定其被允许还是被丢弃；若所有访问控制项都没有匹配，则执行默认策略（思科路由器为默认丢弃）。

一般来说，访问控制列表在起作用时，入站和出站的访问控制列表同时有会影响数据包的延时。所以，有了入站访问控制列表，就不再设置出站访问控制列表；而有了出站访问控制列表，就不再设置入站访问控制列表。

值得注意的是，访问控制列表起作用后，若没有匹配项，则执行默认策略（一般为丢弃），也就是有隐含的“拒绝所有流量”的访问控制项存在。所以，在设计访问控制列表的访问列表项时，不可以仅有拒绝操作项，一定得有允许操作项，要不然访问控制列表就没有意义了。

## 6.2　访问控制列表的配置

访问控制列表在具体的路由器中的实现，可分成以下几种：

1）标准访问列表。又称标准 IP 访问控制列表，仅匹配 IP 数据包中的源地址。通过标准访问控制列表可对匹配的数据包采取拒绝或允许的操作。访问控制列表一般都会设置一个列表编号。编号范围为 1 ~ 99 的访问控制列表是标准访问控制列表。

2）扩展访问控制列表。又称为扩展 IP 访问控制列表，它比标准 IP 访问控制列表具有更多的匹配项，包括协议类型（如 UDP、TCP、ICMP）、源 IP 地址、目的 IP 地址、源端口、目的端口、连接建立参数等。编号范围为 100 ~ 199 的访问控制列表是扩展访问控制列表。

3）命名的访问控制列表。除了编号方式外，访问控制列表也可用列表名代替列表编号来定义访问控制列表。它同样包括标准和扩展两种，定义过滤的语句与编号方式相似。但是，在 Packet Tracer 中很多版本并不支持命名方式的访问控制列表。

### 6.2.1　标准访问控制列表的配置

访问控制列表在使用时，需要先创建完成，然后再按某个方向应用到接口。以思科路由器为例，对于标准的访问控制列表，创建的语法如下：

```
Router(config)#access-list access-list-number deny/permit remark source [source-wildcard] [log]
```

其中，

● 访问控制列表的创建需要在全局配置模式下配置。

● access-list 是访问控制列表创建的关键字。

● access-list 后面紧跟着访问控制列表号，标准访问控制列表号从 1 ~99。

● deny/permit remark 表示访问控制列表项匹配时执行的操作，或允许或丢弃。其中的 remark 表示一种备注，不属于真正起作用的。(注：Packet Tracer 不支持 remark。)

● source [source-wildcard] 表示配置的源地址。其中，source 表示源地址，而 [source-wildcard] 则表示通配符掩码，两者结合起来使用。

● [log] 作为可选参数，表示当数据包匹配条件以后，生成日志消息，并将消息发送到控制台。(注：Packet Tracer 暂不支持日志。)

在这里说明一下通配符掩码。在子网掩码中，设为 1 的表示 IP 地址对应的位属于网络地址部分；设为 0 的表示 IP 地址对应的位属于主机地址部分。子网掩码由连续的“1”和连续的“0”组成。在判别是不是同一网络时，“1”表示匹配位，而“0”表示忽略位。

| CIDR | 子网掩码 | 通配符掩码 |
|---|---|---|
| … | … | … |
| /20 | 255.255.240.0 | 0.0.15.255 |
| /21 | 255.255.248.0 | 0.0.7.255 |
| /22 | 255.255.252.0 | 0.0.3.255 |
| /23 | 255.255.254.0 | 0.0.1.255 |
| /24 | 255.255.255.0 | 0.0.0.255 |
| /25 | 255.255.255.128 | 0.0.0.127 |
| … | … | … |

图 6-5　子网掩码与通配符掩码

访问控制列表中使用通配符掩码，因为路由器在访问控制列表做匹配判断时，并不关心是不是同一个网络，而仅仅是一个范围。此时，通配符掩码由连续的“0”和连续的“1”组成。在判别是不是范围内时，“0”表示匹配位，而“1”表示忽略位。如图 6-5 所示，子网掩码与其对应的通配符掩码两者相加，正好是“255. 255. 255. 255”，所以通配符掩码又被称为反掩码。

需注意的是，在使用通配符掩码时，有两个特别的通配符掩码，一个为 0. 0. 0. 0，另一个为 255. 255. 255. 255。根据通配符掩码的意义，前者表示全不匹配，也就是任何都可以匹配；后者则表示全部匹配，也就是每一位都得匹配。这时，可以用两个关键字分别来替代它们：全不匹配时用 any 关键字，全匹配时用 host 关键字。具体的用法以下面的两种情况为例。

1）假定有访问控制列表，创建时访问控制项为

```
Router(config)#access-list 1 permit 0.0.0.0 255.255.255.255
```

此时，可以用下面的语句替代：

```
Router(config)#access-list 1 permit any
```

2）又假定有访问控制列表，创建时访问控制项为

```
Router(config)#access-list 1 permit 192.168.0.1 0.0.0.0
```

此时，可以用下面的语句替代：

```
Router(config)#access-list 1 permit host 192.168.0.1
```

对于配置访问控制列表，由于针对每一个网络的处理方法可能不同，所以可能存在不同

的访问控制列表起到相同效果的情况。

一般来说，为了减少路由器上的压力，原则上应该将最频繁匹配的 ACL 项放在访问控制列表的顶部。另外，在访问控制列表中至少要包含一条含 permit 的访问控制项，否则所有流量都会被阻止。

创建访问控制列表以后，需要将它应用到路由器的接口才能起作用，在思科路由器上的配置语法如下：

```
Router(config-if)#ip access-group {access-list-number |access-list-name} {in |out}
```

其中，

- 由于需要应用到路由器接口，所以需要进入接口配置模式。
- ip access-group 是应用访问控制列表的命令关键字。
- 第一个参数为访问控制列表的列表号或列表名。(注：Packet Tracer 暂不支持列表名。)
- 访问控制列表控制流量的方向。

结合上述关于标准访问控制列表的介绍，下面以图 6-6 所示的网络拓扑为例，来讲解具体配置标准访问控制列表的方法。

图中的 192.168.10.0/24 和 192.168.11.0/24 像是企业中的内网，而路由器 Router0 则是企业中的路由器，它通过一个串行连接与企业外的网络（图中标记的 Out）相连。有时出于流量限制的考虑，可以在路由器上设置访问控制列表。

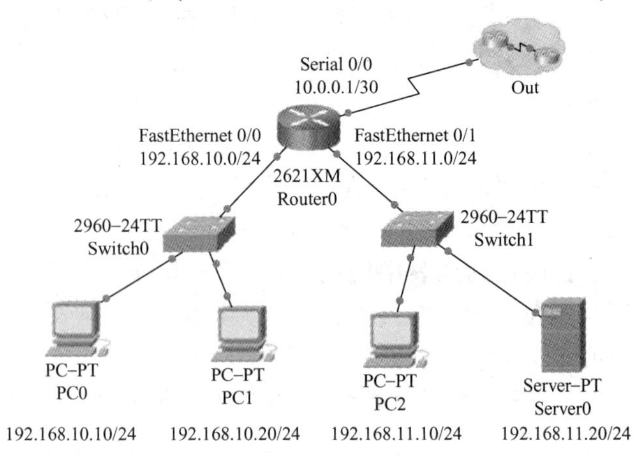


图 6-6　标准访问控制列表配置示例

（1）情况 1　允许单个网络访问出口（隐含限制其他网络）的情况。

配置如下访问控制列表：

```
Router(config)# access-list 1  permit 192.168.10.0 0.0.0.255
Router(config)#interface serial0/0
Router(config-if)# ip access-group 1 out
```

其中，第一行创建了一个访问控制列表，仅一项匹配子网 192.168.10.0/24 子网主机的允许项；第二行进入路由器接口 serial0/0 配置模式；第三行将创建的访问控制列表（列表号为 1）应用到路由器向外的出口 serial0/0，因为流量的源头是 192.168.10.0/24，于是对于路由器接口 serial0/0 来说就是 out 的方向。

（2）情况 2　拒绝特定主机访问的情况。

配置如下访问控制列表：

```
Router(config)#no access-list 1
Router(config)# access-list 2 deny host 192.168.10.10
Router(config)# access-list 2 permit 192.168.10.0 0.0.0.255
Router(config)#interface serial0/0
```

```
Router(config-if)# ip access-group 1 out
```

其中，第一行由于加上了一个 no 关键字，表示删除在情况 1 中创建的访问控制列表 1；第二和第三行创建访问控制列表 2，第一项匹配主机地址为 192.168.10.10 的拒绝项，第二项匹配子网 192.168.10.0/24 子网主机的允许项；第四行进入路由器接口 serial0/0 配置模式；第五行将创建的访问控制列表（列表号为 2）应用到路由器向外的出口 serial0/0，方向还是 out 方向。

（3）情况 3　拒绝特定子网访问的情况。

配置如下访问控制列表：

```
Router(config)#no access-list 2
Router(config)# access-list 3 deny 192.168.10.0   0.0.0.255
Router(config)# access-list 3 permit 192.168.0.0 0.0.255.255
Router(config)#interface serial0/0
Router(config-if)# ip access-group 3 out
```

其中，第一行加上 no 关键字，表示删除已存在的访问控制列表 2；第二行和第三行创建访问控制列表 3，第一项匹配子网 192.168.10.0/24 子网主机的拒绝项，第二项匹配子网 192.168.0.0/16 子网主机（此处子网地址范围比第一项更大）的允许项；第四行进入路由器接口 serial0/0 配置模式；第五行将创建的访问控制列表（列表号为 3）应用到路由器向外的出口 serial0/0，方向为 out。

如果要更精确地流量过滤，则可以使用编号在 100 ~ 199 之间以及 2000 ~ 2699 之间的扩展访问控制列表，也可以用命名方式的扩展访问控制列表。

### 6.2.2　扩展访问控制列表的配置

扩展访问控制列表的语法组成与标准访问控制列表相差不多，只是增加了些内容。在思科的路由器上，创建的语法为（此处将其分成四行，在路由器上执行需在一行内执行完成）：

```
Router(config)#access-list  access-list-number {deny |permit |remark} protocol
source source-wildcard operator  port
destination destination-wildcard operator port
[established]
```

其中，

- 访问扩展访问控制列表也需要在全局配置模式下配置。
- access-list 是访问控制列表创建的关键字。
- access-list 后面紧跟着访问控制列表号，扩展访问控制列表号一般是 100 ~ 199。
- deny | permit | remark 与标准访问控制列表一样，表示访问控制列表项匹配时执行的操作，或允许或丢弃。remark 表示一种备注，不真正起作用。
- protocol 表示协议名称，可以是 ICMP、IP 、TCP、UDP，其中 IP 的范围最大。
- source [source-wildcard] 表示配置的源地址，其中 source 表示源地址，source-wildcard 则为通配符掩码，两者结合起来使用。
- operator 为可选，用于比较端口（源端口和目的端口都可进行比较），可以是 lt（小于）、gt（大于）、eq（等于）、neq（不等于）和 range（范围）。一般来说，eq 使用得较多。

• port 是需要关注的端口号，结合 operator 使用，可使用端口号，也可以使用端口服务名称，如 HTTP 即为默认的 80 号端口，Telnet 则表示 23 号端口。

• destination［destination-wildcard］表示配置的目的地址，其中 destination 表示源地址，destination-wildcard 则为通配符掩码，两者结合起来使用。

• established 参数为可选，选择此参数后可关注到 TCP 的连接。

扩展访问控制表应用到路由器的接口与标准访问控制的相同，在此不再赘述。

下面以图 6-7 所示的网络拓扑为例子，来讲解具体配置扩展访问控制列表的方法。

路由器的两边可以看成是企业的内外网。内外网都有不同的服务器。内网中的服务器。有只允许内网计算机访问的，也有允许外网计算机访问的。为了做到这一点，可以在路由器的接口上设置访问控制列表。由于此处涉及目的地址，所以标准访问控制不容易完成。

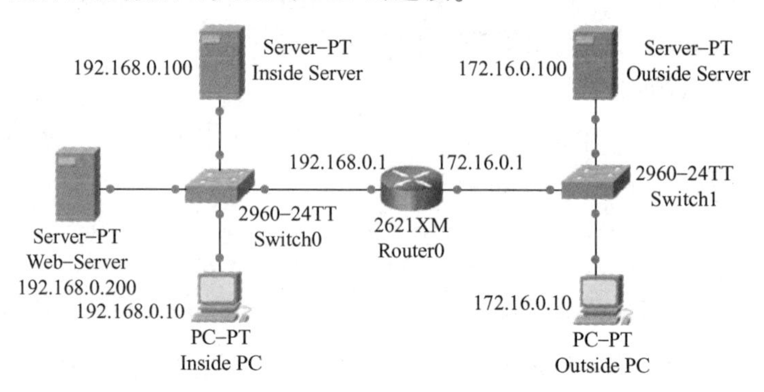


图 6-7　扩展访问控制列表示例

可设计访问控制配置如下：

```
Router(config)# access-list 101 deny tcp any host 192.168.0.100 eq 80
Router(config)# access-list 101 deny tcp any host 192.168.0.100 eq 443
Router(config)# access-list 101 permit any any
Router(config)#interface fastethernet0/1
Router(config-if)# ip access-group 101 in
```

这样，内网的计算机访问内网服务器（Inside Server）没问题，外网的计算机访问内网的服务器就被访问控制列表限制了，而外网的计算机访问内网的 Web 服务器（WEB-Server），则被访问控制列表所允许。

扩展访问控制列表的最后一个可选项为 established，这个有时被称为自反访问控制项，其作用是检测 TCP 的连接，并关注其中的 SYN、ACK、RST 等字段。试想一下，流量是有双向性的，且有主动发起方和被动连接方的。当客户端主动去访问服务端，并与服务端建立了连接，那流量就有从客户端到服务端的，也有服务端到客户端的，客户端就是主动发起方，服务端就是被动连接方。自反访问控制列表项就是，在客户端已经主动发起的连接存在的前提下，匹配允许放行服务端流向客户端的流量。

以图 6-7 所示的网络拓扑为例，假定需要设定外网的计算机可以访问内网的 Web 服务器，除此之外都不可以，先看一组不使用 established 参数的配置：

```
Router(config)#no access-list 101
Router(config)#access-list 102 permit tcp any host 192.168.0.200
Router(config)#interface fa0/1
Router(config-if)#no access-list 101
```

```
Router(config-if)#ip access-group 102 in
```

配置完毕后，的确限制了其他内网计算机访问外网，外网访问内网的192.168.0.200也没什么问题，但是192.168.0.200却可以主动访问外网，如它可以访问外网中的172.16.0.100。为了限制这种情况，使用established参数就可以做到，配置如下：

```
Router(config)#no access-list 102
Router(config)#access-list 103 permit tcp host 192.168.0.200 any established
Router(config)#interface fa0/1
Router(config-if)#no access-list 102
Router(config-if)#ip access-group 103 out
```

使用established参数后，内网的服务器就不能主动访问外网了，而外网则可以访问到它，这就是established参数的作用。但由于它需要关注到TCP字段，所以这种配置不能多用，否则会影响路由器的性能。因为，检查到TCP字段一级的信息，对于路由器来说工作层面已经很深，这会增加数据包的延迟时间。

细心的读者可能发现，其实访问控制列表的配置并没有确定性。如在图6-7所示的网络中，访问控制列表可以设置在路由器右侧接口（FastEthernet 0/1）方向为in，也可以设置在其左侧接口（FastEthernet 0/0）方向为out，效果是一样的。

原则上，在配置访问控制列表时，如果应用的是标准访问控制列表，由于其只指定了源地址，一般放置的位置应尽量靠近目的地址；而对于扩展访问控制列表，由于它既可指定源地址，也可指定目的地址，且一般较复杂，为了减少它对网络的不必要的影响，一般将其放置在靠近源地址的位置。

### 6.2.3 访问控制列表控制虚拟终端

访问控制列表的另一个比较常用的应用是管理VTY接口，也就是虚拟终端连接。由于路由器一般是放置在机柜中，它又没有键盘、鼠标、显示器这样的输入/输出设备，所以常见的路由器的控制方式就是通过路由器所连接的网络以虚拟终端的方式来连接它。图6-8所示就是路由器虚拟终端的配置方法。

```
Router0#
Router0#config t
Enter configuration commands, one per line.  End with CNTL/Z.
Router0(config)#enable password cisco
Router0(config)#enable secret class
Router0(config)#line vty 0 4
Router0(config-line)#password linevty
```

图6-8 路由器虚拟终端的配置方法

其中，第二行与第三行是进入了路由器的配置模式；第四行与第五行则是配置了路由器的访问密码，“password”和“secret”的区别在于前者是明文保存在路由器中，后者则是加密保存，当“secret”启用时“password”失效，需特别注意的是，如果不设这两个密码，则远程登录控制路由器是不能进入特权模式的；第六行则是进入了路由器的“线路”配置模式，路由器的“线路”可以称其为“配置线路”，像控制台Console（使用Console线连接路由器）是一种线路，而VTY虚拟终端则是另一种线路，“vty”后面的0和4分别表示第一个需要控制的线路和最后一个需要控制的线路，即 VTY 第 0 号到第 4 号（一共有 5 个）；第七行则是为虚拟终端配置一个访问密码。

这样配置以后，如果路由器的某一个接口的 IP 地址为 192.168.0.1，则如图 6-9 所示的连接就可以产生。

其中，第一行采用直接输入 IP 地址的方式，其实等同于“telnet 192.168.0.1”。第四行和第六行两处需输入密码，前一个提示输入 Password 处输入的为虚拟终端的密码（如图 6-8 中配置时为“linevty”），后一个提示输入 Password 处输入的为路由器的访问密码（如图 6-8 中配置时为“class”）。

图 6-9 所示的例子是从另一个路由器直接通过虚拟终端来控制路由器，也可以从 PC 用 Telnet 方式来控制路由器，如图 6-10 所示。

```
Router1#192.168.0.1
Trying 192.168.0.1 ...Open


User Access Verification

Password:
Router0>enable
Password:
Router0#
```

图 6-9　虚拟终端连接路由器

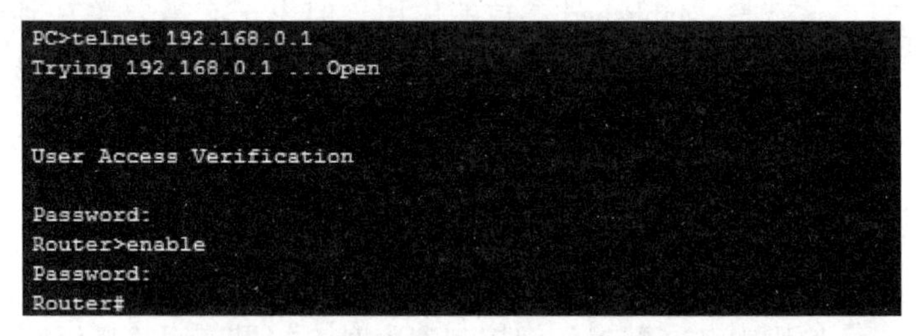


图 6-10　从 PC 用 Telnet 方式来控制路由器

在默认情况下，管理员可以从网络的任何一个位置通过 Telnet 方式控制路由器，这种情况是不太安全的。一般的做法是，只有一个或若干网络位置的计算机可以通过 Telnet 控制路由器，其他位置的计算机则不被允许。

此时，就可以用访问控制列表来实现。将已经创建好的访问控制列表应用到 VTY 终端，就可以实现这一点。具体地，在思科的路由器上的实现语法如下：

```
access-class access-list-number {in |out}
```

其中，access-class 是应用时用的关键字；access-list-number 是一个访问控制列表号；in 和 out 表示方向，一般来说，此处使用 in。

以图 6-7 所示的网络拓扑为例，假定管理员需要限制路由器的控制，仅允许图中 192.168.0.10 的 PC 通过虚拟终端方式来控制。具体配置如下：

```
Router(config)#access-list 10 permit host 192.168.0.10
Router(config)#line vty 0 4
Router(config-line)#password linvty
Router(config-line)#login
Router(config-line)#access-class 10 in
```

其中，第一行创建了一个标准访问控制列表，只允许了 192.168.0.10 这一台主机（隐含拒绝其他所有）；第二行进入线路配置模式；第三行为虚拟终端访问设置密码；第四行的“login”是为了开启虚拟终端的登录（与之相对的，如需要关闭则使用“no login”），需要注意的是，这句的执行需要第三行的 password 密码设置，不设置密码不允许开启登录；第五行则是将访问控制列表引入到虚拟终端的控制上来。

如此配置以后，如果 192.168.0.10 的 PC 采用 Telnet 方式连接到路由器，则连接显示如图 6-10 所示，如果是其他计算机，如图中地址为 172.16.0.10 的 PC，则显示如图 6-11 所示，连接被拒绝。

```
Packet Tracer PC Command Line 1.0
PC>telnet 192.168.0.1
Trying 192.168.0.1 ...
% Connection refused by remote host
PC>
```

图 6-11　拒绝虚拟终端连接

## 6.3　本章总结

本章撇开防火墙、IDS 在网络安全中的作用，从网络规划的角度去规划网络访问安全。首先提出防火墙、IDS 与路由器访问控制列表实施的不同；然后就访问控制的对象及实施方法进行分析，简单介绍了路由器上访问控制列表设计的原理与流程；最后举例说明几种访问控制列表的规划方法。

## 6.4　本章实践

### 实践一：标准访问控制列表

本实践以企业中常见的网络拓扑为例，诠释访问控制列表的实施。注：图 6-12 中 R2 的 Lo0 是为连接 ISP 而暂时设定的，不需要连接真实的线路。

首先，准备网络，根据图 6-12 所示完成网络电缆的连接。然后，配置标准 ACL。

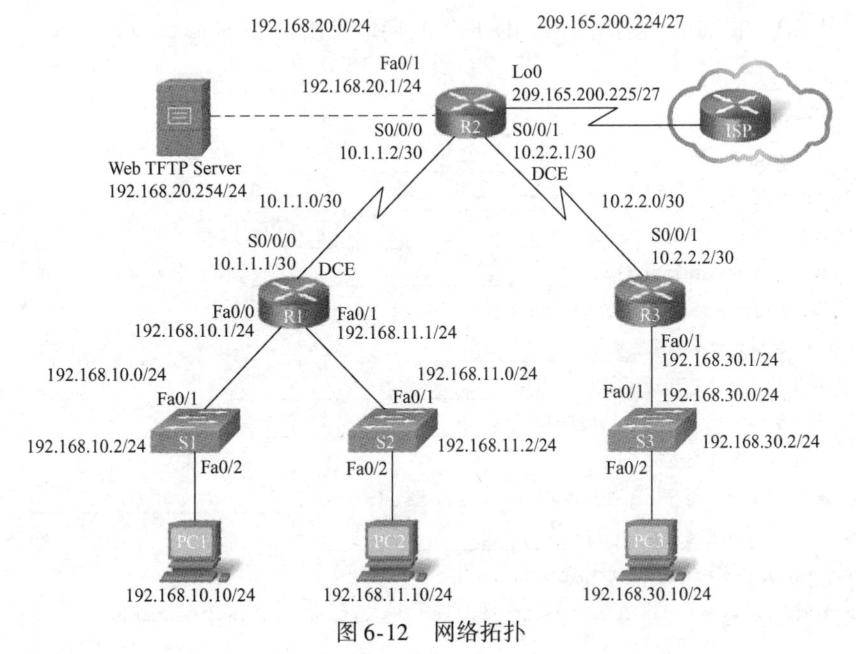


图 6-12　网络拓扑

由于标准 ACL 只能根据源 IP 地址过滤流量。一般而言，最好将标准 ACL 配置在尽量靠近目的地址的位置。在此，需要配置标准 ACL 用于阻止来自 192.168.11.0/24 网络的流量访问 R3 上的任何本地网络。

此 ACL 将应用于 R3 串行接口的入站流量。需要注意的是，每个 ACL 都有一条隐式的 “deny all” 语句，这会导致不匹配 ACL 中任何语句的所有流量都受到阻止。因此，应在该 ACL 末尾添加 “permit any” 语句。

在配置和应用此 ACL 之前，务必测试从 PC1（或 R1 的 Fa0/1 接口）到 PC3（或 R3 的 Fa0/1 接口）的连通性。连通性测试成功后才能应用 ACL。

1. 在路由器 R3 上创建 ACL。

在全局配置模式下，创建一标准访问控制列表，列表号为 10。

在标准 ACL 中，拒绝源地址为 192.168.11.0/24 的任何数据包。

_access-list ______________________

允许所有其他流量。

_access-list ______________________

2. 应用 ACL。

应用已创建的 ACL，过滤通过串行接口 S0/0/1 进入 R3 的数据包。

```
R3(config)#______________________
(注意 ACL 的方向)
R3(config-if)#______________________
R3(config-if)#______________________
R3#copy run start  (注:此句只为了保存路由器的配置)
```

3. 测试 ACL。

从 PC2 ping PC3，以此测试该 ACL。由于该 ACL 的目的是阻止源地址属于 192.168.11.0/24 网络的流量，因此 PC2（192.168.11.10）应该无法 ping 通 PC3。

也可以从 R1 的 Fa0/1 接口向 R3 的 Fa0/1 接口发出扩展 ping 命令。

```
R1#ping ip
Target IP address:______________________
Repeat count [5]: ______________________
Datagram size [100]: ______________________
Timeout in seconds [2]: ______________________
Extended commands [n]:______________________
Source address or interface: 192.168.11.1
Type of service [0]:______________________
Set DF bit in IP header? [no]:______________________
Validate reply data? [no]:______________________
Data pattern [0xABCD]:______________________
Loose,Strict,Record,Timestamp,Verbose[none]:______________________
Sweep range of sizes [n]:______________________
Type escape sequence to abort.
Sending 5,100-byte ICMP Echos to 192.168.30.1,timeout is 2 seconds:______________
```

```
Packet sent with a source address of 192.168.11.1
```

____________________________（请记录ping的结果）

在R3的特权执行模式下，执行“show access-lists”命令则显示的输出为

____________________________

当从R1上执行此ping命令：

```
R1#ping ip
Target IP address: 192.168.30.1
Repeat count [5]: ____________________
Datagram size [100]: ____________________
Timeout in seconds [2]: ____________________
Extended commands [n]: y
Source address or interface: 192.168.10.1
Type of service [0]: ____________________
Set DF bit in IP header? [no]: ____________________
Validate reply data? [no]: ____________________
Data pattern [0xABCD]: ____________________
Loose,Strict,Record,Timestamp,Verbose[none]: ____________________
Sweep range of sizes [n]: ____________________
```

则有____________________________

请问ping通的成功率有多少？试解释之。

## 实践二：扩展访问控制列表

还是实践一的网络拓扑及地址（ACL配置应该清除），当访问控制需要更高的精度时，应该使用扩展ACL。扩展ACL过滤流量的依据不仅限于源地址，扩展ACL可以根据协议、源IP地址和目的IP地址以及源端口号和目的端口号过滤流量。

此网络的另一条策略规定，只允许192.168.10.0/24网络中的设备访问内部网络，而不允许此网络中的计算机访问Internet。因此，必须阻止这些用户访问IP地址209.165.200.225。由于此要求的实施涉及源地址和目的地址，因此需要使用扩展ACL。

这里需要在R1上配置扩展ACL，阻止192.168.10.0/24网络中任何设备发出的流量访问209.165.200.255主机（模拟的ISP）。此ACL将应用于R1 S 0/0/0接口的出站流量。一般而言，最好将扩展ACL应用于尽量靠近源地址的位置。

开始之前，需确认从PC1可以ping通209.165.200.225。

1. 配置扩展ACL。

在全局配置模式下阻止从192.168.10.0/24到该主机的流量。定义目的地址时要使用关键字host。具体语句为____________________

如果没有permit语句，隐式“deny all”语句会阻止所有其他流量。因此，应添加permit语句，确保其他流量不会受到阻止。具体语句为____________________

2. 应用ACL。

如果是标准 ACL，最好将其应用于尽量靠近目的地址的位置，而扩展 ACL 则通常应用于靠近源地址的位置。这里需要应用于串行接口并过滤出站流量。具体应用语句应为________________________

从 PC1 ping R2 的环回接口结果是________________________

从 PC1 ping R2 的 FastEthernet0/1 接口，则结果是________________________

那要是从 192.168.10.0/24 网络的设备 ping R3，则结果是________________________

## *实践三：使用访问控制列表控制 Telnet 方式连接路由器

限制对路由器 VTY 线路的访问是远程管理的良好做法。ACL 可应用于 VTY 线路，从而限制对特定主机或网络的访问。本实践将配置标准 ACL，允许两个网络中的主机访问 VTY 线路，而拒绝其他所有主机。

1. 检查是否可从 R1 和 R3 Telnet 至 R2。注：要使路由器的 Telnet 方式可连接，则需要输入以下命令：

```
R2(config)#enable password cisco(注:设置特权模式的密码(非加密)。)
R2(config)#line vty 0 4(注:进入 VTY 方式的控制。)
R2(config-line)#password class(注:设置 VTY 方式的密码。)
R2(config-line)#login(注:设置 VTY 方式可否登录。)
```

2. 配置 ACL。

在 R2 上配置标准 ACL，允许来自 10.2.2.0/30 和 192.168.30.0/24 的流量，拒绝其他所有。

________________________________

3. 应用 ACL。

进入 VTY 线路 0 ~ 4 的线路配置模式。

```
R2(config)#line vty 0 4
```

使用 access-class 命令将该 ACL 应用于这些 VTY 线路的入站方向。注意，此命令与将 ACL 应用于其他接口的命令不同。

```
R2(config-line)#access-class __________
R2(config-line)#end
R2#copy running start-up
```

4. 测试 ACL。

从 R1 Telnet 至 R2。注意，R1 的地址不在 permit 语句中列出的地址范围内。因此，连接尝试应失败。实测结果为________________________________________________________

从 R3 Telnet 至 R2。屏幕上将显示要求输入 VTY 线路口令的提示为________________________________________

# 第7章

# 广域网与NAT

对于一个企业来说，企业内部的网络固然重要，而接入互联网并且如何更好地使用互联网也是非常重要的。本章从广域网的接入技术出发，在广域网络的实施、配置等多方面展开，并对中小企业中常用的 NAT 技术进行分析，结合案例进行配置规划。

## 7.1 广域网与接入

### 7.1.1 接入技术与方式

互联网既是一种连接，也是一种资源。从其名称上来看，互联网就是网与网之间的互联。对于企业或者家庭用户来说，若要使用互联网，则需要通过某些通信线路连接到互联网服务提供商（简称 ISP），一般只有 ISP 才能提供互联网的网络连接及信息服务。

从 ISP 到用户端的连接方式被称为接入方式。常用的接入方式有下面几种，不过一些慢速的接入方式渐渐不再使用或已被淘汰。

（1）电话拨号接入　通过电话线，利用运营商提供的接入号码拨号来接入互联网，这是早期使用的接入方式，其速率一般为 56kbit/s。它的特点是使用方便，只要有电话线，就可以实现慢速连接。

（2）ISDN　ISDN 又称为“一线通”。它采用数字传输与数字交换技术将电话、传真、数据、图像等多业务在同一个统一的数字网络中进行传输和处理。利用一条 ISDN 线路，用户可以在连入互联网的同时拨打电话、收发传真。基础的 ISDN 有两条 64kbit/s 的信息通路再加上一条 16kbit/s 的信令通路，又称为 2B + D。当有电话拨入时，则自动释放一个 B 信道来进行电话接听。ISDN 曾常见于普通家庭用户使用。但因其速率低使得它免不了被淘汰的命运。

（3）XDSL 接入　在 ISP 的数字接入服务技术中，目前较有效的类型之一是数字用户线（digital subscriber line，DSL）技术。DSL 技术包括 ADSL、RADSL、VDSL、SDSL、IDSL 和 HDSL 等。其中，ADSL 较为常见，它可以直接利用现存的电话线路，通过专用的 ADSL 调制解调器即可实现数字网络数据的传输。ADSL 的特点有速率相对稳定、带宽独享、语音与数据互不干扰等，因此特别适用于家庭用户的网络应用需求，也可满足中小企业的局域网互连及互联网接入等。

（4）HFC　HFC 是一种利用有线电视网络资源的接入技术。它兼有了专线上网而实现高速接入互联网，适用于拥有有线电视网的家庭、中小企业或团体。HFC 的特点是接入比较方便，无须另外布线；而缺点是与有线电视网络的架构资源共享，网络稳定性与扩展性相对较差。

（5）光纤宽带接入　通过光纤网络连接到用户小区或街道，然后再将其连接入户。由于光纤的稳定性好，传输速率高，所以光纤宽带接入可以提供一定区域的高速互连接入。可用于个人或企事业团体实现各种高要求的互联网接入应用。

（6）无线网络　无线网络的接入方式是近年来发展起来的互联网接入方式，它是利用无线基站通过无线射频技术进行数据通信的方法。起先的 2G 网络、3G 网络速度相对较慢，因此也就不被公众所用，这些年 4G 网络逐渐普及，5G 网络也在一些地方实施，网络的速度得到大幅提升，使用的人也就多了很多。

### 7.1.2　广域网的特点

相比局域网来说，广域网的最大的特点就是连接设备相隔较远，所以广域网接入的时候，需要额外的设备来实现这种长距离的通信。

路由器作为互连网络的“骨架”，常常担负起一端连接局域网络，另一端连接广域网络的责任；广域网中的交换机也与局域网中的交换机不同，它们负责实现语音、数据及视频等的通信；调制解调器提供服务的接口，实现信号的转换；通信服务器等汇集、验证用户的连接。

由于广域网的长距离特性，局域网中的一些传输方式及标准（如以太网标准）难以胜任。以路由器为例，路由器上的广域网连接，常采用广域网接口卡（WIC）的方式；在通信上，则采用串行通信方式来替代局域网中常常使用的并行传送方式。

在串行通信方式下，信息在发送/接收时，仅通过一个通路来完成，每次仅发送一个比特位，区别于并行通信一次发送多个比特位，如图 7-1 所示。

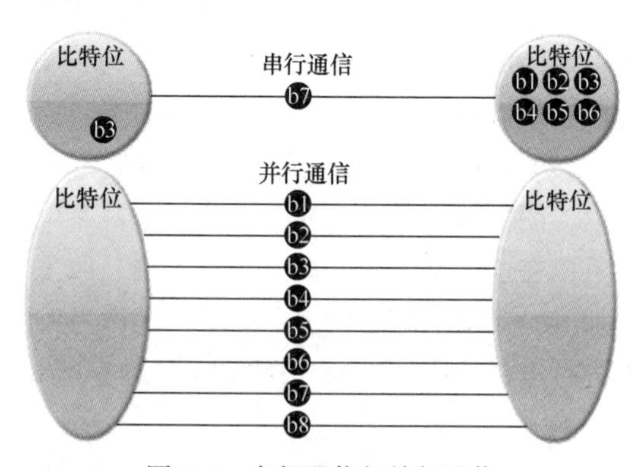


图 7-1　串行通信与并行通信

当通信距离变得更长的时候，并行通信会因为并行传送的每一个比特位的到达时间不同而产生时滞的问题，如图 7-2a 所示。而且这种“时滞”的问题并不是固定不变的，它会随外界环境等因素的改变而改变。另外，在并行通信时，每一个比特位的传送都伴随着一定的电磁波产生，这些产生的电磁波有影响其他比特位传送的可能，如图 7-2b 所示。

串行通信由于一次仅发送一个比特位，且相比并行通信还有布线简单易实施的优点。这样一来，可以避免由于长距离通信时所产生的时滞（多条线路上的信号到达时间不一致）和串扰（多条线路上的信号互相干扰）问题，从而串行通信使用的线缆一般都可以比并行通信的更长，将信号传得更远。

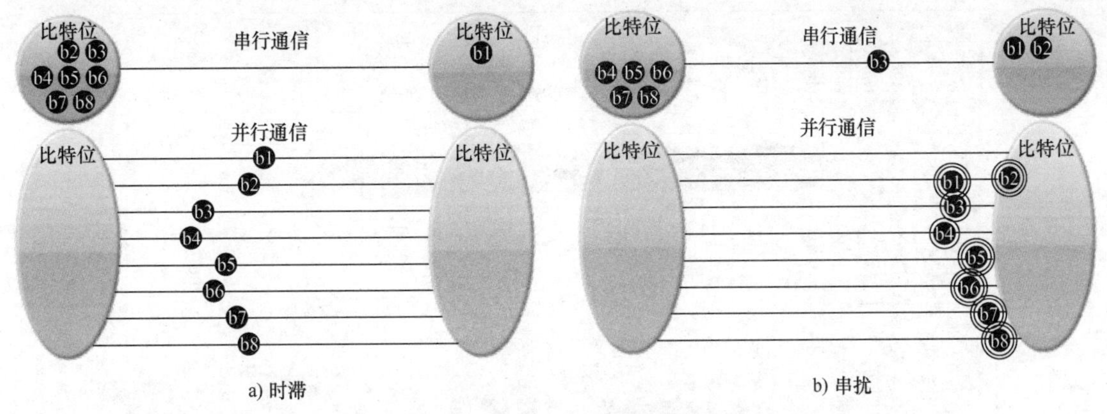


图 7-2　并行通信的时滞和串扰

早期的计算机上也有串行通信和并行通信之分，有些也被保留至今，如 RS-232 接口，也称之为 COM 通信口，其使用 9 针连接器进行连接，如图 7-3 所示。

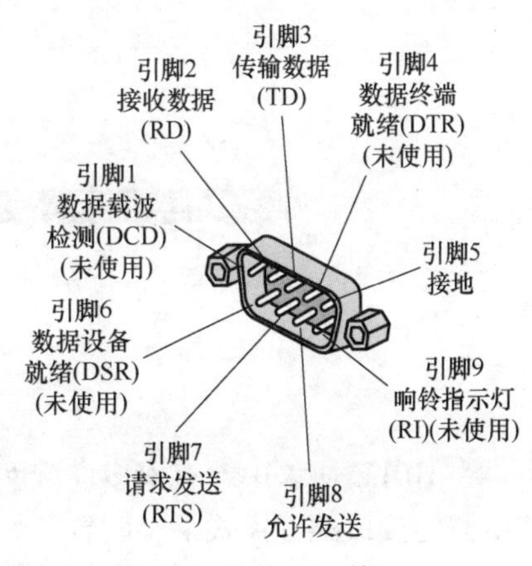


图 7-3　RS-232 接口

### 7.1.3　广域网的连接

由于广域网的连接特殊性，当需要连接广域网络时，常常是和其他的网络共用的，如用到通信的网络。所以，广域网络常常不能直接进行使用，而是需要借助一些设备进行转载，这些设备在某些场合被称为 CSU/DSU。

CSU（channel service unit，通道服务单元）是能把终端用户和广域链路相连的数字接口设备。CSU 接收和传送来往于广域链路上的信号，并提供对其两边线路干扰的过滤与屏蔽作用。

DSU（data service unit，数据服务单元）指的是用于数字传输那一方的一种设备，它能够把普通网络设备上的物理层接口适配到通信设施上。它与 CSU 一起工作，称作 CSU/DSU。

当路由器与广域网相连时，常常使用一种硬件，称为广域网接口卡（WAN interface card，WIC）。这种卡常常是带有 CSU/DSU 功能的。

在 Packet Tracer 中，可以仿真地使用这种接口卡，并通过一定的线缆（线缆可以看成是广域网的链路）来进行连接，如图 7-4 所示，即将 WIC 中的一种 WIC-2T 插入 WIC 槽中。

广域网在使用的过程中，由于其硬件的特殊性，原先在局域网中使用的以太网的第二层的协议不一定再适用。每一个广域网连接都需要为其配置适当的第二层封闭协议，常见的封装协议有 HDLC、PPP 和 SLIP。

HDLC 是由国际标准化组织开发的，一种面向比特的同步数据链路层协议，它能对链路上的流量进行一定的控制，并能进行简单的错误控制。图 7-5 所示为 HDLC 帧格式，其中的“标志”字段用来标识每一个帧的开始与结束。

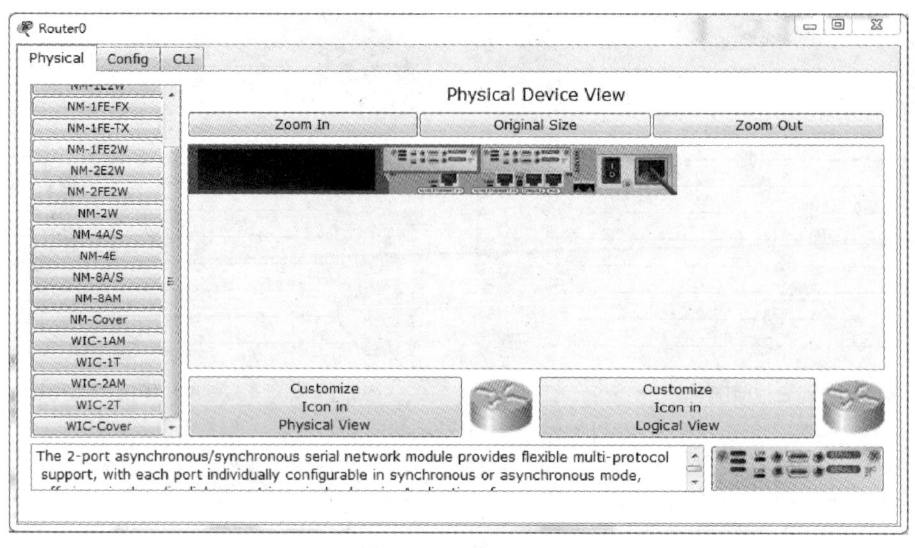


图 7-4 WIC 的使用

图 7-5 HDLC 帧格式

在 HDLC 协议中，有很多广域网设备是作为默认的二层协议的。例如路由器，相当于在路由器的接口配置模式下，配置了如下命令：

```
Router(config-if)# encapsulation hdlc
```

另外一个常用的广域网协议是 PPP。与 HDLC 不同的是，PPP 可以称为一个协议集，它是由很多的组件来构成的，有些组件是基础组件，有些则是可选组件，PPP 使用这些组件来完成不同的功能。这使得 PPP 具有以下功能：

- 支持同步或者异步的串行链路上的传输。
- 支持多种三层协议，如 IP、IPX 等。
- 支持错误检测功能。
- 支持网络层地址的地址协商功能。
- 支持用户身份认证。
- 支持数据压缩传输。

从结构上来看，PPP 可分为以下三个方面的内容：

1）串行链路上的数据封装方法，简称帧。

2）使用 LCP（link-control protocol，链路控制协议）来建立与控制数据链路。

3）采用 NCP（network-control protocol，网络控制协议）来支持网络协议。

PPP 结构如图 7-6 所示。

PPP 帧结构如图 7-7 所示。其中，帧首和帧尾有“标志”字段，表示帧的范围；“地址”字段则常常由于其为点对点传送而设置为FF；“控制”字段也没有太多意义，用“03”来填充；而“协议域”则与“信息域”进行对应，协议域的代码对应信息域的内容，如协议域为0x0021则表示信息域的内容为IP数据报文，0xc021则表示信息域的内容仅为LCP数据报文，是用来协商网络链路的。“校验域”字段是用来校验前面各个字段是否在传送过程中被破坏的。如果前面各个字段的计算所得的校验数据与传送过来的校验字段相同，则说明传送过程数据没有被破坏；反之，则说明数据被破坏，该帧应该被丢弃。

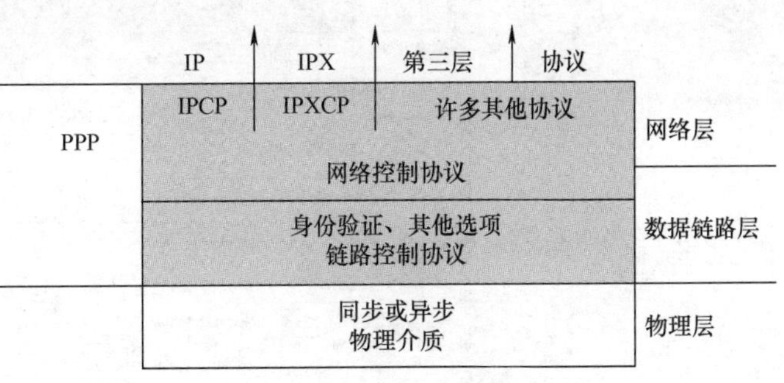


图7-6　PPP结构

| 标志 | 地址 | 控制 | 协议域 | 信息域 | 校验域 | 标志 |
|---|---|---|---|---|---|---|

图7-7　PPP帧结构

### 7.1.4　广域网的配置

对于路由器来说，使用以太网连接时，并不需要配置什么，将连线连上，接口状态开启，功能就可以使用起来了。但对于广域网连接，则不然，每一种广域网连接都会有它自己的一些特点，就算是最简单的广域网连接，由于其可能采用了串行连接的方式，连接时也需要配置额外的内容（相比局域以太网而言）。

在很多路由器的WIC上已经有类似于CSU/DSU的功能，所以路由器与路由器相连接时，可以直接相连，如图7-8所示。

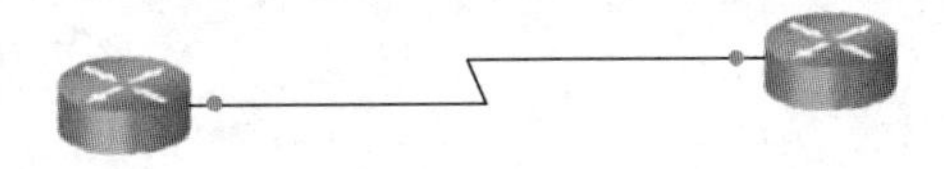

图7-8　路由器与路由器使用广域线路连接

在Packet Tracer仿真器中，当使用串行连接时，连接线有个类似于时钟样式的图标（或者把指针移动至图7-7所示的连线上的点上时，会显示某一端有一个小时钟样式的图标），这个有时钟样式图标的这一端被称为是DCE端。广域网连接方式采用点对点的连接，它需要有一方发起同步，并使用一定的同步时钟频率。在Packet Tracer的简单图形界面下，同步时钟频率的设置如图7-9所示。

可以看到，当选择使用128000作为时钟频率，并选中上方的“On”复选框时，下方的“Equivalent IOS Commands”列表框中显示了几行内容，解释如下：

1）使用“enable”命令进入特权模式。

2）使用“config Terminal”命令进入全局配置模式。

3）使用“interface Serial0/0”命令进入接口配置模式。

4）使用“clock rate 128000”命令配置接口的时钟频率。

5）使用“no shutdown”命令开启接口。

6）如果在连线对方路由器也已准备好的情况下，端口的“Line Protocol”会改变状态为“up”。

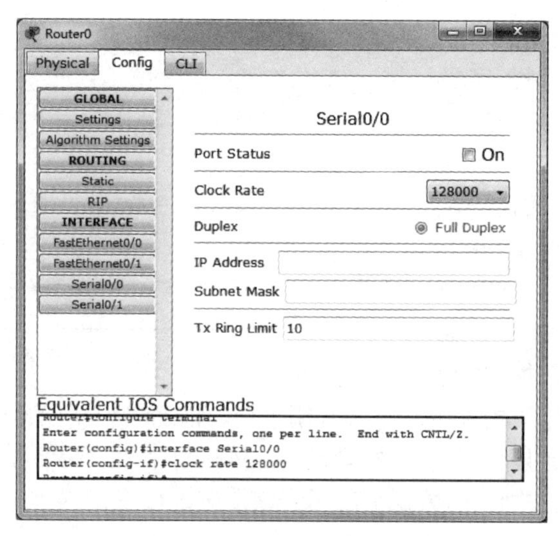


图 7-9　同步时钟频率的设置

在以上这种情况下，广域网的链路其实默认使用 HDLC 作为第二层协议，若在 IOS 命令提示符中使用类似“show interface serial 0/0”的命令时，则显示如图 7-10 所示的结果。

```
Router#show interface serial 0/0
Serial0/0 is up, line protocol is up (connected)
  Hardware is HD64570
  Internet address is 192.168.0.1/24
  MTU 1500 bytes, BW 1544 Kbit, DLY 20000 usec,
     reliability 255/255, txload 1/255, rxload 1/255
  Encapsulation HDLC, loopback not set, keepalive set (10 sec)
  Last input never, output never, output hang never
  Last clearing of "show interface" counters never
```

图 7-10　广域网接口状态

图 7-10 所示的结果列出了接口的第二层及第三层的状态、硬件内容、IP 地址、MTU 的大小、带宽、延迟、可靠性、发送/接收数据包、封装方式、持续时间等内容。

以上是在默认情况下使用的 HDLC 协议，若使用 PPP，则配置内容更丰富，具体如下。

1）启用 PPP，需要在接口配置模式下使用命令“encapsulation ppp”。

2）启用压缩方式，需要在接口配置模式下使用命令“compress predictor”。

3）启用多链路上的负载，需要在接口配置模式下使用命令“ppp multilink”。

4）启用链路质量监视，需要在接口配置模式下使用命令“ppp quality 80”。

5）启用 PPP 的认证功能，需要在 PPP 的两端进行相应配置。如图 7-11 所示为图 7-8 连接方式下的 PPP 身份认证配置单。

<table>
<tr>
<td>hostname r1<br>username r2 password abc<br>interface s0/0<br>ip address 10.1.1.1 255.255.255.0<br>encapsulation ppp<br>ppp authentication pap<br>ppp pap sent-username r1 password abc</td>
<td>hostname r2<br>username r1 password abc<br>interface s0/0<br>ip address 10.1.1.2 255.255.255.0<br>encapsulation ppp<br>ppp authentication pap<br>ppp pap sent-username r2 password abc</td>
</tr>
</table>

图 7-11　PPP 身份认证配置单

## 7.2 NAT 技术

真实互联网 IP 的接入并不能完全覆盖整个企业网络，在中小企业内部，如果需要访问互联网，则需使用一种过滤技术，即 NAT 技术。

### 7.2.1 NAT 的原理

NAT（network address translation，网络地址转换）是由于互联网真实 IP 地址不足，互联网组织而采用的一种临时解决地址紧张问题的方案。NAT 最主要的两大功能为：

1）节约了地址空间并实现了互联带宽共享。此功能是 NAT 的主要功能，也是最初设计思路的源头。

2）实现部分安全性问题。由于需要经过转换才能进入互联网，NAT 从某种意义上说对局域网内的计算机进行了保护。

NAT 按种类可以分成：静态 NAT（static NAT）、动态 NAT（dynamic NAT）和端口 NAT（overload NAT）三种。

在理解这三种 NAT 之前，需要先了解 NAT 技术的基本思路。可以想象一下，在互联网组织构成之初，互联网络上的计算机都是可以直接路由到的，并且每一个节点的计算机在互联网上都是唯一的（IP 地址唯一）。这些唯一的 IP 地址，由互联网组织进行统计、分配、回收、记录等。

当互联网组织发现这些 IP 地址使用相对紧张（或者说有不够用的可能），就建议局域网内不再使用互联网真实 IP 地址，而是指定某些范围的地址不再是互联网上的真实 IP 地址。这些地址被称为私有 IP 地址（关于私有 IP 地址的规定可见文件 RFC 1918），包括：

- A 类 IP 地址：10.0.0.0/8。
- B 类 IP 地址：172.16.0.0/12。
- C 类 IP 地址：192.168.0.0/16。

相对而言，RFC 1918 规定的私有 IP 地址中，C 类的地址空间较小，可用于较小一些的局域网 IP 规划使用；B 类的稍大，可用于中型局域网络；而 A 类的则可用于大型的局域网络。

想象一下，如果在局域网中使用非私有 IP 地址作为机器的 IP 地址，则就有可能在访问互联网时，发生目标网络的 IP 地址与已经设定的 IP 地址相近或相同的情况。这样，局域网内的计算机会认为需要访问的并不在远程网络上，而是在自己连接的网络中，从而导致访问失败。而如果使用 RFC 1918 规定的私有 IP 地址，则可以保证局域网中已设定的 IP 地址绝对在互联网上没有相同的情况，那么访问就可以正常进行了。

可是，局域网内的计算机设定的诸如 192.168.0.1 这样的 IP 地址是没有办法在互联网上被传递的，那么局域网内的计算机又如何访问互联网上的计算机呢？这就需要借助中间设备，即 NAT 设备。充当 NAT 设备的，有的时候是路由器，有的时候是防火墙，还有的时候是服务器。

图 7-12 所示为 NAT 转换的常见场景，路由器在此作为一个 NAT 转换设备，它的两端分别是局域网和互联网，局域网上的某台计算机需要通过 NAT 设备访问互联网上的某台服务器。

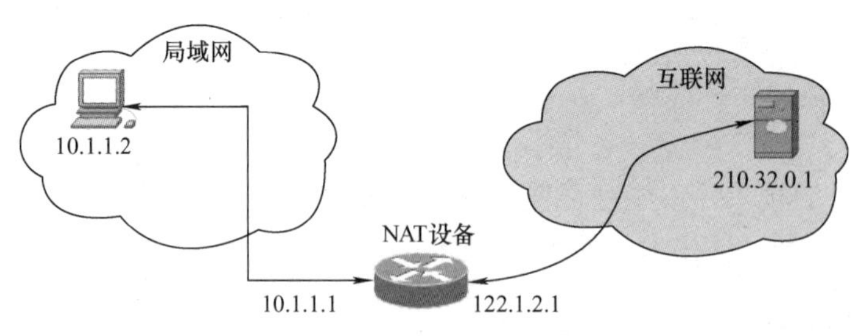


图 7-12　NAT 转换示例

NAT 转换处理过程与几个地址有关，它们分别是：

• 内部本地地址（inside local address）：是在局域网中，管理员分配的某接口的 RFC 1918 中定义的 IP 地址。在图 7-12 中 10.1.1.1 即为一内部本地地址。

• 内部全局地址（inside global address）：它出现在 NAT 设备的另一端，常常为一互联网的真实 IP 地址，往往是可以在互联网中被统一寻址到的，这里的“全局”也可以理解为“全球”。在图 7-12 中 122.1.2.1 即为内部全局地址。

• 外部本地地址（outside local address）：它是指在访问外网时，在 NAT 操作前所拥有的 IP 地址。在图 7-12 中没有表现出来。

• 外部全局地址（outside global address）：它是外部互联网的真实地址，是被访问的目标。在图 7-12 中 210.32.0.1 即为外部全局地址。

可以这么说，内部本地地址和外部全局地址是通信中的真正源/目的地址，而内部全局地址和外部本地地址是在 NAT 操作中的一个中间过程。

对于 NAT 的这种情形，可以用以下的例子来类比：

inside 代表自己，outside 代表别人，local 代表自己家，global 代表外面。

insidelocal address 就好比自己在家里活动的时候需要穿的拖鞋，可以看出，这种拖鞋不会穿在别人脚上，且不会在家以外的地方穿它。

insideglobal address 就好比自己出门要穿的鞋，这个鞋一定是给自己穿的，但是一定不会在家里穿，而是在外面穿的。

outside local address 就好比朋友来家里做客的时候自己为其准备的拖鞋，因此不会出现在外面，而且也不会是自己穿。

outside global address 就好比别人的鞋，无论是什么鞋，反正不会出现在自己家里，也不会是自己穿。

经过 NAT 设备的数据一般是两个方向，要么是从外入内，要不是从内出外。上面的类比也正好是两个人，一为自己，二则为别人。

理解了上述的四种 NAT 地址后，接下来了解一下 NAT 的工作过程。首先介绍静态 NAT。将图 7-12 所示的网络拓扑稍做改动，如图 7-13 所示，假定局域网里有三台计算机。

1）当 IP 地址为 10.1.1.2 的计算机需要访问互联网上的服务器（IP 地址为 210.32.0.1）时，由于目标地址与自己不是同一网络，所以它将数据包发送至网关（也就是 NAT 设备）那里去了（有些情况是需要局域网内的路由器转发后辗转到达 NAT 设备的）。此时，数据包的源 IP 地址为 10.1.1.2，目的 IP 地址为 210.32.0.1，状态如图 7-13 所示。）

2）当数据包发送至 NAT 设备后，NAT 设备需要对其进行转换处理，这时它需要查询一

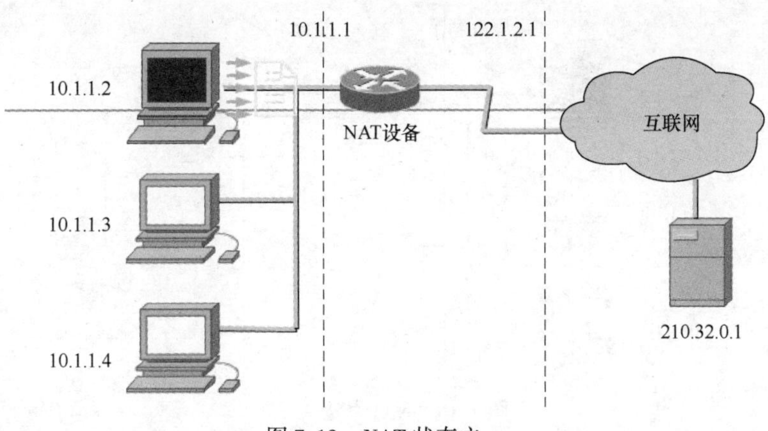


图 7-13 NAT 状态之一

个在其内存中的表，即 NAT 缓存表。静态 NAT 缓存表的格式见表 7-1，在这个缓存表中已经存在了一部分内容。

**表 7-1 静态 NAT 缓存表**

| 内部本地地址 | 内部全局地址 | 外部本地地址 | 外部全局地址 |
|---|---|---|---|
| 10. 1. 1. 2 | 122. 1. 2. 2 | / | / |

3）静态 NAT 缓存表将内部本地地址和内部全局地址进行了关联，意思是当 NAT 从内部接收了源 IP 地址为 10. 1. 1. 2 的数据包以后，需要将其源 IP 地址更改为 122. 1. 2. 2 后再从另外一个接口发送出去。此处涉及了接收需要 NAT 处理数据包的接口和发送处理以后数据包的接口，它们被分别定义为 NAT 的内部（inside）接口和外部（outside）接口。此时，原来的数据包已被改成源 IP 地址为 122. 1. 2. 2，目的 IP 地址为 210. 32. 0. 1，状态如图 7-14 所示。

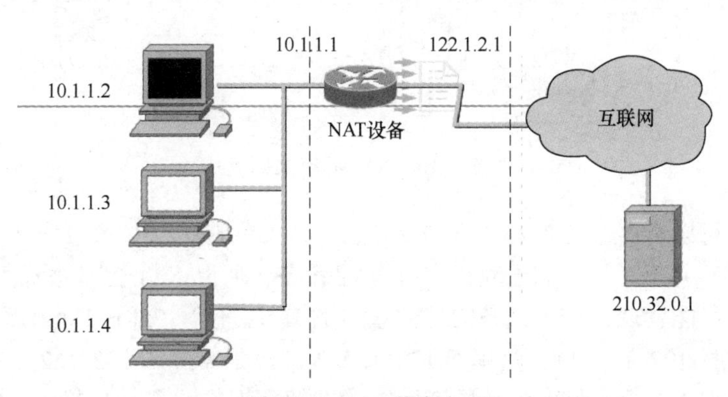


图 7-14 NAT 状态之二

4）当数据包从 NAT 的外部接口发送出去以后，由于它的源 IP 地址与目的 IP 地址都已经是公网的地址，所以可以在互联网上正常寻址，并最终到达它的目的地 210. 32. 0. 1 的服务器。正常情况下，210. 32. 0. 1 的服务器会回应一个数据包，其源 IP 地址为 210. 32. 0. 1，目的 IP 地址为 122. 1. 2. 2，经过互联网上的辗转，它也能够发送至 NAT 的外部接口。此时，状态如图 7-15 所示。

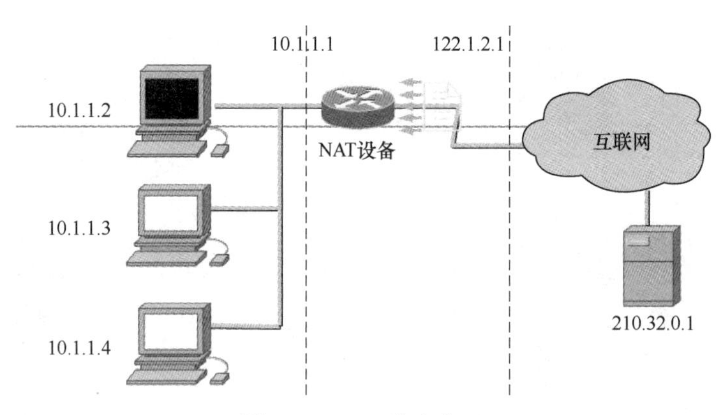


图 7-15　NAT 状态之三

5）当 NAT 设备从外部接口收到一个数据包时，确定其是要经过转换的后，它再次需要读取 NAT 缓存表的内容。此时的缓存表是静态的，内容还是和原来的一样，因为这是由管理员手动配置的。根据缓存表，NAT 设备将从外部接口接收进来的数据包的目的 IP 地址进行更改。此时，数据包源 IP 地址为 210. 32. 0. 1（未改），目的 IP 地址改为 10. 1. 1. 2。

6）经更改目的 IP 数据包，接下来就从 NAT 设备的内部接口发送出去，由于其目的 IP 为 10. 1. 1. 2，自然就会被 10. 1. 1. 2 所接收，如图 7-16 所示。整个过程至此结束。

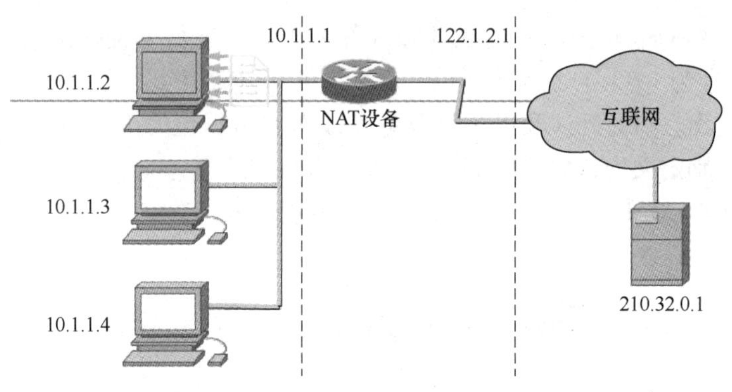


图 7-16　NAT 状态之四

从上述过程可以看出，其实发送方与接收方（即 IP 地址为 10. 1. 1. 2 和 210. 32. 0. 1 的计算机与服务器）并不了解它们之间存在有 NAT 设备，所以 NAT 也常被称为透明代理。

细心的读者可能发现，NAT 设备的外部接口的 IP 地址为 122. 1. 2. 1，而转换时的 IP 地址却是另一个（即 122. 1. 2. 2），这里的 122. 1. 2. 2 一般是需要和 122. 1. 2. 1 在同一个网段，这样才有可能被 122. 1. 2. 1 所接收（尽管目的 IP 地址不是它自己，122. 1. 2. 1 也还是接收了它）。

另一个问题是，NAT 最初的想法是为了节省互联网的真实 IP 地址，而上述的做法并没有实现此功能。的确如此，但静态 NAT 是最简单的 NAT，它做到了内、外网隔离以后的互相访问，而且由它引出的动态 NAT、端口 NAT 实现了节省 IP 地址等功能。

动态 NAT 与静态 NAT 的区别在于 NAT 缓存表的内容上。静态 NAT 缓存表里的 IP 地址是由管理员固定设置的；而动态 NAT 缓存表里的 IP 地址不是固定的，只是给定了一个范围。动态 NAT 与静态 NAT 的区别在上述 6 个步骤中的第 2）步，动态 NAT 缓存表的初始状态是空的，见表 7-2。

**表 7-2　动态 NAT 缓存表的初始态**

| 内部本地地址 | 内部全局地址 | 外部本地地址 | 外部全局地址 |
|---|---|---|---|
| / | / | / | / |
| / | / | / | / |

动态 NAT 将可供转换的互联网 IP 地址放入一个名为地址池（pool）的内存空间中，池内的地址可被临时选择转换。

当 NAT 设备接收到一个数据包时，先判断是否需要将其进行转换，判断的依据是数据包的源地址有没有在规定允许的列表中（这里引入源地址访问控制列表的方式，根据地址有没有属于某一地址范围来决定是否转换）。如果确定需要转换，则还需要判断地址池中有没有可供转换的地址。如果有，则选取其中一个填入表 7-3 所示的内部全局地址中，地址池里则会减少一个可用地址；如果没有，则需要等待。

**表 7-3　动态 NAT 缓存表工作态**

| 内部本地地址 | 内部全局地址 | 外部本地地址 | 外部全局地址 |
|---|---|---|---|
| 10.1.1.2 | 122.1.2.2 | / | / |
| | | | |

接下来的过程和静态 NAT 的过程相似，当互联网上的服务器（或设备）响应后回复数据包再次到达 NAT 设备的时候，NAT 设备根据当前 NAT 缓存表的内容，像静态 NAT 那样将目的 IP 地址改为 10.1.1.2 后由内部接口发送出去。同时，也将当前的缓存表中的相关项清除，且将可用的全局地址“还”给地址池。

动态 NAT 的方法在某种程度上看来是可以“省”一些真实 IP 地址的，但效用并不是特别大，而且当动态 NAT 的地址池不是很大的时候，NAT 的过程就会因为地址池地址的匮乏而变得很慢，所以动态 NAT 的应用场景并不是很广泛。

第三种 NAT 的方法被称为端口 NAT（也称 PAT），又称为过载 NAT，这种方法，将端口引入到 NAT 中来，从而可以更加有效地利用互联网连接。关于端口 NAT，需要从以下两种情况来分析其转换过程。

由于在常用的网络流量中，有很多是涉及 TCP 及 UDP 端口的，所以，将端口引入至 NAT 中，可以非常好地解决 IP 地址不足的问题。将图 7-13 稍做更改以后得到如图 7-17 所示的网络拓扑。当某一时刻局域网内的两台计算机 10.1.1.2 和 10.1.1.3 同时发送数据包想要访问互联网上的两个服务器时，它们就会打开自己本地的一个端口，这个端口就是数据包的源端口，同时也是用来接收互联网发回来的数据包的端口。

当这两个数据包从 NAT 设备的内部接口进入 NAT 设备时，NAT 设备也像动态 NAT 那样，检查其源地址有没有在规定允许的列表中。如果在，则其需要被转换，这时，端口 NAT 不需要像动态 NAT 那样去检测地址池中是否有可用地址，而是在 NAT 缓存表中做了调整，结合了端口信息。动态生成的 NAT 缓存表添加内容后见表 7-4。

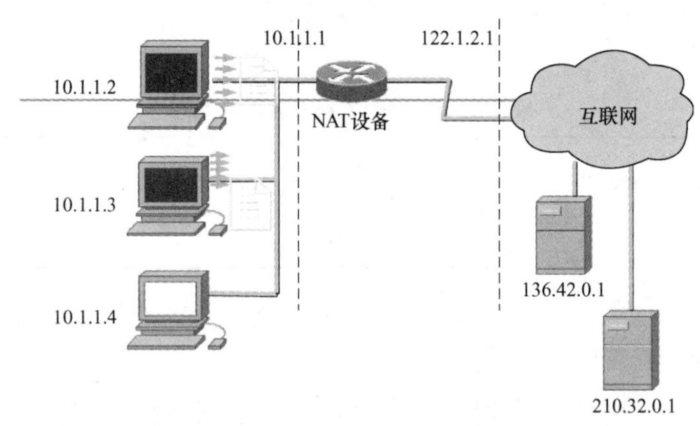


源IP地址：10.1.1.2　源端口：1555　目的IP地址：210.32.0.1　目的端口：80
源IP地址：10.1.1.3　源端口：1333　目的IP地址：136.42.0.1　目的端口：80

图 7-17　端口 NAT 初始状态（端口不冲突）

**表 7-4　端口 NAT 缓存表工作态**（端口不冲突）

| 内部本地地址：端口 | 内部全局地址：端口 | 外部本地地址：端口 | 外部全局地址：端口 |
|---|---|---|---|
| 10. 1. 1. 2：1555 | 122. 1. 2. 2：1555 | / | 210. 32. 0. 1：80 |
| 10. 1. 1. 3：1333 | 122. 1. 2. 2：1333 | / | 136. 42. 0. 1：80 |
| | | | |
| | | | |

生成以上的缓存以后，NAT 设备即从外部接口将新的数据包发送出去，此时的源 IP 地址与源端口已从原来的内部本地地址（带端口）更改成了内部全局地址（带端口）。这样，互联网上的服务器 210. 32. 0. 1 和 136. 42. 0. 1 分别回应了数据包返还至 NAT 设备的外部端口，状态如图 7-18 所示。

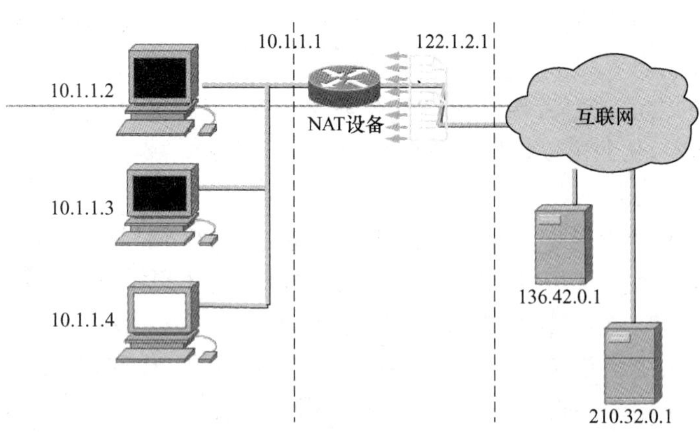


源IP地址：210.32.0.1　源端口：80　目的IP地址：122.1.2.2　目的端口：1555
源IP地址：136.42.0.1　源端口：80　目的IP地址：122.1.2.2　目的端口：1333

图 7-18　端口 NAT 返回状态（端口不冲突）

此时，数据包的目的 IP 地址与目的端口正好与 NAT 缓存表中的某一行的内部全局地址和端口对应，NAT 设备据此把数据包中的内部全局地址和端口改成内部本地地址和端口，同时删除这一条缓存内容。

接着，NAT 设备将已更改的数据包从内部接口发送到局域网上，然后局域网内的 10. 1. 1. 2 和 10. 1. 1. 3 分别收到数据包，且此时的目的端口正好就是它们正开放着的等待数据到来的端口，它们就收下数据交给上层的软件。至此，内网的计算机和外网的服务器的通信就此完成。而对双方来说，端口 NAT 也像静态 NAT 一样，“察觉”不到在中间传送过程中存在有 NAT 设备。

由于端口的个数往往大于可用 IP 地址的个数，所以理论上端口 NAT 可以允许 NAT 设备同时为内网中数量较大的计算机进行网络转换服务。

另外一种情况是，当内网访问外网时，数据包的源端口正好有相同的情况，如图 7-19 所示。

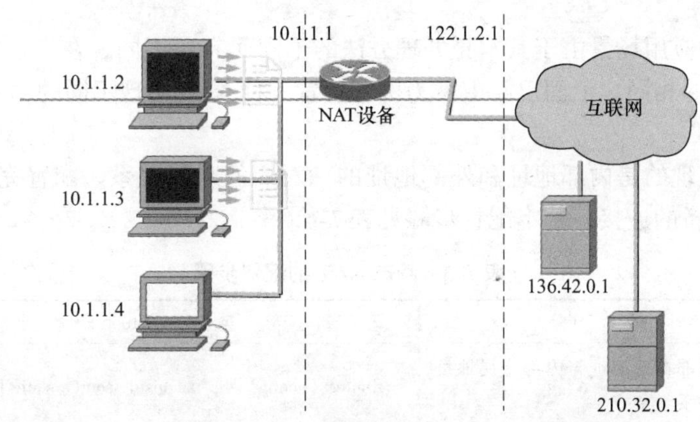


源IP地址：10.1.1.2　源端口：1555　目的IP地址：210.32.0.1　目的端口：80
源IP地址：10.1.1.3　源端口：1555　目的IP地址：136.42.0.1　目的端口：80

图 7-19　端口 NAT 初始状态（端口有冲突）

在上述情况下，通过 NAT 设备进行转换时，不能只是简单地把内部本地地址改成内部全局地址，而是需要判断端口是否已经被使用，如果已经被使用了，就要更改一个端口的值（如进行端口号加 1 处理），此时的 NAT 缓存表见表 7-5。

**表 7-5　端口 NAT 缓存表工作态**（端口有冲突）

| 内部本地地址：端口 | 内部全局地址：端口 | 外部本地地址：端口 | 外部全局地址：端口 |
|---|---|---|---|
| 10. 1. 1. 2：1555 | 122. 1. 2. 2：1555 | / | 210. 32. 0. 1：80 |
| 10. 1. 1. 3：1555 | 122. 1. 2. 2：1556 | / | 136. 42. 0. 1：80 |
| | | | |
| | | | |

这样一来，当数据包从互联网上返回至 NAT 设备时，目的 IP 地址和目的端口就一定可以和 NAT 缓存表中的某一项进行匹配，而 NAT 设备则根据其匹配的项进行一定的转换。在此例中，目的 IP 地址和目的端口为 122. 1. 2. 2：1555 的转换为 10. 1. 1. 2：1555，目的 IP 地址和目的端口为 122. 1. 2. 2：1556 的则转换为 10. 1. 1. 3：1555（转换完成的同时将 NAT 缓

存表中的相关项进行删除)。然后，数据包从内部接口发送到局域网上，这样 10.1.1.2 和 10.1.1.3 就分别可以收到回应的数据包了。

结合以上的例子可以看出，NAT 可以在互联网 IP 地址较少的情况下，实现连接到互联网；NAT 的使用使得内部网络的 IP 编址方案更加灵活；另外，由于 NAT 缓存的特性，使得 NAT 可为内网在很大程度上实现安全性，互联网的主机要想主动发起连接，经过 NAT 并不容易。

但是，NAT 也并非完美，由于 NAT 设备在处理数据包的过程中可能会有延时，使得网络的性能会有所下降，端到端的功能被减弱；由于 IP 地址和端口在中途被转换，所以丧失了一定的端到端的 IP 层面的可追溯性；另外，在 NAT 的使用过程中，某些 TCP 的连接会由于各种原因而失败。

### 7.2.2 NAT 的配置

三种 NAT 的应用场景由于其本身处理方法的不同而有所不同。在企业中，不同 NAT 设备的配置方法不尽相同。下面以路由器为例，配置三种 NAT 实现不同的功能。

**1. 静态 NAT**

静态 NAT 实现的是内部地址和外部地址的一对一的映射关系。配置完成以后则允许外部设备与内部设备的连接。基本配置步骤见表 7-6。

**表 7-6 静态 NAT 的配置步骤**

| 步 骤 | 操 作 | 路由器命令 |
| --- | --- | --- |
| 1 | 建立内部本地地址与内部全局地址的对应关系 | Router (config) #ip nat inside source static local_ip global_ip |
| 2 | 指定内部接口 | Router (config) # interface type number<br>Router (config-if) #ip nat inside |
| 3 | 指定外部接口 | Router (config) # interface type number<br>Router (config-if) #ip nat outside |

在图 7-20 所示的场景中，路由器充当了 NAT 设备的角色，它的 NAT 内部接口为 FastEthernet0/1，NAT 外部接口为 Serial0/0。

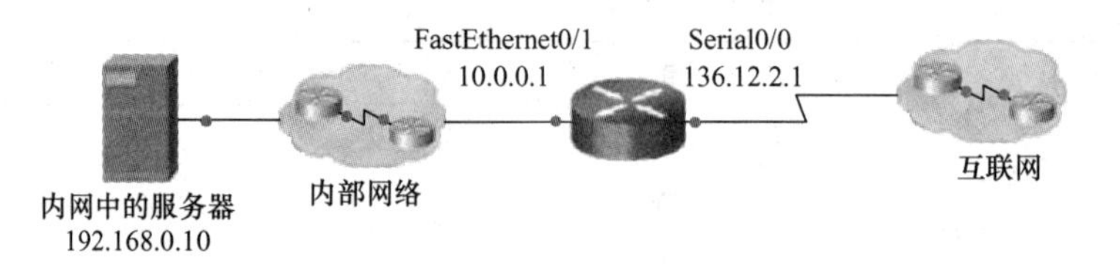


图 7-20 静态 NAT 应用示例

若需要将内网中的服务器静态关联地址 136.12.2.2，实现内网服务器的发布，则配置清单如下：

```
ip nat inside source static 192.168.0.10 136.12.2.2
interface fastethernet0/1
```

```
ip nat inside
interface serial0/0
ip nat outside
```

**2. 动态 NAT**

动态 NAT 实现的是内部地址和外部地址的多对多的映射关系。这种情况下的单一对应并不固定。配置完成后也可以允许内网设备访问外部网络，但不能由外网设备发起访问。基本配置步骤见表 7-7。

**表 7-7 动态 NAT 的配置步骤**

| 步 骤 | 操 作 | 路由器命令 |
|---|---|---|
| 1 | 定义可分配的 IP 地址池 | Router（config）#ip nat pool name start-ip end-ip［netmask netmask］ |
| 2 | 定义允许转换的地址的访问列表 | Router（config）#access-list access-list-number permit source［source-wildcard］ |
| 3 | 为 NAT 转换建立地址池与访问列表的对应关系 | Router（config）#ip nat inside source-list access-list-number pool name |
| 4 | 指定内部接口 | Router（config）#interface type number<br>Router（config-if）#ip nat inside |
| 5 | 指定外部接口 | Router（config）#interface type number<br>Router（config-if）#ip nat outside |

将图 7-20 稍做修改，如图 7-21 所示。

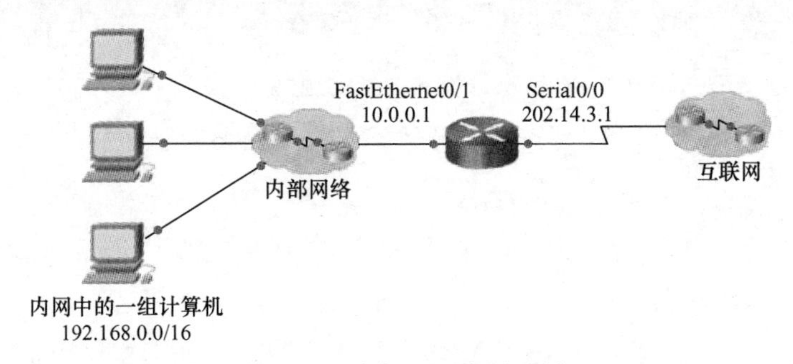


图 7-21 动态 NAT 应用示例

若图中内网允许 192.168.0.0/16 通过使用地址 202.14.3.5 ~ 202.14.3.15 来访问互联网，则配置清单如下：

```
ip nat pool hzspool 202.14.3.5 202.14.3.15 netmask 255.255.255.240
access-list 1 permit 192.168.0.0 0.0.255.255
ip nat inside source list 1 pool hzspool
interface fastethernet0/1
ip nat inside
interface serial0/0
ip nat outside
```

### 3. 端口 NAT

端口 NAT 实现的是外部某地址的复用。它是通过端口的复用来实现的。配置过程与动态 NAT 相似，只是可以没有地址池的配置，而使用一个需要复用的端口。端口 NAT 配置完成后，允许内网多个设备同时访问外部网络，但不能由外网设备发起访问。基本配置步骤见表 7-8。

**表 7-8　端口 NAT 的配置步骤**

| 步骤 | 操　作 | 路由器命令 |
| --- | --- | --- |
| 1 | 定义可分配的 IP 地址池（可选） | Router（config）#ip nat pool name start-ip end-ip [netmask netmask] |
| 2 | 定义允许转换的地址的访问列表 | Router（config）# access-list access-list-number permit source [source-wildcard] |
| 3 | 为 NAT 建立访问列表与复用端口的对应关系或与地址池的对应关系 | Router（config）#ip nat inside source-list access-list-number interface interface overload<br>或<br>Router（config）#ip nat inside source-list access-list-number pool pool-name overload |
| 4 | 指定内部接口 | Router（config）# interface type number<br>Router（config-if）#ip nat inside |
| 5 | 指定外部接口 | Router（config）# interface type number<br>Router（config-if）#ip nat outside |

若图 7-21 中内网中允许 192.168.0.0/16 通过使用接口地址 202.14.3.1 来访问互联网，则配置清单如下：

```
access-list 1 permit 192.168.0.0 0.0.255.255
ip nat inside source list 1 interface serial 0/0 overload
interface fastethernet0/1
ip nat inside
interface serial0/0
ip nat outside
```

## 7.2.3　NAT 的检验与调试

当把路由器当成 NAT 设备使用的时候，可以使用路由器在特权模式下的一些命令来查看当前的转换内容，如图 7-16 与图 7-17 中的静态 NAT 和端口 NAT 同时作用（IP 地址稍做改变）时，可使用“show ip nat translations”命令来查看转换内容。显示结果如图 7-22 所示。

其中，第一行列项名称中，Pro 表示协议，接下去是 Inside global、Inside local、Outside local 和 Outside global；第二行显示的是静态 NAT，所以 Pro 及 Outside local 和 Outside global 均显示为“---”；第三行开始，可解释为内部的计算机（IP 地址为 192.168.10.2）去访问互联网中 202.14.3.2 的 80 号端口，同时自身开启了端口 1026、1027、1028 和 1029，这些 IP 地址及端口信息都被记录下来。

可使用“clear ip nat translations *”命令来清除这些转换记录。

```
Router#show ip nat translations
Pro  Inside global       Inside local        Outside local      Outside global
---  202.14.3.100        192.168.10.254      ---                ---
tcp 136.2.2.1:1026       192.168.10.2:1026   202.14.3.2:80      202.14.3.2:80
tcp 136.2.2.1:1027       192.168.10.2:1027   202.14.3.2:80      202.14.3.2:80
tcp 136.2.2.1:1028       192.168.10.2:1028   202.14.3.2:80      202.14.3.2:80
tcp 136.2.2.1:1029       192.168.10.2:1029   202.14.3.2:80      202.14.3.2:80
```

图7-22 查看转换内容

另外，路由器还支持动态调试功能。使用“debug ip nat”命令后，当有数据流量经过路由器时，若路由器对其进行NAT操作，则会以调试内容展示，如图7-23所示。

```
Router#debug ip nat
IP NAT debugging is on
Router#
NAT: s=192.168.10.2->136.2.2.1, d=202.14.3.2 [47]

NAT*: s=202.14.3.2, d=136.2.2.1->192.168.10.2 [40]

NAT*: s=192.168.10.2->136.2.2.1, d=202.14.3.2 [48]

NAT*: s=192.168.10.2->136.2.2.1, d=202.14.3.2 [49]

NAT*: s=202.14.3.2, d=136.2.2.1->192.168.10.2 [41]

NAT*: s=192.168.10.2->136.2.2.1, d=202.14.3.2 [50]

NAT*: s=202.14.3.2, d=136.2.2.1->192.168.10.2 [42]

NAT*: s=192.168.10.2->136.2.2.1, d=202.14.3.2 [51]
```

图7-23 NAT调试

## 7.3 本章总结

本章从广域网的应用出发，了解广域网的接入方法，并提出如何根据连接的自身特点来为企业选择适用的接入方式。接着，结合广域网的特点，介绍了广域网配置的细节及连接方法。

本章还适度展开了广域网使用的协议的使用方法，诸如HDLC协议和PPP，并讲解了如何使用PPP在路由器上实现身份验证。

本章后半部分内容是由广域网接入以后的使用而展开的，先理解NAT的几个术语，然后从静态NAT、动态NAT及端口NAT的原理理解NAT在企业网络规划中的作用，最后在路由器上配置实现此三种NAT。

## 7.4 本章实践

### 实践一：广域链路的基本连接

使用Packet Tracer创建如图7-24所示的网络拓扑，进行下面的实践操作。

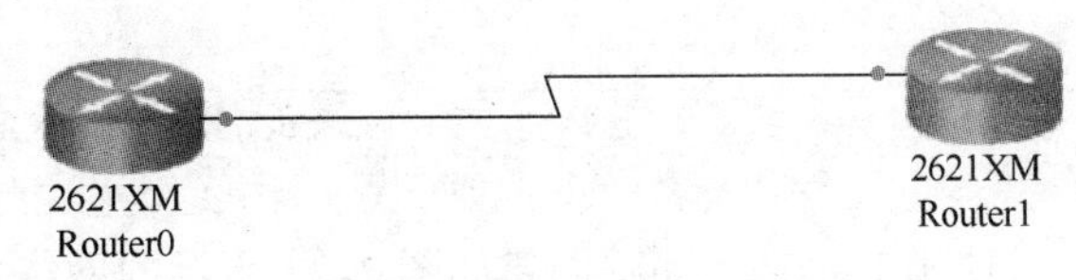


图7-24 实践一的网络拓扑

1. 关闭路由器后为路由器Router0和Router1各添一WIT-2的模块，然后开启。

2. 使用串行连接线连接两个路由器的Serial0/0口。(注意连接线的使用。)

3. 设置路由器的Serial0/0的IP地址为192.168.0.1和192.168.0.2，子网掩码默认使

用255.255.255.0，并设置这两个接口的状态为on。

4. 使用ping工具或Packet Tracer自带工具查看两路由器间的连通性。(可否连通？请记录____________________)

5. 执行“show interface serial0/0”命令，得到的结果中第一行表示______________________________。

6. 在Router1中设置时钟率为128000。

7. 再次使用ping工具或Packet Tracer自带工具查看两路由器间的连通性。(可否连通？请记录____________________)

8. 再次执行“show interface serial0/0”命令，得到的结果中第一行表示______________________________。

## 实践二：基础PPP配置

使用Packet Tracer创建如图7-25所示的网络拓扑，进行下面的实践操作。

2621XM
Router0
2621XM
Router1

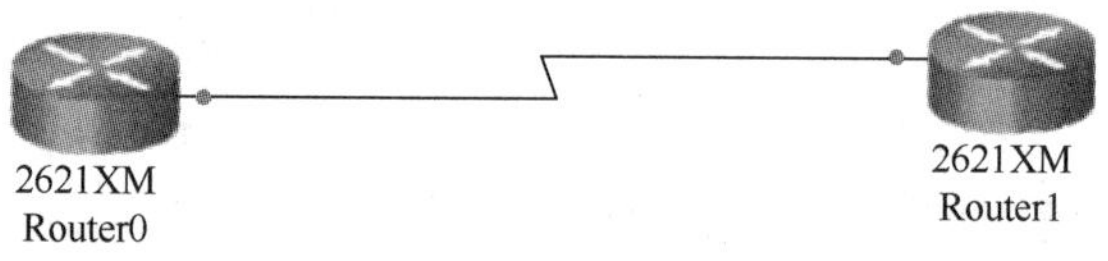

图7-25　实践二的网络拓扑

1. 在实践一的基础上，在Router0上的Serial0/0上启用PPP。启用方法是____________________，启用以后，发现线路的连通性____________________。

2. 在Router1上也启用PPP。启用以后发现线路的连通性____________________。

3. 在Router0上启用调试方法，输入命令“debug ppp neogotiation”。

4. 在Router1上关闭接口Serial0，然后再开启。查看Router0控制台的反应并记录。

5. 关闭Router0的调试。

## 实践三：PPP认证

使用Packet Tracer创建如图7-26所示的网络拓扑，进行下面的实践操作。

1. 在实践一的基础上，在Router0的Serial0/0上启用PPP。在Router1上也启用PPP。

2. 在两端路由器上启用ppp认证服务。

3. 设置PPP服务端的用户名及密码。

4. 设置PPP发送端的用户名及密码。

5. 测试连通性。

2621XM
Router0
2621XM
Router1

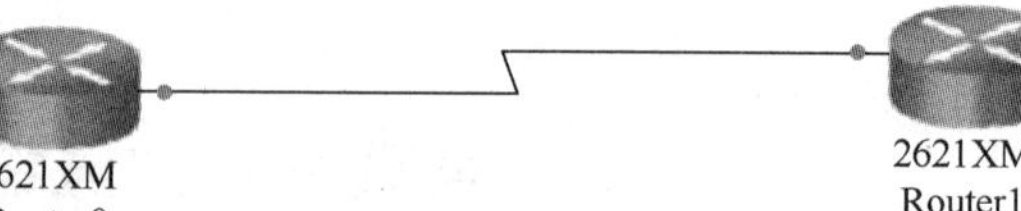

图7-26　实践三的网络拓扑

## 实践四：静态NAT

使用Packet Tracer创建如图7-27所示的网络拓扑，进行下面的实践操作。

1. 设置PC及路由器接口的IP地址。PC的网关为就近的路由器的接口地址。

2. 设置虚线左方的两个路由器insiderouter和NATrouter的默认路由分别为192.168.1.2和210.32.200.2。

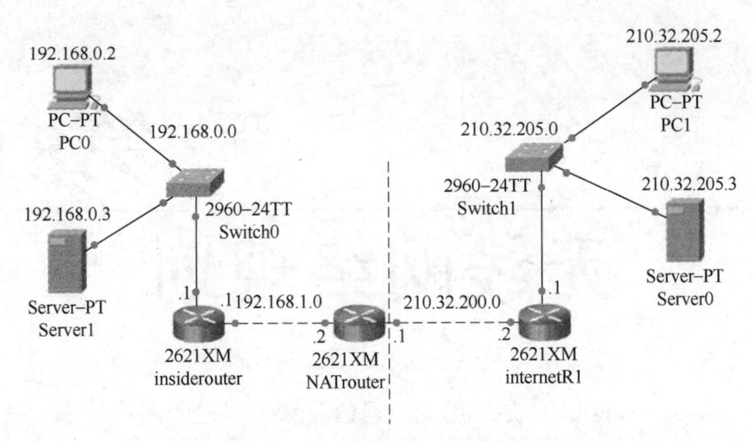


图 7-27　实践四的网络拓扑

3. 为 NATrouter 添加一静态路由 192. 168. 0. 0/24，出口为 192. 168. 1. 1。

4. 为 NATrouter 添加静态 NAT，使得 PC1 访问 210. 32. 200. 3 时，即访问到服务器 Server1。

5. 将 PC1 的 DNS 服务，指向 Server0，在 Server0 上添加 DNS 记录，开启 Server0 的 Web 服务，使得 PC1 浏览器访问 www. software. zjtu. edu. cn 时即访问 Server1 的 Web 页。

## 实践五：端口 NAT

使用 Packet Tracer 创建如图 7-28 所示的网络拓扑，进行下面的实践操作。

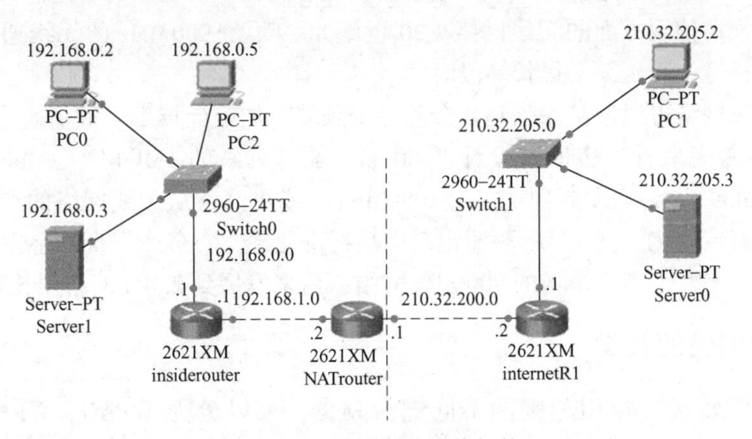


图 7-28　实践五的网络拓扑

1. 设置 PC 及路由器接口的 IP 地址。PC 的网关为就近的路由器的接口地址。

2. 设置虚线左方的两个路由器 insiderouter 和 NATrouter 的默认路由分别为 192. 168. 1. 2 和 210. 32. 200. 2。

3. 在 NATrouter 上添加端口 NAT，使得 192. 168. 0. 0/24 可访问 210. 32. 205. 0 网段的计算机。

4. 在 Server0 上开启 Web 服务，使用 PC0 来访问，访问结果如何？

5. 从 PC0 执行 ping 到 PC1，结果如何？从 PC1 到 PC0 呢？结果一样吗？请解释原因。

# 第8章 无线网络规划

无线网络（wireless network）是采用无线通信技术来实现的网络技术。从广义上讲，可包含公众通信网实现的无线网（如GPRS、4G、5G等）。本章关注的内容主要集中在与计算机相关的无线局域网（WLAN）上。它作为一种有线网络的无线拓展，越来越受到人们的重视。在企业内部或企业之间，无线网络规划与设计也随之成了网络规划与设计的重要组成部分。

## 8.1 无线技术概述

### 8.1.1 无线网络的发展史

无线网络的历史可以追溯到一百多年以前无线电问世。而比较有普遍意义的无线网络则还是来自于公众通信网方面的无线网络。20世纪80年代，900MHz的无线通信技术已经应用得相当广泛，且一直延续了很长一段时间。

如今的无线网络可以说是深入到社会的各个领域，如蓝牙技术、卫星通信等方面。从无线网络的网络速度来看，从最初设计的800kbit/s到后来的1Mbit/s、2Mbit/s，然后再到11Mbit/s、54Mbit/s，最后发展到现在的1080Mbit/s或更高；从无线网络的产品来看，则是从几个厂商专有专用化，到Wi-Fi联盟出现以后标准化建立、各个厂商产品兼容化；从无线网络的频段使用来看，则从最初的900MHz网络，后来发展到2.4G网络及5G网络。

### 8.1.2 无线网络的分类

无线网络常常按其作用范围的不同进行划分，可以分为WPAN、WLAN、WMAN和WWAN。

（1）WPAN　WPAN提供的是一种个人区域无线网络的连接，更多地采用了点对点的通信技术或小型网络的方式。WPAN的连接一般都比较简单、便利，如蓝牙技术。有时，WPAN也能偶尔提供一些略为复杂的功能，如蓝牙技术也伴有蓝牙语音技术。

（2）WLAN　WLAN有时也被称为“Wi-Fi”，相比WPAN来说，WLAN可以用于更长的距离；它也不像WPAN仅使用点对点的连接，它可以使用多连接的方式；其设计也灵活很多，这也就是它应用得比较广泛的原因。

（3）WMAN　WMAN是相比WLAN更长距离的无线网络。一般来说，WMAN的使用需要有国家的许可方可使用（各个国家对无线频段的使用是有各自的约束的，不能随意使用）。

（4）WWAN　WWAN 支持更大范围的无线网络，主要用于公众通信网络诸如 CDMA、GPRS、3G、4G、5G 所使用的技术。

各种无线网络的比较见表 8-1。

**表 8-1　各种无线网络的比较**

| | WPAN | WLAN | WMAN | WWAN |
|---|---|---|---|---|
| 范围 | 1～10m | <100m | >100m | 更大 |
| 主要技术 | 蓝牙、红外 | 802.11g 等 | 微波通信 | 3G、4G、5G |
| 特点 | 结构简单、低功耗 | 多用户设计、结构多样 | 授权使用 | 长距离 |

### 8.1.3　无线标准与无线架构

**1. 无线标准**

无线网络看上去是没有介质的，真正的介质其实是电磁波。对于电磁波而言，可以按照它的频率或波长（与频率的倒数成正比）来分，按频率从小到大可分为无线电波、微波、红外线、可见光、紫外线、X 射线、伽马射线。

一般意义上的无线网络主要是通过微波这一频段上的一部分进行传送的。例如，IEEE 802.11 标准（现行无线的最普遍的标准）就是采用了微波里频率约 5GHz 和约 2.4GHz 的电磁波。在电磁波的使用上，各个国家都规定了哪些是可以直接使用的，哪些是需要申请的，像无线网络的 5G 和 2.4G 这些都是属于直接使用的类型。

无线网络也像有线网络一样，有一些国际化的标准，各个厂商在生产无线网络设备时以这些标准作为参考。

IEEE 中关于无线网络的标准是 IEEE 802.11，这也是无线网络中最基础的标准。在这个标准中，又细分了无线网络标准的多个方面，主要的子标准见表 8-2。

**表 8-2　无线网络标准 IEEE 802.11**

| | |
|---|---|
| 802.11 | 最早制定的一个无线局域网标准，主要考虑解决局域网用户与用户终端的无线接入，业务仅限于数据的存取，速率只能达到 2Mbit/s |
| 802.11a | 工作在 5GHz 频带，速率最高可达 54Mbit/s，开始支持语音、数据、图像业务。后被弃用 |
| 802.11b | 第一次真正使用频率为 2.4GHz 的无线标准，速率为 11Mbit/s，它使无线网络普及成为可能 |
| 802.11g | 2003 年 7 月通过的调变标准。其载波频率仍为 2.4GHz，而速率则为 54Mbit/s。同时使用 CCK 技术和 OFDM 技术，使其保持了与 802.11b 兼容 |
| 802.11i | 为了弥补前面的安全问题而提出的，是关于使用加密功能（wired equivalent privacy，WEP）而制定的修正案 |
| 802.11m | 主要是对 802.11 家族规范进行维护、修正和改进等。其中的 m 表示 maintenance |
| 802.11ac | 正开发且待完善的协议版本，它使用 5GHz 频段。采用更宽的基带（最高扩展到 160MHz）、MIMO 技术等。理论上，802.11ac 可以为多个站点服务提供 1Gbit/s 的带宽 |
| 802.11ad | 主要用于实现家庭内部无线高清音/视频信号的传输。弃用了拥挤的 2.4GHz 和 5GHz 频段，而是使用高频载波的 60GHz 频谱。速率最高可达 7Gbit/s |

除了 IEEE 802.11 的标准以外，无线还有 Wi-Fi 的标准，它是 Wi-Fi 联盟发起的一个无线网络标准，其目的是为了使各个厂商的无线设备、无线网络更加兼容（Wi-Fi 联盟的网站为 www.wi-fi.org）。

Wi-Fi 联盟为 IEEE 802.11 标准进行了各方面的规定。图 8-1 所示即为 Wi-Fi 联盟认证的一个标志，它表明设备通过了 Wi-Fi 联盟规定的兼容性测试。

Wi-Fi 联盟还额外对安全性做了一些规定。像 IEEE 802.11 中的一些安全性的规定，厂商们都未采用，倒是 Wi-Fi 联盟规定的如 WPA 安全解决方案却被广大的厂商所采用，而且还在不断完善。

除了 IEEE 802.11 和 Wi-Fi 联盟的标准以外，每个国家都会额外对无线标准做一些补充的定义，使得国内的无线符合自己的一些特性。美国的这一类标准由美国联邦通信委员会（federal communications commission，FCC）来完成，通过 FCC 认证的无线设备常贴有如图 8-2a 所示的图标；欧洲的这一类标准由欧洲电信标准化协会（european telecommunications standards institute，IETS）来完成，通过 ETSI 认证的无线设备常贴有如图 8-2b 所示的图标；日本的这一类标准由日本电信工程中心（telecom engineering center，TELEC）来完成，通过 TELEC 认证的无线设备常贴有如图 8-2c 所示的图标。

图 8-1 Wi-Fi 联盟认证

a) FCC认证

b) ETSI认证

c) TELEC认证

图 8-2 无线标准认证图标

在规划无线网络时，也需要对这些标准进行一定的了解，对于 2.4GHz 的无线网络的频谱为 2.4 ~ 2.483GHz（日本的频谱为 2.4 ~ 2.497GHz），美国的 FCC 标准中共分为 11 个通道，欧洲的 ETSI 标准则将其分为 13 个通道，而日本的 TELEC 认证则将其分为 14 个通道，这样，某几个通道就存在不能共用的现象，这时，若不调整无线网络的通道则可能出现无线网络设备不能兼容的问题。

**2. 无线架构**

无线网络的架构可以分为以下几种模式。

（1）点对点模式　又称为 Ad-hoc 模式，是无线设备可以直接进行互相通信的方法。在此模式下，允许无线设备在无线信号范围之内发现对方，然后进行点对点的通信，而不需要通过一个中心访问点，如图 8-3 所示。

Ad-hoc 网络中的无线设备一般距离不远，也不能让无线与有线结合，一般连接都是临时性建立的。两台安装了无线网卡的计算机通过此模式即可实现无线互连。

（2）基础服务集架构模式　基础服务集架构模式是无线网络的主要模式，如图 8-4 所示。在此模式下，无线接入点 AP（access point）起到了很重要的作用，它在连接有线网络（如以太网 IEEE802.3 标准）与无线网络中起了桥梁的作用。每一个 AP 可以产生一个以它自己为中心的基础服务集，或称为 BSS。

图 8-3 Ad - hoc 模式　　　　图 8-4 基础服务集架构模式

在一定的范围内，一个 AP 产生的一个基础服务集，又可以称为无线蜂窝（wireless cell），每一个无线 AP 一般能产生一个圆形的无线网络区域（可称之为 BSA），当无线设备（多为客户端）在多个 BSA 中漫游时（见图 8-5）则可实现无缝切换。于是，可由多个无线蜂窝组成一个大的无线网络用以覆盖更大的范围，这种大范围的服务集，又可称为 EBSS。

（3）中继架构模式　中继架构模式是对基础架构模式的一种简单拓展，如图 8-6 所示。由于 AP 产生的无线信号范围有限，所以在无线信号范围之外，可以使用无线中继器来扩展范围。

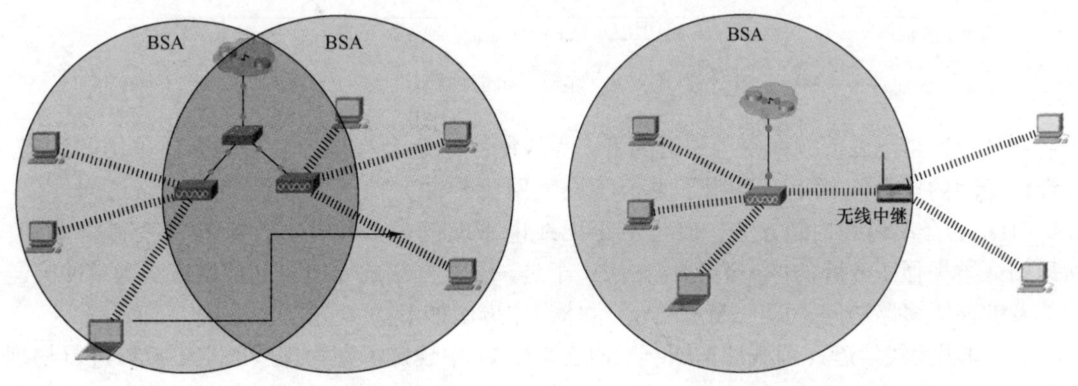


图 8-5 多个 AP 产生扩展服务集　　　　图 8-6 中继架构模式

无线中继器和有线网络的中继器一样，将收到的无线网络信号进行重整然后再发送出去。由于其一方面需要进行无线网络的接收，另一方面则要进行无线网络的发射，有时会采用两种不同的频段来完成。

（4）桥接架构模式

桥接架构模式又称工作组桥接模式（workgroup bridge mode）。在此模式下，无线设备常常起到一个如图 8-7 所示的拓展有线网络的方式。

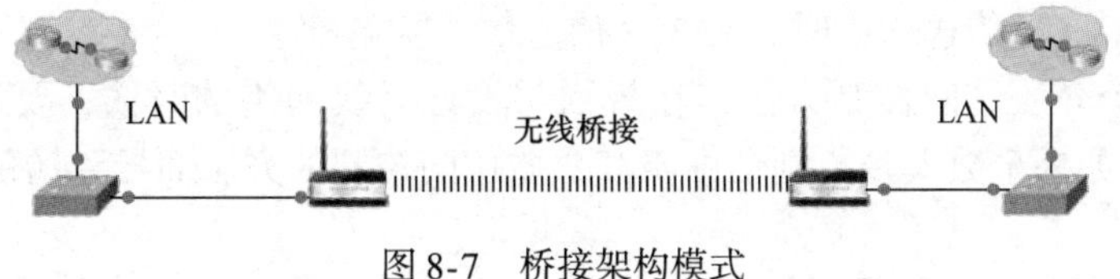


图 8-7 桥接架构模式

从以上几种无线架构模式可以看出，无线网络设备的组件主要有以下几种：

1）无线接入点（AP），主要用于有线与无线的互联。

2）无线网桥（bridge），主要通过无线网络来连接两个隔离的有线网络。

3）无线中继（repeater），主要任务是将无线网络的信号通过无线的方式延伸。

4）无线客户端（client），主要是加入无线的各种被动设备，通常是台式计算机、笔记本计算机、手机、PDA、打印机和存储设备等。

在无线网络的各种架构中，无论是哪一种架构，都会有服务集标识符（SSID）的使用。它的定义就是用于标识无线网络所属的 WLAN 及能与其互相直接通信的设备。只有相同的 SSID 才能通过无线进行通信。

在每一个 AP 产生以 SSID 为标志的无线网络范围时，它必须指定一个通道（有很多个的情况下，系统指定某一个通道为默认），而每一个通道都是采用了频谱中的某一段。图 8-8 所示为无线网络中的以频率范围分的通道示意，每一个通道的频率宽度为 22MHz，但都和其他通道有重叠，在无线规划过程中，若通道使用 1、6、11 通道，则可以较好地避免通道频率冲突的问题。（注：12、13、14 通道因为在美国和欧洲未被使用，在使用时需谨慎。）

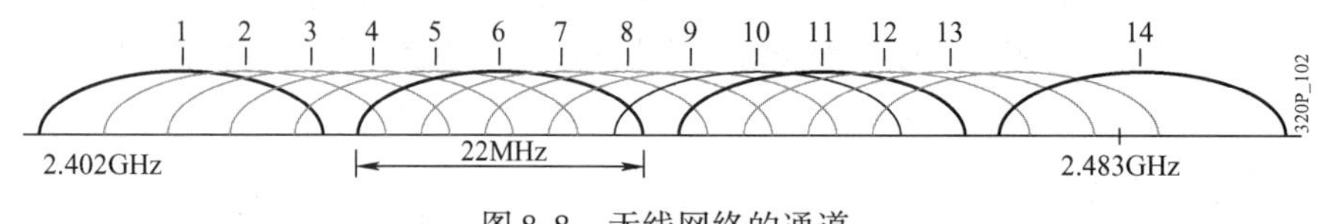


图 8-8　无线网络的通道

在某个通道电磁波频率使用的情况下，无线网络还是会有多个设备的介质争用的过程。在介质访问的这个问题上，采用了类似于以太网的带冲突检测的载波侦听多路访问（CSMA/CD）的介质访问控制方法，但是由于无线电磁波的一些特性，冲突检测变得很费劲，所以引入了类似于令牌的冲突避免的方法。于是，无线网络的介质访问控制方法为带冲突避免的载波侦听多路访问，即 CSMA/CA。具体操作方法如下：

1）检测无线信道（即载波监听），IEEE 802.11 中规定了在物理层的空中接口进行物理层的载波监听方法，当源站点发送它的第一个 MAC 帧时，若检测到信道空闲，则在等待一个 DIFS 间隔（分布协调功能帧间间隔）后就可发送。

2）目的站若可以正确收到此帧，则经过 SIFS 间隔（短帧间间隔）后，向源站点发送确认帧 ACK。

3）若源站点在规定时间内没有收到确认帧 ACK（由重传计时器控制时间），则须立即重传此帧，直到收到确认为止。经过若干次的重传失败后再放弃发送。

4）所有其他站在以上期间都设置网络分配向量 NAV，即表明在此段时间内信道忙，不能发送数据。

5）当确认帧 ACK 传送结束时，NAV（信道忙）被解除。

正是由于这个介质访问控制方法，在规划与设计无线网络的时候，要注意控制每一个 AP 节点的个数，如果个数太多，则会由于其介质访问控制的方法而导致访问速度变得很慢。

## 8.2　无线网络的安全问题

无线网络虽然给网络规划连接带来了极大的便利，但由于其自身的一些特点，使得其安全性成为最大的问题。但只要了解其相关的安全措施，在一定程度上保证无线网络的安全还是可以做到的。

### 8.2.1 无线网络安全概述

无线网络不像有线网络那样有实实在在的网络线存在，而是通过电磁波进行传送信号，其安全性的问题会相对比较突出。不法分子完全可以通过一种游离的状态来实现突击访问。例如，战争驾驶（war driving）无线攻击方式就是这么产生。

无线安全问题可以从以下三个方面进行展开：

（1）窃听问题　无线电磁波在传送时，是以中心节点扩散的，所以无线信号可以被其传播范围之内的接收器接收到。若未设置安全性，则网络数据就会被完整获取。这就好像有线网络的嗅探那样。不同的是，有线网络是有实实在在的网络线路存在的。

（2）非授权访问的问题　对于基础服务集架构方式的无线网络而言，可能存在某些客户端在并没有授权的情况下连接了无线网络。另外，无线客户端连接 AP 时，也存在有非授权的问题。无线客户端有时总是优先连接信号好的 AP，这样，客户有时并不了解连接的 AP 是不是正确的 AP。

（3）干扰问题　无线网络信号是需要电磁波传送的，当空间中的电磁波很多或者无关的电磁波很强的时候，正常网络数据的电磁波就会受到影响。这也是有些无线网络甚至出现了无线拒绝服务攻击的情况。

### 8.2.2 无线网络安全策略

由于无线网络存在窃听、非制授权访问和干扰三个问题，无线网络的安全备受人们的重视，早一些的时候，人们就意识到这个问题，推出了一系列的安全策略，然而这些策略不断地受到挑战，于是新一代的或更新一代的安全策略接踵而至。

**1. WEP**

最早推出的无线网络安全策略为有线等效保密协议（wired equivalent privacy，WEP）。它是 IEEE 802.11 标准里的一部分。其目的很简单，就是在两台设备间无线传输时引入数据加密的方式，用来防止非法用户窃听或侵入无线网络。

WEP 机制提出时，密码技术已经有了一定的发展，所以在一定程度上，WEP 考虑的安全因素并不少。WEP 分为加密和解密两个过程。加密过程具体如下：

1）生成传输载荷。将需要发送的明文数据通过 CRC（循环冗余校验）算得其校验值 ICV（integrity check value），如图 8-9 所示。明文数据与 ICV 一起构成传输载荷。

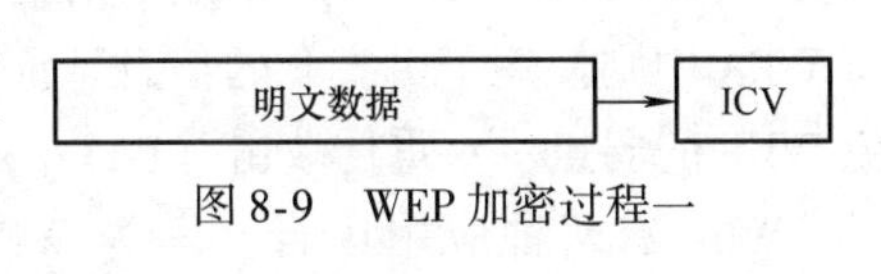

图 8-9　WEP 加密过程一

2）生成密钥流序列。在客户端和接入点之间共享多个密钥，选择其中的一个；为明文数据随机选择一个长度为 24 位的初始向量值 IV，将 IV 和密钥串连起来构成种子，然后将其送入采用流密码算法 RC4 的伪随机数发生器 PRNG，生成与传输载荷等长的密钥流序列，如图 8-10 所示。

3）将密钥流序列与传输载荷按位进行异或运算得到密文，如图 8-11 所示。

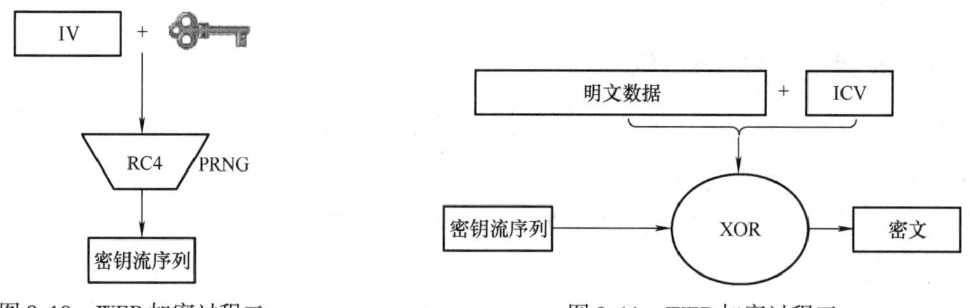


图 8-10　WEP 加密过程二　　　图 8-11　WEP 加密过程三

解密过程则基本是加密过程的逆过程。具体过程如下：

1）生成解密密钥流。由 IV 和 K 密钥（事先共享）得到解密密钥流。

2）生成明文。将解密密钥流与密文 C 异或，得到明文及其校验值 ICV。

3）完整性检测。将生成的明文进行 CRC，得到新的校验值 ICV'。比较 ICV' 和 ICV：若 ICV' = ICV，说明数据完整，可认为数据在传输的过程中未被篡改；若不相等，则丢弃数据包。

WEP 机制看上去挺完整，但实际使用起来以后，却发现存在很多问题：

- WEP 认证机制问题。简单异或的方式容易被破解。
- WEP 认证是单向的，不能够认证 AP，只能认证客户端。
- WEP 初始向量 IV 太简短，很容易重复。

此外，还有 RC4 算法的问题、重传攻击（ReplayAttack）、缺乏密钥管理更新分发机制等问题。

**2. WPA**

由于 WEP 的种种问题，WEP 无线安全机制已经渐渐淡出人们的视野，但由于它是由 IEEE 制定的标准，很多设备都支持 WEP。IEEE 以后也尝试改进，但人们的视线却从那里移开了，转到 Wi - Fi 联盟推出的标准上去了，这就是 WPA 无线安全机制。

在 WPA 中，信息用到了一个 128 位元的钥匙和一个 48 位元的初向量（IV）的 RC4 stream cipher 来加密，而且 WPA 使用了可以动态改变钥匙的“临时钥匙完整性协定”（Temporal Key Integrity Protocol，TKIP），采用了更长的初向量，这使得它能轻松应付针对 WEP 的很多种攻击。对于传输的资料的完整性 WPA 也做了大的改进。原 WEP 所使用的 CRC 并不算安全，就算在 WEP 钥匙未知的情况下，若要篡改所载资料和对应的 CRC 也是有可能的。而 WPA 中则使用了更安全的信息认证码（或称为 MIC），通过对 MIC 的帧计数器，可以避免 WEP 的弱点——重传攻击（replay attack）的利用。

WPA 有两种应用场合：一为 WPA - enterprise，二为 WPA - PSK。前者包含了 IEEE 802.1x、EAP、TKIP 和 MIC，需要使用专用的认证服务器来验证身份，常用于企业级场合；后者包含了 PSK、TKIP 和 MIC，通过预共享密钥的方法而省去了认证服务器，常用于家庭或对安全性相对要求不高的场合。WPA - enterprise 使用了 EAP，它是扩展认证协议，是一种架构方法，用于无线网络的 EAP 有 EAP - TLS、EAP - SIM、EAP - AKA、PEAP、LEAP 和 EAP - TTLS。

后来，人们在 WPA 中的 TKIP 基础上又做了一些改进，融入了 AES 的内容，又把 WPA

中的数据完整性编码校验算法也进行了改进，将 MIC 改成了 CCMP（counter CBC-MAC protocol），这就是 WPA2。相比 WPA 而言，WPA2 的安全性能更好。WPA2 被 IEEE 写入了 IEEE 802.11i 中，所以有些标记为 IEEE 802.11i 指的就是 WPA2。

在一些公共场合，WPA 或 WPA2 的 PSK 方式更容易被采用。PSK 方式在无线连接时，采用了四次握手的方法来保证无线网络的安全。在起初的时候，这种方式被认为是非常的安全，但慢慢地也有黑客破解了 WPA 的无线安全机制。在破解 WPA 时，如果预共享密钥足够复杂的话，破解难度还是很高的，破解的时间也会较长，所以一般认为 WPA 或 WPA2 还是比较安全的。当然，如果能采用企业级的 WPA，利用 EAP 进行身份认证的话，安全性就更加有保障了。

## 8.3 无线网络的规划

对于一个企业来说，无线网络的规划并不是一件简单的事情。中小型企业和大型企业的无线网络规划有很大的不同。中小型企业购置一些基础的无线网络设备进行规划配置即可；而大型企业中的无线网络规划需要考虑得更多，且需要采用一些额外的设备。

### 8.3.1 简单无线网络设备配置

在中小企业里，无线网络的规模相对要小一些，在规划无线网络时，常常只需要考虑一个或少数几个无线设备的互连。这些设备最典型的有无线 AP（wireless access point）和无线路由器（wireless Router）。各个厂商生产的无线 AP 和无线路由器的操作界面都有些不同，但大多数是采用 Web 访问登录的方式进行设置的。

使用 Packet Tracer 可模拟规划配置无线 AP 和无线路由器，其基本操作界面也与无线 AP 和无线路由器实际操作界面相仿。Packet Tracer 5.3 以上的版本支持的无线设备包含 Access Point-PT、Access Point-PT-A、Access Point-PT-N 和无线路由器 Linksys-WRT300N。其中前三个是无线 AP，它们分别支持了无线标准为 BG 网络、A 网络和 N 网络，配置界面基本差不多，在 Packet Tracer 里适当简化了操作的界面，但从功能上来说是差不多的。在 Packet Tracer 规划中对于无线网络的规划并没有深入得太多，涉及无线网络的信号覆盖问题也仅是简单实现，设计者只能是从逻辑的角度来规划与设计，而忽略诸如信号强弱、信号重叠等问题。图 8-12 所示即为一简单的思科公司生产的无线 AP 的配置界面。与路由器及交换机的配置界面相同的是，它也是分成物理配置选项卡及配置选项卡。

物理配置（Physical）选项卡可以实现对无线 AP 的有线模块的添加与删除。它可以支持以太网电口、快速以太网电口、千兆以太网电口、快速以太网光纤口及千兆以太网光纤口之间的切换，以便接入有线网络。具体的方法就是，在断电（单击开关按钮实现开关操作）之后，使用拖拽的方法将不需要的模块移出去，而将需要用的模块拖进来。

配置（Config）选项卡用于实现对端口的配置。其中，Port0 是其接入到有线网络的端口，配置的内容可以是带宽（bandwidth）以及双工的方式（duplex），一般来说，也不需要去配置；而 Port1 则是无线配置，包括无线的 SSID、无线信号的通道、无线安全认证的方式及无线安全认证涉及的密钥串等，如图 8-13 所示。

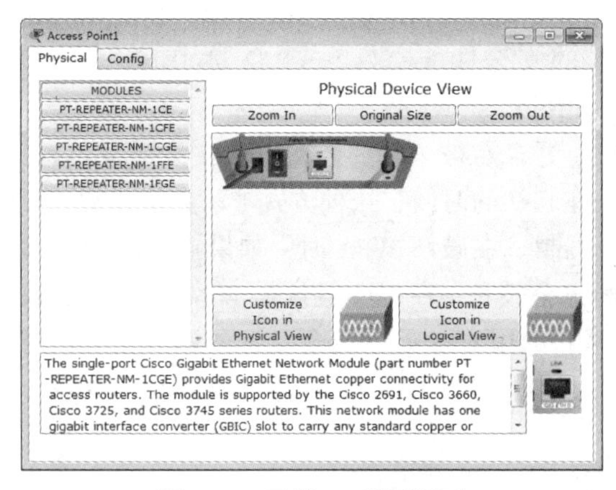

图 8-12　无线 AP 配置界面

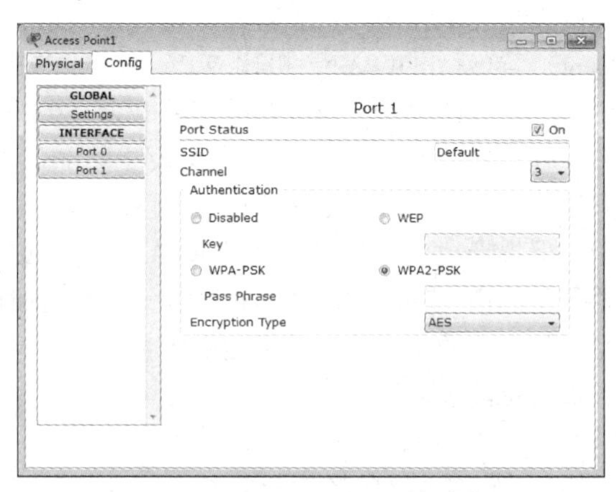

图 8-13　无线 AP 的 Port1 端口的配置

Packet Tracer 支持的另一类无线网络设备则是无线路由器。这一类产品，思科公司融合了其子公司 Linksys 的产品。其实它是一类无线 AP 与有线路由器的结合体，由于结构比较简单，产品价格也相对便宜。实际上，它并不具备高端功能，仅可用于家用或小型业务。

如图 8-14 所示，其操作界面除了有同样的物理配置（Physical）和配置（Config）选项卡外，还多了一个 GUI 选项卡，其实也就是无线路由器的 Web 界面。真实的无线路由器使用有线网络连接上以后，连接其默认配置的一个 IP 地址（Linksys 的为 192.168.0.1），则同样出现如图 8-14 所示的 Web 界面。这个 Web 界面，其实也分成若干个选项卡，用户可对无线路由器进行配置。

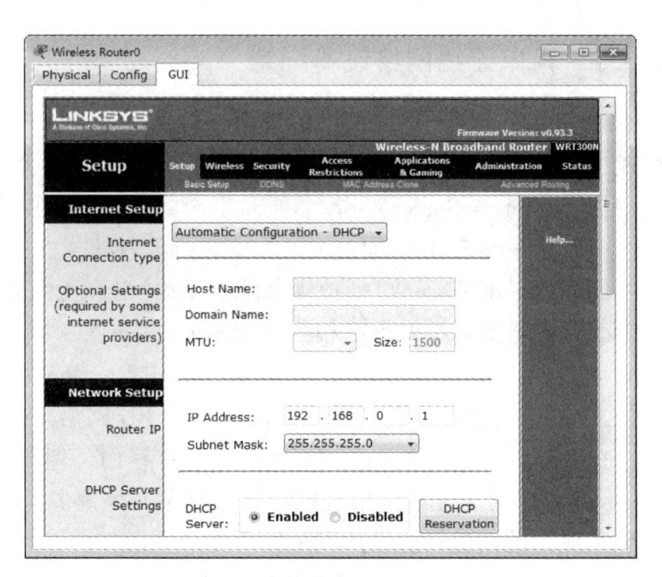

图 8-14　无线路由器的 Web 配置界面

Setup 选项卡为基本配置，可以分为 WAN 和 LAN 的配置。WAN 配置（Internet Setup）是对 WAN 接口（即 Internet 连接类型）的类型选择与配置，若是局域网中则使用静态 IP 或自动配置 IP，若是家用则常使用 PPPoE 的方式。LAN 配置（Network Setup）则包括对路由器 IP 地址（即作为 LAN 中的网关）和 DHCP 服务器的配置。

Wireless 选项卡为无线基本配置，配置内容与 AP 类似，包括无线模式（与无线标准有关）、SSID、射频段、通道设置、SSID 广播开启与否，无线安全的模式、密钥的设置与生成等。

Security 选项卡为安全配置，配置在路由器上的防火墙及过滤策略。

Access Restrictions 选项卡为访问限制配置，用来限制特定的 IP、MAC 地址及特定 URL。

Applications & Game 选项卡专门为内、外网转换使用。它可以使得内网中的服务器轻松被外网的机器访问到。

Administration 选项卡用来设置密码以及专门针对 Web 访问路由器的设定。

Status 选项卡则可以用来查看当前的无线路由器的各种状态。

综上所述，无线路由器的设置一般以设置 Setup 与 Wireless 选项卡的内容为主，其他安全设定与访问控制等都会严重地减慢无线路由器的速度，不推荐大规模使用。

### 8.3.2 无线客户端的配置

无线网络上除了无线 AP 与无线路由之外，还有与之相连接的客户端设备，它们可以是插有无线网卡的 PC，也可以是手机、PAD 等。无线客户端的配置一般都比较简单。在 Packet Tracer 中也有相关的配置。

在 Packet Tracer 中有一类设备，它们被称为终端设备，像台式 PC、服务器都属于此类设备。下面以台式 PC 为例，简要说明配置无线网络客户端的方法。

在 Packet Tracer 中，台式 PC 默认是带了有线网络接口卡的。如图 8-15 所示，在 PC 的底部位置，是有一块有线的网卡的，而物理选项卡的左侧列出了可以插到此机的各种模块（MODULES）。其中有一个是 Linksys-WMP300N，这是 Linksys 公司的无线网络接口卡的型号，它可以为 PC 拓展连接无线网络。要想在 PC 上使用无线网络接口卡，还必须先将其有线网络接口卡移除（移除前要先关闭电源，再将其拖离原来的位置），再将 Linksys-WMP300N 拖动至原来有线网卡的位置，然后再开机。此时，在原来有线网络的位置上将显示一个无线网络接口卡的天线的样式，如图 8-16 所示。

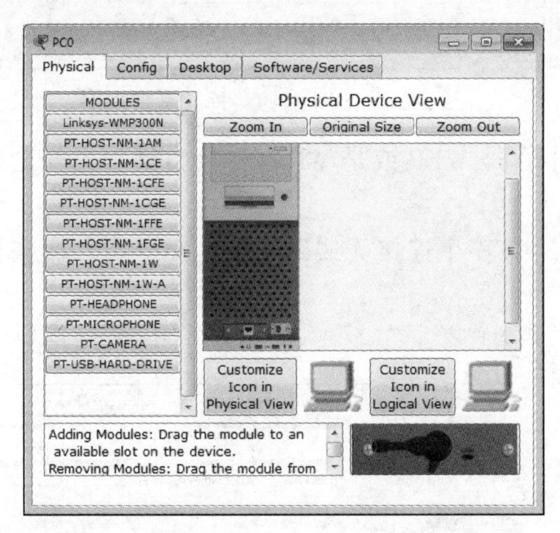


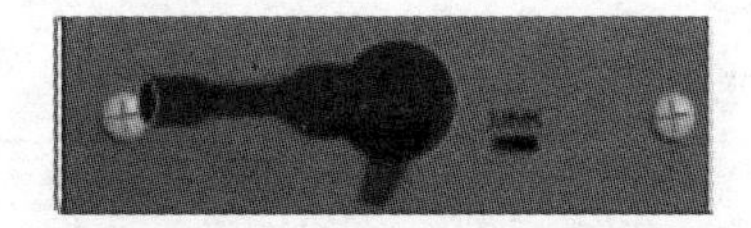

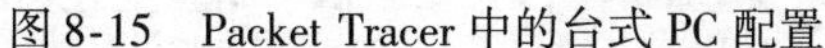

图 8-15 Packet Tracer 中的台式 PC 配置

图 8-16 Linksys-WMP300N

在安装 Windows 操作系统的 PC 中设置无线网络，无线网络的厂商都会提供一个小的应用程序，也可以使用 Windows 系统自带的无线网络设置程序。Packet Tracer 也模拟 Windows 界面，其中的 Desktop 选项卡就是模拟 Windows 中的桌面应用程序，如图 8-17 所示。

Desktop 选项卡中的 PC Wireless 就是为无线网络配置而准备的，打开它就是模拟打开了 Linksys 的无线网络配置程序。它包含有三个选项卡，分别是 Link information、Connect 和 Profile。

在 Link information 选项卡中（见图 8-18）可看到当前连接的信号强度与连接质量。若没有连接，则以灰色表示；若已连接上，则用绿色表示。

Connect 选项卡（见图 8-19）可用来手动连接无线网络。未连接之前左侧以列表的方式显示当前环境中的无线网络情况，包括它的 SSID 号、通道号以及它的信息强度；而右侧则显示选中的无线网络的其他信息，如无线网络模式、支持的无线网络标准、射频段、安全机制及 MAC 地址。下方的两个按钮，Refresh 按钮是用来刷新当前环境中的网络情况，而 Connect 按钮则用来连接已经选中的无线网络。

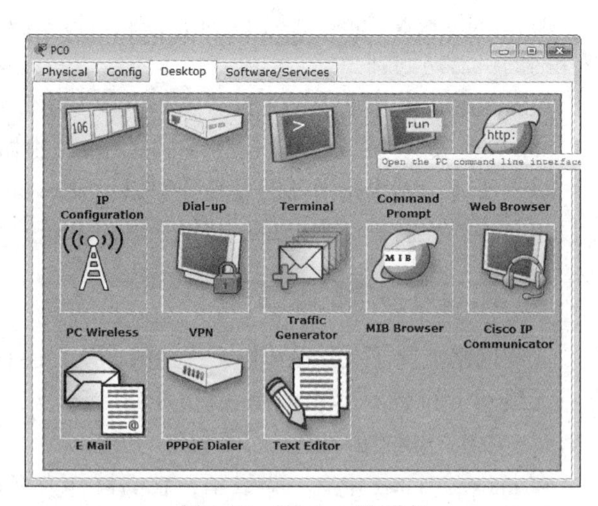


图 8-17 Desktop 选项卡

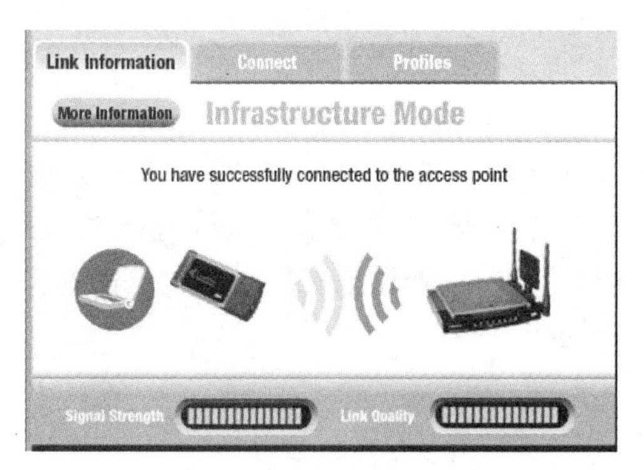


图 8-18 无线网络连接信息

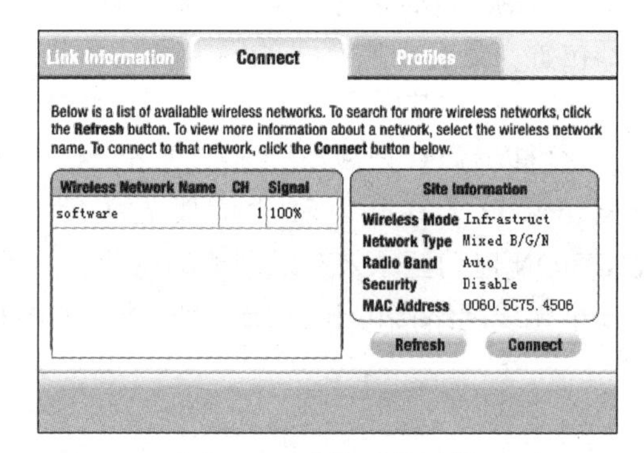


图 8-19 连接无线网络

若该无线网络已经启用了安全机制（不管是 WEP 或是 WPA），会自动根据安全机制的不同提示输入密钥，如图 8-20 所示。

Profiles 选项卡（见图 8-21）则用来保存某一个连接无线网络的信息，可以用来快速连接到某一个已经连接过的网络。

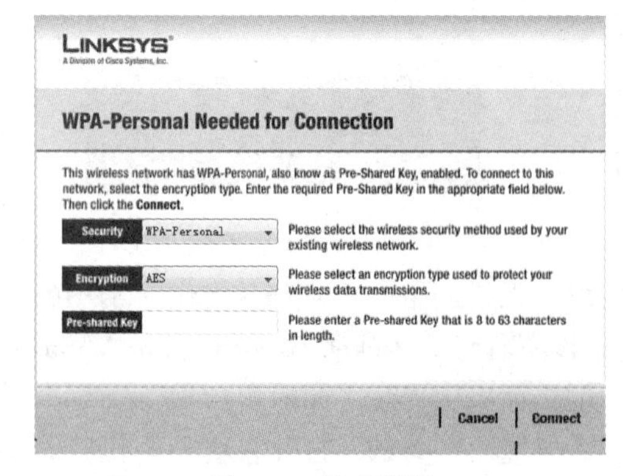


图 8-20 输入密钥

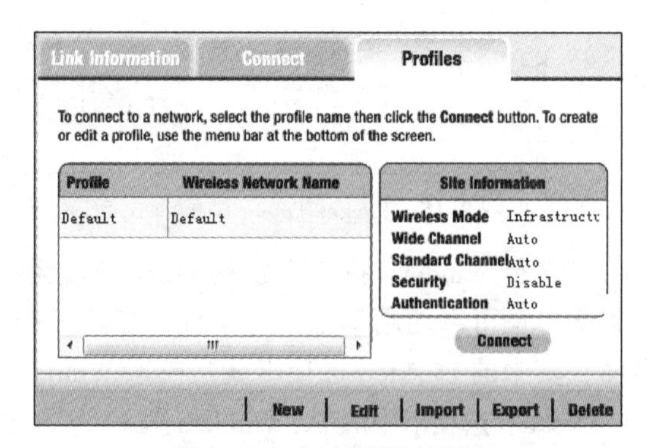


图 8-21 本地保存的配置

## 8.4 本章总结

本章从无线网络的分类出发，引入计算机网络规划中常用的无线网络的各种类型，并讲述了802.11g、802.11n等使用的服务集等内容；然后，对无线网络的安全性问题及相应的安全策略做了简单的分析；最后，在Packet Tracer上实施无线网络的规划。

## 8.5 本章实践

### 实践一：无线客户端PC与AP相连（默认）

以图8-22所示的网络拓扑为例，进行下面的实践操作。

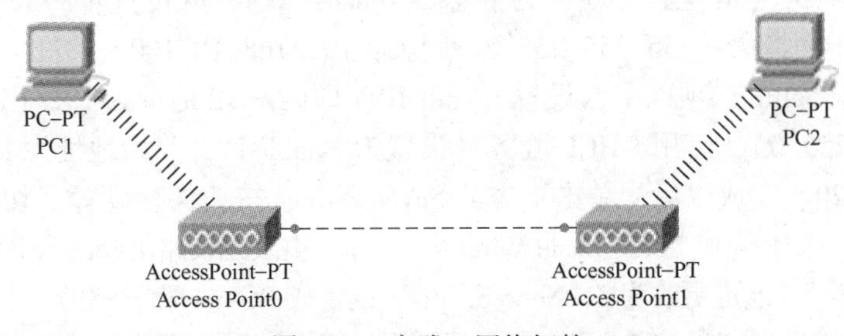


图8-22 实践一网络拓扑

1. 添加两个无线AP，两个无线AP使用双绞线相连。

2. 在其中一个无线AP的Port1端口更改无线AP的SSID为你的姓名汉语拼音首字母，并将通道更改为1。更改另一无线AP的SSID为CLASS。

3. 添加两个PC。在关闭PC电源的情况下，拆除有线网络连接，添加无线网络连接（Linksys-WMP300N）。然后，再开启PC电源。

4. 配置PC1的IP地址为192.168.0.1，子网掩码为255.255.255.0，网关为192.168.0.100；配置PC2的IP地址为192.168.0.2，子网掩码为255.255.255.0，网关为192.168.0.100。

5. 打开PC1的Desktop选项卡，选择PC wireless，在其Link infomation选项卡中，查看当前连接信号强度和信号质量如何。

6. 在Connect选项卡中，使用Reflash来搜索当前存在的无线网络。查找到名为你的姓名汉语拼音首字母的无线网络，选中后，单击“Connect”按钮连接。再次查看当前的连接信号强度和信号质量如何。

7. 打开PC2的Desktop选项卡，选择PC wireless，在其Link infomation选项卡中，查看当前连接信号强度和信号质量如何。

8. 在Connect选项卡中，使用Reflash来搜索当前存在的无线网络。查找到名为CLASS的无线网络，选中后，单击“Connect”按钮连接。再次查看当前的连接信号强度和信号质量如何。

9. 测试客户端之间的连通性。在PC1上执行“command prompt”命令打开命令提示符界面，执行“ping 192.168.0.2”命令，记录结果。

## 实践二：无线客户端与无线路由器相连

以图 8-23 所示的网络拓扑为例，进行下面的实践操作。

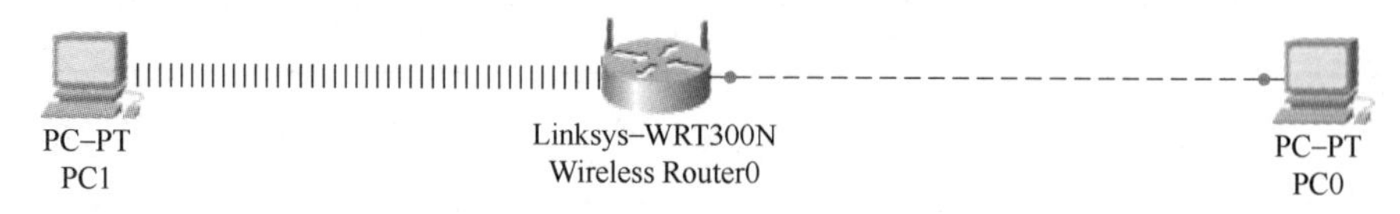


图 8-23 实践二的网络拓扑

1. 添加一个无线路由器 Linksys-WRT300N。

2. 打开无线路由器的 GUI 选项卡，在 Setup 选项卡的 Basic Setup 子选项卡中，更改 Internet Connection Type（IP 配置方式）为静态 IP（static IP），并设置它的 IP 参数（IP 地址：192.168.10.1，子网掩码：255.255.255.0，网关：192.168.10.100）。

3. 在 Network Setup 选项区中，设置 Router IP（即内网 IP 地址为 192.168.20.100，子网掩码为 255.255.255.0），启用 DHCP 服务（设置为 Enabled），起始地址为 192.168.20.200，最大用户个数为 20。完成以后，单击下方的 Save Settings 按钮保存设置（切记）。

4. 在 Wireless 选项卡中，找到 Basic Wireless Setup，更改无线路由器的 SSID 为你的姓名汉语拼音首字母，并将标准通道更改为 3，Network Mode 设置成 BG-mixed，SSID 广播设置成 Enabled。

5. 添加两个 PC，分别是 PC1 和 PC2。在关闭 PC1 电源的情况下，拆除有线网络连接，添加无线网络连接（Linksys-WRT300N）。然后，再开启 PC 电源。

6. 将 PC2 使用的有线网络连接到无线路由器的 Internet 口，设置 PC2 的 IP 地址为 192.168.10.20，子网掩码为 255.255.255.0，不设置网关。

7. 打开 PC1 的 Desktop 选项卡，选择 PC wireless，在 Link infomation 选项卡中，查看当前连接信号强度和信号质量如何。

8. 在 Connect 选项卡中，使用 Reflash 来搜索当前存在的无线网络。查找到名为你的姓名汉语拼音首字母的无线网络，选中后，单击“Connect”按钮连接。再次查看当前的连接信号强度和信号质量如何。

9. 查看 PC1 的 IP 设置，在 PC1 上执行“command prompt”打开命令提示符界面，使用“ipconfig”命令，记录结果。

10. 在 PC1 上执行“command prompt”打开命令提示符界面，执行命令“ping 192.168.20.100”，结果如何？说明什么？

11. 在 PC1 上执行“command prompt”打开命令提示符界面，执行命令“ping 192.168.10.1”，结果如何？说明什么？

12. 在 PC1 上执行“command prompt”打开命令提示符界面，执行命令“ping192.168.10.100”，结果如何？说明什么？（注 192.168.10.100 即为 PC2 的 IP）

13. 在 PC2 上反过来 ping PC1 能通吗？

14. 在 PC2 上执行“command prompt”打开命令提示符界面，执行命令“ping 192.168.20.200”，结果如何？说明什么？

## 实践三：无线客户端 PC 与 AP 相连（启用 WEP 安全验证）

1. 在实践一的基础上，打开第一个 AP 的配置界面，在 Authentication 选项卡中，选择 WEP 验证，Encryption Type 选择 40/64bits（10 Hex digits），输入 WEP key（为 10 位十六进制数，如 12345ABCDE）。

2. 在 PC1 上再次使用 Connect 来连接 SSID 为你姓名汉语拼音首字母的无线网络。连接时将自动检测到无线的安全验证类型为 WEP。输入 WEP 的密钥。

3. 查看无线网络是否连接成功。

## 实践四：无线客户端与无线路由相连（启用 WPA 安全验证）

1. 在实践二的基础上，再次打开无线路由的 GUI 界面，在 Wireless 选项卡的 Wireless Security 子选项卡中，将 Security Mode 更改成 WPA2 personal，Encryption 加密方式为 AES，密钥请自定义一个（8 位长度以上，63 位长度以下），按“Save Settings”按钮保存设置。

2. 在 PC1 上再次使用 Connect 来连接 SSID 为你姓名汉语拼音首字母的无线网络。连接时将自动检测到无线的安全验证类型为 WPA2 Personal。输入密钥。

3. 查看无线网络是否连接成功。

## 实践五：无线其他安全设置

1. 在实验四的基础上，再添加一有无线网络的 PC3。

2. 再次打开无线路由器的 GUI 界面，在 Basic Wireless Settins 选项卡中，将 SSID 广播设置成 disabled。

3. 打开 PC3 的 Desktop 选项卡，选择 PC Wireless，在 Link infomation 选项卡中，查看当前连接信号强度和信号质量。打开 Profiles 选项卡，单击左边默认的 Profile，即 default，单击下方的 edit 按钮对其进行编辑。

1）在 Creating a  Profile 界面，选择下方 Advanced Setup。

2）在 Wireless 模式中选择 Infrastructure Mode，Wireless Network Name 即为你姓名汉语拼音首字母，单击 next 按钮。

3）Setwork Setup 采用 DHCP 方式，单击 next 按钮。

4）Wireless Security 采用 WPA2-personal 方式，单击 next 按钮。

5）输入密钥，单击 next 按钮。

6）保存刚编辑过的 Profile。

7）直接连接至此网络（connect to network）。

8）查看是否可连接至无线网络。

4. 在 PC2 上执行“command prompt”打开命令提示符界面，执行命令“ipconfig /all”，记录结果。第一行表示 PC3 的 MAC 地址是多少？

5. 再次打开无线路由器的 GUI 界面，在 Wireless 选项卡中，找到 Wireless Macfilter 子选项卡，启用它（设置成 enabled），Access Resolution 设置成 prevent pcs listed below from accessing the wireless network，在 Wireless Client list 中，输入 PC1 的 MAC 地址。（注意：MAC 的格式不一样，后者使用“:”分隔）。

6. 在 PC1 上再次查看无线网络，发现有何种情况？

# 第9章 网络存储规划

信息的存储从人类社会活动出现以来就一直在演化。原始社会时，人类用树枝、石头在岩石上记录信息。后来出现了文字，信息的存储也变得更加直观。近一个世纪以来，人类使用计算机来存储信息，存储的信息量有了翻天覆地的变化。而近几年，由于互联网技术、云存储技术的发展，信息存储再次出现新的革命。

对于一个现代化的中小企业来说，信息化的程度会严重影响其发展，而信息化过程中的存储规划问题在当今这个形势下也变得越来越重要。本章从存储技术原理出发，通过了解当前广泛使用的存储方法，逐步展开讲解如何实现企业存储规划及管理的问题，并以适当、简单的实例展示。

## 9.1 存储规划技术概述

真正意义上的数据存储是在出现了计算机以后，人们把信息以数字的形式存储在介质中，这就是数字化存储。

### 9.1.1 存储与数据

在信息化程度已经较高的当今社会，数据成了企业的另外一种生产资料。而数据的存储与处理则是另外一种生产力的体现。

由于互联网技术的普及，再加上有各种传感器，人们对于数据的采集变得更加的方便。传统PC时代已经一去不复返了，单机数据存储也不再是主要手段，很多中小企业里都组成大大小小的存储网络来应对信息数据量的不断膨胀，如图9-1所示。这种存储网络的存在较好地解决了数据储存的重要问题。

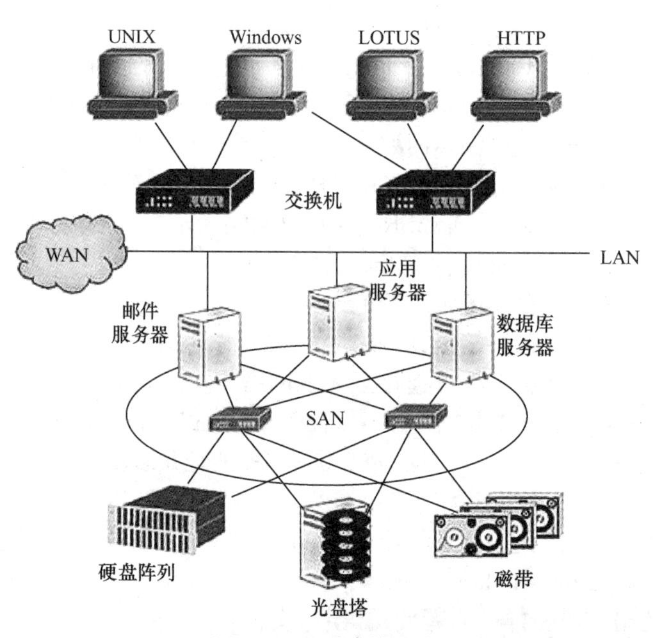

图9-1 企业存储网络

（1）数据存储的可管理性

对于企业来说，数据存储在什么地方，什么人存储多大的数据，这些都需要有一整套的机制来实现。而传统单机数据存储基本上很难实现统一管理，数据存储往往需要结合网络应用来实现，这样效率很低，而通过存储网络的方式则可改善。

（2）数据存储的可利用性　存储的数据是需要被人利用的，而存储网络将数据的存储一方面集中化，而另一方面则通过存储网络来拓展，这样可利用性也得到了提升。

（3）数据存储的安全性　数据的丢失意味着信息的流失，而很多信息是机密性的，所以通过存储网络的形式，也保证了数据存储的安全性。

存储行业的巨头 EMC 公司曾提出一个概念，如图 9-2 所示，在大约二十年以前，计算机行业基本上是以应用为核心，人们想的就是如何做成一个个的应用程序，所使用的网络方式也很多采用 C/S（客户端/服务器）方式，这种方式规模不可能太大；大约十年以前，人们开始以服务为核心，如 Web 服务；而几年以前，一种以存储为核心的方式被提出来，数据存储在哪里，服务就跟到哪里，甚至任何资料都可以被看成数据存储起来，这样的方式其规模相比前两者更开放、更有竞争力，也更适合信息化进步的要求。

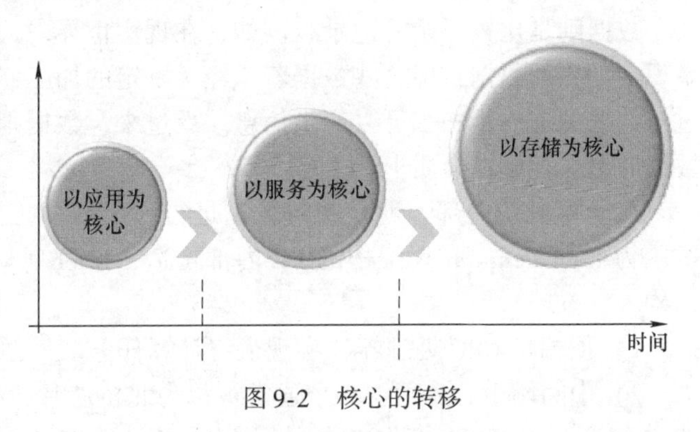

图 9-2　核心的转移

## 9.1.2　存储的历史

在计算机出现的早期，数据存储的量并不是很大。例如，人们用纸带来存储数字信息，有孔的代表一个 1，没孔的代表一个 0，一条纸带就是由若干个 0 和 1 组成的数字串，这种存储方式有点像如今考试用的答题卡，如图 9-3 所示。

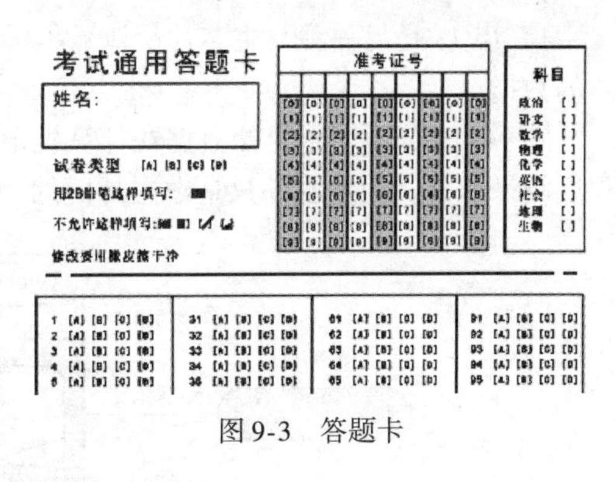

图 9-3　答题卡

当然，纸带的存储数据量太小，根本不能满足计算机对于数据的要求。于是，人们发现磁存储具有很好的方向性，可以把某一种方向定义成 1，而另一种方向定义成 0，于是磁带、磁鼓、磁盘就出现了。由于不能处理好某些问题，早期的磁介质存储器都很大、很重，且存储的容量也很有限。磁盘技术一直在发展，1968 年，IBM 公司开创了“温彻斯特”技术，被称为是磁盘发展史上里程碑式的技术。至今，磁盘的容量已经达到了 TB 级，也还是没有脱离“温彻斯特”技术。

与磁盘同时代的还有光盘，光盘是通过激光读取盘片上的不同凹坑，通过反射的角度与时间的不同来判断其是 0 还是 1。光盘最早是用于娱乐行业的，例如 CD 存储音频，VCD、DVD 存储视频。其单个盘片的容量也从当初的几 MB，发展到后来的几 GB。此外，与光盘几乎同时代的还有 Flash 存储，它随着集成电路的飞速发展而发展。现今，USB 接口的 U 盘逐渐代替了光盘。

Flash 式的电存储有很多种形式，它们基本是属于一种非易失性的内存器件，如 SD 卡、miniSD 卡、microSD 卡和 MMC 卡都是常见的形式。这些存储形式，有些在某些领域还存在，但有些却慢慢地淡出了市场。这一点和当前的云存储的发展有一定的关系。

### 9.1.3 计算机的存储

对于人类来说，信息的本质是指音讯、消息、通信系统传输和处理的对象，也可以说是人类社会传播的有用的内容。

数据则是比较原始的记录。例如，在现实世界中，存在大量的传感器，它可以采集、记录现实世界的数据，但这些数据若不经过一定的加工，人很难去利用它。也就是说，人类通过对数据的进一步加工可以产生信息。反过来，数据则是对于信息的一种描述，如将信息以数据的形式存储在介质上。

在计算机的内部，就是在对数据进行一定的加工，从而变成更有用的信息。如图 9-4 所示为 Intel Pentium Ⅳ架构的 PC 内部构造，Intel 现如今的处理器相关系统同样是这样的结构。

1）顶端是 CPU 处理器，实现最终计算任务。

2）中间两个芯片组：一个通常被称为北桥芯片，另一个通常被称为南桥芯片。北桥芯片与 CPU 和内存等处理频率较快的相连（当然也可与南桥相连），在整个架构中起主导作用；南桥芯片则与外设、BIOS 等慢速设备相连。（一般来说，会给北桥设一个散热器，而南桥则不太需要。）

3）外围则有两种：一种是数据的输入/输出，如 PCI-X 接口；另一种则是数据的暂存区域，如 DDR 内存。

4）BIOS 是另一种与主芯片交流数据的存储器，它主要是在计算机启动时，提供一些必需的数据。

图 9-4 充分说明了存储数据在计算机中的重要地位。现如今，人们对于数据存储的重视程度越来越高，很多服务只是数据外面的一个“壳”而已。

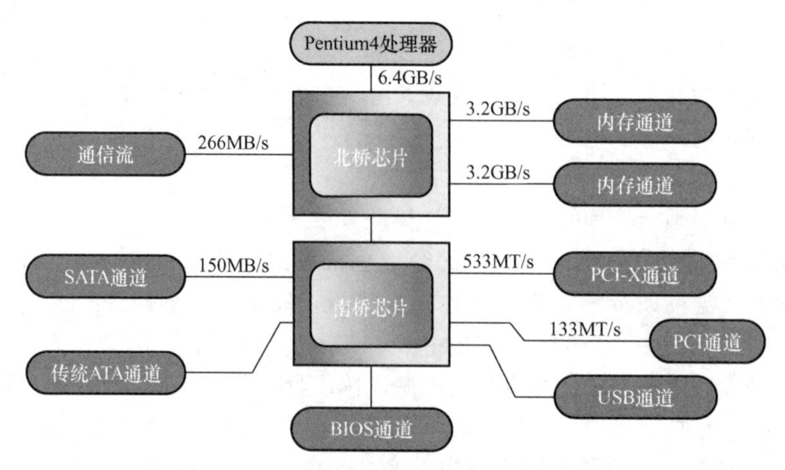


图 9-4 Intel Pentium Ⅳ架构的 PC 内部构造

## 9.2 存储的原理

从图 9-4 中可以看出，计算机内部存储是可以分为暂存型和长存储型的，而一般所说的存储的概念，是指长存储型，也就是非易失性的。目前存储的主要介质还是以计算机内部的硬盘为主（很多存储设备也是以硬盘作为主要存储介质的）。

### 9.2.1 硬盘的引入

计算机内部的硬盘一般可分为固态硬盘（SSD）、机械硬盘（HDD）两种。HDD 采用磁性碟片来存储，利用磁极方向来存储数据；SSD 采用闪存颗粒来存储，利用电信号存储数据，是一种新兴的数据存储方式。目前，SSD 由于价格相对比较高，还不是非常普及，HDD 还是常见的硬盘形式。

图 9-5 所示为一个常见的 HDD 内部结构，它由多个组件组成。

（1）盘片　数据就是存储在硬盘的盘片上的。盘片靠近轴的位置称为启停区（这是不存放数据的）。盘片有几个概念性的名词如下：

1）磁道（track）。硬盘在格式化时被划分成许多同心圆，同心圆轨迹被称为磁道。磁道从外向内从 0 开始顺序编号。

2）柱面（cylinder）。所有盘面上的同一磁道构成一个圆柱，通常称为柱面，每个圆柱上的磁头由上而下从 0 开始编号。数据的读/写也按照柱面进行，即磁头读/写数据时首先在同一柱面内从 0 磁头开始，依次向下在同一柱面的不同盘面上进行操作。

3）扇区（sector）。操作系统常常以扇区形式将数据存储在硬盘上。每个扇区一般包括 512 字节。

（2）磁头（head）　磁头是读/写硬盘数据的器件，它悬浮在盘片的上边（离盘片的距离非常近，达到 0.1 ~ 0.3μm，不可触碰盘片），在盘片高速旋转时读/写盘片上的数据。每个盘片一般都有上、下两个面，分别有 1 个磁头，共 2 个；若有多个盘片，则还得考虑盘片数。

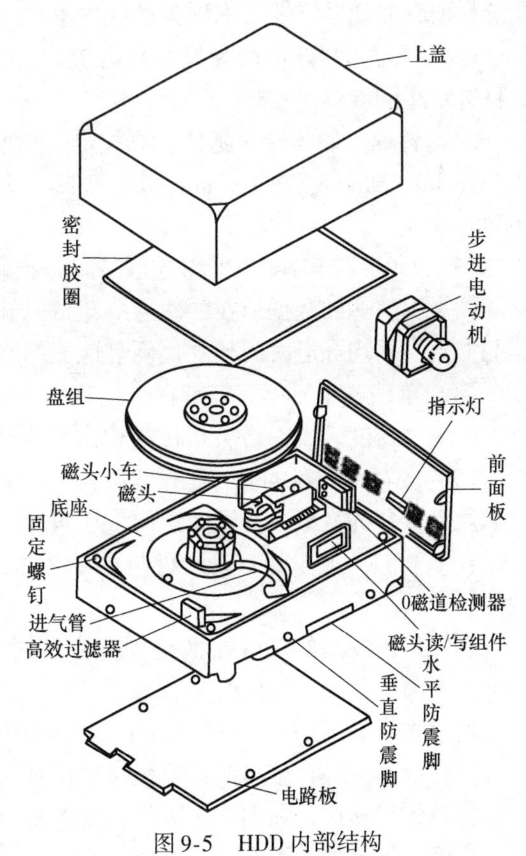

图 9-5　HDD 内部结构

（3）步进电动机　在磁头读取盘片上的数据的时候，步进电动机驱动磁头传动装置进行磁道的径向定位。

（4）电路板　电路板的作用是：一方面接收来自于计算机接口的指令，另一方面则控制读/写特定盘片的数据。现在的硬盘内部一般还配有缓存区，记录部分已读/写过的盘片上的数据。

硬盘上的数据的定位方式可分为两种：一种是 CHS 方式，另一种是 LBA 方式。CHS 方式是按 cylinder、head、sector 来定位的，但这种方式由于其位数限制最大仅能支持到 8GB，现在很多硬盘的 CHS 为 16383/16/63，即

$$16383 \times 16 \times 63 \times 512\text{B}（约为 8.04\text{GB}）$$

其中，512 为每扇区字节数。

但实际硬盘已经不止这个数，CHS 之后出现了逻辑块寻址（logical block addressing，LBA）方式，就是将扇区从 0 到最大值进行编号，LBA32 的定位方式，最大可支持 2TB 容量。

### 9.2.2 硬盘技术与接口

硬盘是计算机中的主要存储介质。硬盘的读/写性能对于计算机的性能影响极大，所以在选择硬盘时通常需要考虑硬盘的各种参数。其常见的性能参数有：

（1）尺寸　早期的硬盘尺寸都是 5.25in[⊖]，后来变得越来越小，3.5in、2.5in、1.8in 都是目前常用的硬盘尺寸。

（2）转速　硬盘转速越快，寻找定位数据的速度也越快。普通家用 PC 中硬盘的转速一般为 5400r/min 或 7200r/min，用于服务器的硬盘转速相对较快，为 10000r/min 或 15000r/min。

（3）平均寻道时间　平均寻道时间是指硬盘在接收到系统的指令后，磁头从当前位置移动到需要到达的数据所在的磁道所花费时间的平均值。在一定程度上体现了硬盘读/写数据的能力。平均寻道时间越少，硬盘性能越好。

（4）单碟容量　单碟容量在一定程度上决定了硬盘的档次，因为它与磁盘的磁道密度有关。磁道密度越大，磁头在相同转速的情况下读/写的数据就越多，单碟容量就越大。

（5）缓存　硬盘的缓存是硬盘数据与内存数据的缓冲，它可以减少 CPU 通过 I/O 接口读取硬盘数据的次数，提高硬盘的 I/O 效率。缓存又可分为读缓存和写缓存。

（6）接口　硬盘接口是硬盘与主机之间的连接部件，其作用是在硬盘和主机之间传输数据。

特别地，硬盘的接口技术是硬盘性能的重要参考指标。目前，主要有五种硬盘接口标准。

1）PATA 硬盘接口标准。PATA 硬盘接口也叫 IDE（integrated drive electronics）接口。该接口标准是一种比较早的计算机接口标准，主要用于连接硬盘及光驱，使用传统的 40Pin 的并行数据线连接，如图 9-6 所示。由于设计思路较老，且抗干扰性差，传输性能已没有提升的空间，于是被逐渐淘汰。

2）SATA 硬盘接口标准。SATA 在原来 PATA 的基础上，重新设计，采用串行连接方式，具有结构简单、传输速度快、抗干扰性好、执行效率高的特点。从 SATA1.0 开始就有了 150Mbit/s 的速率，而现在的 SATA 3.0 版本，则已经将传输速率提升至理论上的 6Gbit/s。

---

⊖ 1in = 0.0254m。

如图 9-7 所示，SATA 接口仅使用四根针脚即可完成工作，大大地降低了复杂性。另外，由于 SATA 的设计较晚，有些高级功能，如热插拔功能，SATA 也能实现。

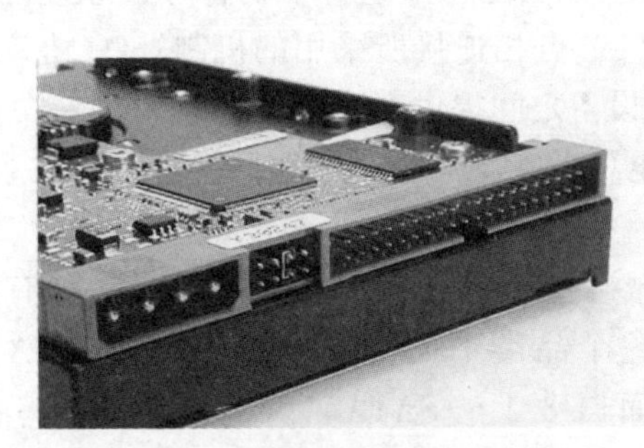

图 9-6　IDE 接口硬盘

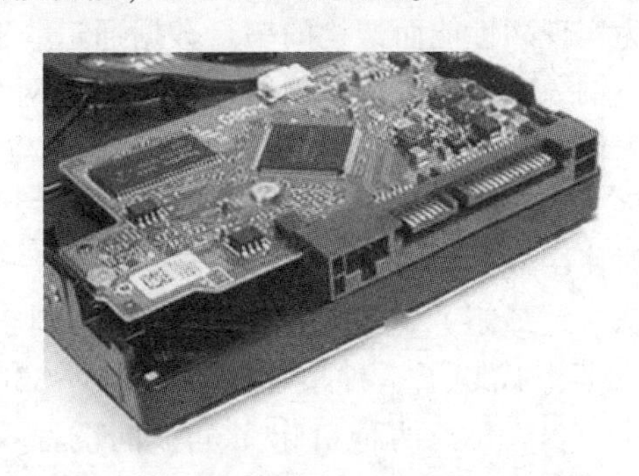

图 9-7　SATA 接口硬盘

3）SCSI 硬盘接口标准。SCSI 是一种通用接口。它的设计思想来自于小型计算机系统，所以叫 small computer system interface，简写为 SCSI。该接口标准最初是用在计算机与一些相对智能的设备之间的接口标准。

SCSI 很早就应用于服务器领域的硬盘接口，由于其设计思想还算先进，所以，SCSI 的速度也随着时间的推移而提高，最早版本的 SCSI 是 3～5Mbit/s 的速度，而到后来的 Ultr 640 SCSI，速度则提高至 640Mbit/s。

图 9-8 所示即为 SCSI 接口的硬盘，有些服务器直接提供这种硬盘的接口。

需要特别提出的是，SCSI 可以让服务器连接更多的设备，一般的 PATA 和 SATA 的设备个数都有限(一般取决于主板上的接口个数)，而 SCSI 的设备个数，从 SCSI－2 版本后，单个 SCSI 接口都可以支持 15 个设备。

由于 SCSI 是一种智能接口，它占用 CPU 的时间极低，SCSI 接口卡本身有 CPU，很多事务 SCSI 接口卡已经帮着完成了。

图 9-8　SCSI 接口硬盘

4）SAS 硬盘接口标准。SAS 的全称为 serial attached SCSI，即串行连接 SCSI 接口，也是属于新一代的硬盘接口技术。

随着 SATA 取代 PATA 以后，SCSI 同样存在是不是要改变原来并行结构的问题。21 世纪初，SAS 的规范就由 LSI、Maxtor 和 Seagate 等几个公司联合研究，几年以后，SAS 控制器及 SAS 硬盘面世，随后，SAS 的成本也慢慢下降，性能却步步提升，这一方面导致 SAS 慢慢蚕食了原本 SATA 和 SCSI 的市场，另一方面也慢慢侵占高端硬盘 FC 接口硬盘的市场。

如图 9-9 所示，SAS 接口硬盘的样式与 SATA 的完全相同。事实上，SAS 接口标准的制定晚于 SATA 接口标准的制定，SAS 是向下兼容 SATA 的，也就是说，SATA 变成了 SAS 的子标准。一个 SAS 控制器可以直接操控 SATA 的硬盘，但是 SAS 硬盘却不能直接使用在 SA-

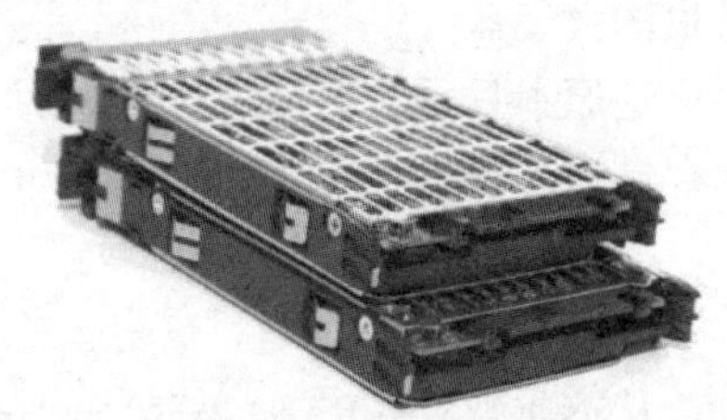

图 9-9　SAS 接口硬盘

TA 的环境中，因为 SATA 控制器并不能对 SAS 硬盘进行控制。

5）FC 硬盘接口标准。FC（fibre channel，光纤通道）在逻辑上是一个双向的、点对点的、为实现高性能而架构的串行数据通道。FC 协议其实是对一组标准的称呼，此标准定义了通过铜缆或光缆进行串行通信，从而将网络上各节点相连接所采用的机制。FC 协议由美国国家标准协会（ANSI）开发，为服务器与存储设备之间提供高速连接。

FC 硬盘定位于高端存储应用，可靠性和性能高。FC 硬盘一般同时提供两个 FC 接口，可同时使用或互为备份。

SSD 是最近兴起的一种硬盘，它区别于机械硬盘。对于 SSD，网络上有一种有趣的比喻，萝卜代表了一种植物，在萝卜（SSD）这个品类下面，还有白萝卜（SATA）和胡萝卜（NVMe）两种口味完全不同的品类。而白萝卜（SATA）又有长萝卜（SATA3 接口）和圆萝卜（M.2 接口），胡萝卜（NVMe）也有圆（M.2 接口）的胡萝卜。这些都是萝卜，但是口味、形态又完全不一样。对应地，SSD 也有着不同的协议、接口类型和速度。

SSD 最后能不能被市场接受，并未可知。从目前来看，至少在服务器领域，它的市场占有率并不高。

## 9.3 存储与 RAID

进入 IT 时代以后，数据对于一个企业来说越来越重要，然而数据的基础存储却不是一件特别稳定的事。就像 PC 硬盘，有时会因为一些突发情况（如停电）导致存储在硬盘上的数据丢失。

幸好，对于一个企业来说，有很多可以防范和补救的办法。而这些方法，在规划企业网络存储的过程中，是必须要考虑的问题。

### 9.3.1 RAID 的引入

磁盘阵列（redundant arrays of independent drives，RAID）即“独立磁盘构成的具有冗余能力的阵列”。原本的想法是，将很多价格较便宜的磁盘组合起来，组成一个容量较大的磁盘组，再利用某些技术，一方面利用每一个磁盘提供数据的可能，另一方面还要提升整个磁盘系统的效能。

1987 年，Patterson、Gibson 和 Katz 三位来自加州大学伯克利分校的工程师发表了文章“A Case of Redundant Array of Inexpensive Disks”（一种廉价磁盘冗余阵列方案），将上述想法具体化，即将多只容量较小的、相对廉价的硬盘驱动器进行有机组合，使其性能超过一只昂贵的大硬盘。

这原本只是为廉价磁盘考虑的方案，却被用到了并不廉价的数据存储领域，有了它，数据存储进入了一个崭新的时代。

### 9.3.2 RAID 基础

从本质来看，RAID 就是将同一阵列中的多个磁盘视为单一的虚拟磁盘，其数据是以分段的方式顺序存放于磁盘阵列的每一个磁盘中。

对于使用RAID存储的用户来说，希望能做到以下几点：

1）磁盘存取速度快。用户希望RAID能提高磁盘的存取速度。

2）数据安全性及容错性高。用户希望就算是某个或某几个磁盘坏掉，数据还能得以保留。

3）磁盘空间利用率高。对于磁盘空间，尽可能的大，且浪费要少一些。

4）能分担CPU的I/O事务。用户希望RAID在工作时，能分担一些CPU的I/O事务。

以上几点旨在降低内存及磁盘的性能差异（通常内存的速度都是要高于磁盘的速度的），从而提高计算机的整体工作性能。

通过多年的技术积累，RAID如今已经成为比较完善的存储解决方案。RAID对于上述的用户要求，分别采用了以下几方面的技术处理。

**1. 磁盘存储跨越**（disk spanning）

磁盘存储跨越主要解决的是数据跨盘问题，让多个磁盘像一个磁盘一样工作，用廉价的磁盘资源来突破磁盘空间上的限制，从而最大限度地利用磁盘空间。如图9-10所示，原本一个1200MB的文件是没办法放入这些小的磁盘空间的，但用了磁盘存储跨越后，这几个磁盘就虚拟出一个空间相对较大的虚拟RAID盘，这样1200MB的文件的存储就成为可能。

**2. 磁盘存储条带化**（disk striping）

磁盘存储条带化让数据按照一定大小分割成多个数据块，分别存入不同的物理盘中。

如图9-11所示，假定有800KB的数据要写入磁盘，这时，数据块的大小为固定的64KB（大于这个数，就写入下一个物理磁盘），此时800KB被分割成12个64KB，然后，几乎同时写入（这里可能会有些延迟）各个物理磁盘中，每一个磁盘中有3个不连续的64KB存储空间。因为图9-11中的磁盘个数是4个，那么磁盘的写入速度就可以达到近4倍（略小于4倍）。而读出数据时也是一样，在读前一个数据的同时，已经通知下一个物理磁盘读数据，一旦数据通道准备好就直接读取，这样读取的速度也可以数倍于原来物理磁盘的速度。

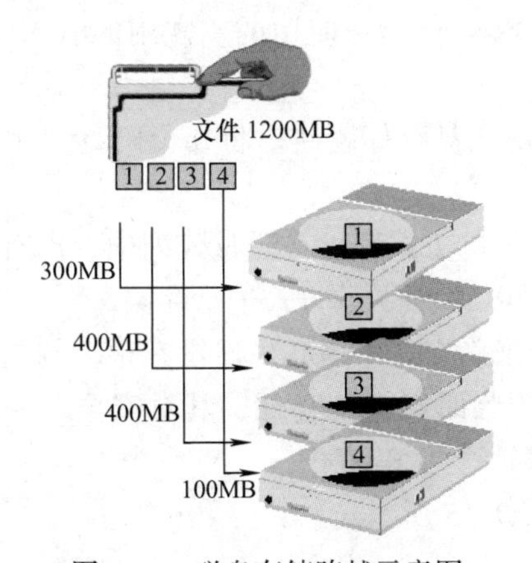


图9-10　磁盘存储跨越示意图

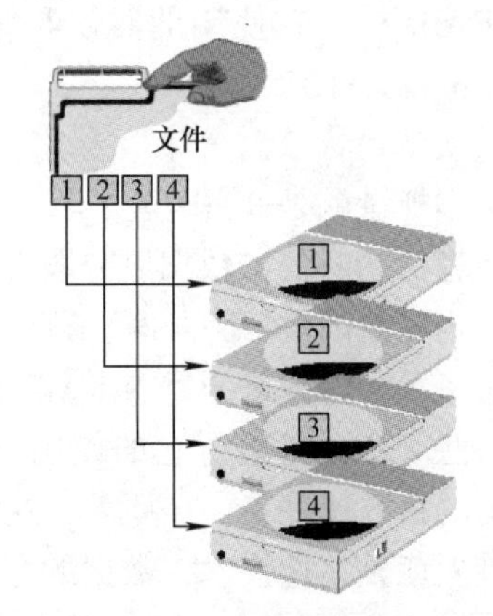


图9-11　磁盘存储条带化示意图

**3. 热切换**（hot swap）

如今的业务系统对于数据的要求越来越高，不能因为磁盘的损坏而停机。当处于运行状态的磁盘阵列子系统出现单个物理盘失效的情况时，在不断电的情况下，可采用新硬盘将失效物理盘在线替换掉的方法，保证系统稳定运行，如图9-12所示。热切换也叫热插拔，一般由 RAID 中的热切换控制器来完成这项操作。其主要的工作包括电源、数据信息等管理。

**4. 校验**（parity）

校验是 RAID 中发现与纠正错误的一种基础方法。如图 9-13 所示，异或（XOR）则是 RAID 中的一种校验机制，异或本身可以用来发现 0 和 1 的个数（奇数个或是偶数个），且异或非常容易用硬件来实现。RAID 采用将若干个物理盘存储的 1 的个数作为冗余校验数据，存储到另外的物理盘中的办法。当某一个物理盘失效时，RAID 可以通过其他盘与冗余盘上的数据，将这个失效盘的数据“算”出来。

1
2
3
4
1
2
3
4
1
2
4
1
2
5
4

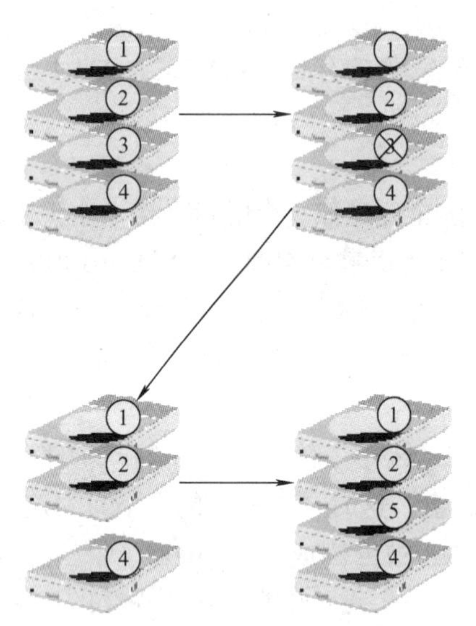

图 9-12　热切换示意图

| A | B | Y |
|---|---|---|
| 0 | 0 | 0 |
| 0 | 1 | 1 |
| 1 | 0 | 1 |
| 1 | 1 | 1 |

图 9-13　异或（XOR）处理与结果

## 9.3.3　RAID 的使用与综合

现在的 RAID 技术在使用的时候是将以上的技术融合起来使用的。常用的有 RAID0、RAID1、RAID3 和 RAID5。

RAID0 其实就是将磁盘“串”起来，也就是实现磁盘存储跨越。将几个磁盘“串”成一个盘，这个虚拟盘就是 RAID 盘了。

RAID0 在存储的时候，数据以分段（1KB ~ 8MB）的方式存储在磁盘阵列中，没有校验数据。例如，当磁盘的数量为 4 时，数据的存储以图 9-14 所示的方式进行存储。

注意：这里每一份数量的量由 RAID 设置的参数来确定。RAID0 虽然没有很多的技术在里面，但某一些场合还是适合它的使用。例如，对于临时数据的存储，其对安全性要求不高，但对数据的存取速度有一定要求，这种场合就很适合用 RAID0。

RAID1 其实就是镜像技术，数据的存储方式如图 9-15 所示。

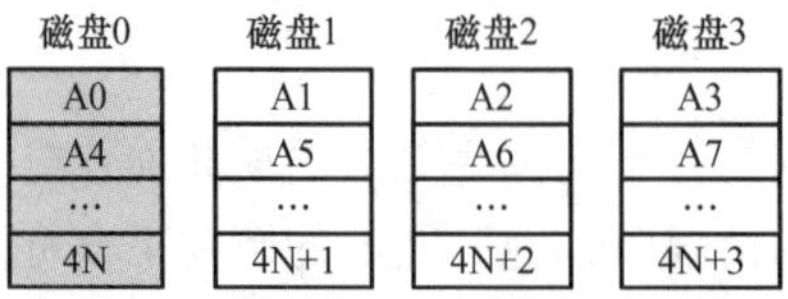

磁盘0
磁盘1
磁盘2
磁盘3
A0
A1
A2
A3
A4
A5
A6
A7
…
…
…
…
4N
4N+1
4N+2
4N+3

图 9-14　RAID0

磁盘0
磁盘1
A0
A0
A1
A1
…
…
N
N

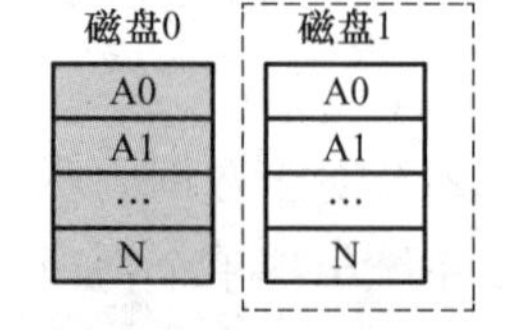

图 9-15　RAID1

使用RAID1时，其实有一个磁盘（组）是备份用的。数据在写入的时候，需要分别写入两份，主磁盘（组）和备份磁盘（组）都需要写入一份；而当数据在读取时，则只读取主磁盘（组）的数据；当主磁盘（组）不能读取数据时，备份的磁盘（组）就开始起作用。并且RAID设备可设置各种方法来通知管理员来替换已经坏掉的磁盘（组），例如，磁盘坏了，系统会用声音警告且磁盘的指示灯呈现红色等。

RAID1支持热插拔，当其中一个（或一组）磁盘损坏的时候，可以在带电的情况下直接插拔（磁盘相关联的软件系统，如操作系统，不受插拔的影响仍能正常运行），新的磁盘替代上去以后，RAID1会重组（rebuild），使磁盘（组）重新回到一主一备份的状态。

RAID1由于用了一主一备份的方法，使得磁盘的空间利用率降为50%，这是比较低的，但是它却很好地解决了磁盘损坏可能引起系统崩溃的问题。一些系统对于磁盘的空间要求并不高，但要求其能稳定运行，这种场合下，RAID1很适用。很多系统将应用系统和数据存储分离，分为应用服务器和数据库服务器，这种情况下的应用服务器就适合使用RAID1。

RAID2是加入了海明码的RAID版本，可能是由于其过于复杂度，没能流行起来。RAID2的海明码是有纠错功能的，也就是说，在磁盘有错误时，它不仅能发现，还能直接纠正。但这一纠错功能并没有用到太多，一般来说只要能查出错误即可。于是，RAID3接替了RAID2，用相对简单的异或逻辑运算校验替代了复杂的海明码。异或运算不能解决纠错，但却能查错。更重要的是，由于异或运算在硬件上的快速性，使得RAID3的校验也比RAID2要快很多，且简单的异或结构也大大降低了硬件成本。

RAID3采用三个以上（包含三个）的磁盘来存储数据。而磁盘被分成两种：一种为数据盘，另一种则为奇偶校验盘。应用系统的数据以固定大小（条块单位）分割，数据盘专门用来存储数据，奇偶校验盘则专门用来存储数据盘的校验数据。

RAID3的数据存储结构如图9-16所示（当磁盘的个数为4的时候，其中的A表示存储数据，P则代表校验数据），当数据A0、A1、A2产生时，数据分别存入磁盘0、磁盘1、磁盘2，而A0、A1、A2异或产生的数据为P1，则被存入磁盘3。RAID3解决了快速校验的问题，当某一个磁盘损坏时，数据仍可以通过其他几个数据盘加上奇偶校验盘“计算”出来。

RAID3解决奇偶校验的问题之后，新的问题又来了。如图9-16所示，磁盘3作为奇偶校验盘，需要一直进行校验计算，写入的速度会比数据盘慢很多，这样就会形成磁盘写入速度的瓶颈。

RAID4也和RAID3一样的存储结构，只不过，RAID4的数据的条带与RAID3有区别，RAID4采用块状的方法来实现。但事实证明这个方法并不比RAID3的好，所以RAID4也没有被广泛采用。

既然要写入奇偶校验，可不可以将它写入到每一个磁盘中呢？答案是可以。RAID5就回答了这个问题。RAID5被称为是分布式奇偶校验的独立磁盘结构。这里的分布式就是指将奇偶校验，按序一次一次地写到不同的盘中。如图9-17所示，校验数据P1～PN，分别由正常的数据A0、A1、A2、A3等生成，分别依次存入了磁盘0、磁盘1、磁盘2、磁盘3中。

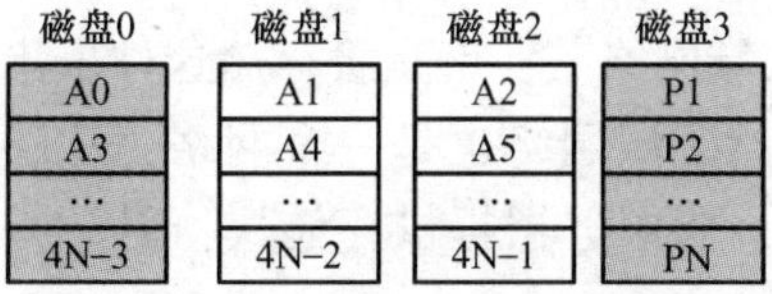

| 磁盘0 | 磁盘1 | 磁盘2 | 磁盘3 |
|---|---|---|---|
| A0 | A1 | A2 | P1 |
| A3 | A4 | A5 | P2 |
| … | … | … | … |
| 4N–3 | 4N–2 | 4N–1 | PN |

图9-16 RAID3

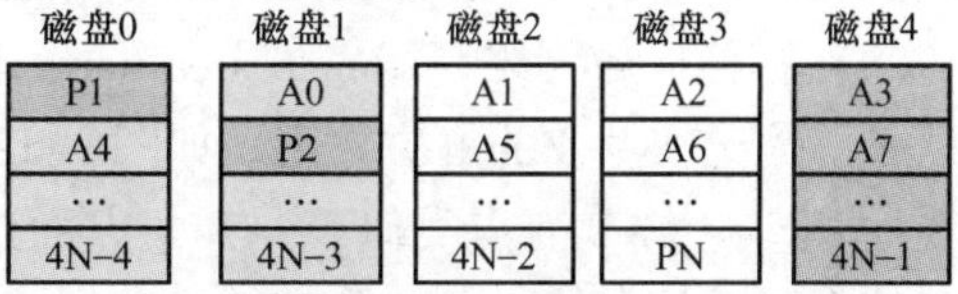

| 磁盘0 | 磁盘1 | 磁盘2 | 磁盘3 | 磁盘4 |
|---|---|---|---|---|
| P1 | A0 | A1 | A2 | A3 |
| A4 | P2 | A5 | A6 | A7 |
| … | … | … | … | … |
| 4N–4 | 4N–3 | 4N–2 | PN | 4N–1 |

图9-17 RAID 5

RAID5 很好地解决了数据存储的诸多问题。如在利用率方面，RAID5 可以做到 N－1/N 的利用率；磁盘的读/写的速率也可以做到原磁盘速度的 N－1 倍速；且在有一个磁盘损坏的情况下，数据还是可以由其他几个磁盘计算得到。另外，很多存储硬件都支持 RAID5，这可能也是 RAID5 应用广泛的原因。

RAID5 以后又出现了如 RAID6、RAID7、RAID5E、RAID50 等，这些 RAID 版本都有很多特点，也的确能解决不少的问题，但是从应用的角度看，它们并不算太流行，也许是因为它们过于复杂，也许是 RAID5 已经足够优秀，人们并不想接受其他版本的 RAID 了。

## 9.4 存储的应用

RAID 技术只是存储设备在磁盘这个级别的访问对策，对于中小企业来说，存储的方式与方法仍需要因地制宜。

### 9.4.1 存储的方式

对于一个企业来说，存储的规模常常是一定的，且因为受到经济方面的限制，存储的规模常常受限于存储的方式。大体来说，存储的方式可以分为以下几种：

（1）直连式存储（direct attached storage） 直连式存储是存储利用最早的方式，就像 PC 里的硬盘，硬盘的数据被 PC 的操作系统所利用（当然操作系统本身也有可能是放在硬盘中的）。从结构上来说，存储设备常常是直接挂在服务器的内部总线上的，成为服务器内部结构的一个部分。

DAS 存储方式的局限性在于存储的利用一定要通过服务器本身，每一个服务器都有自己的存储，其他服务器想利用这个存储的方式和方法都是间接的，资源的利用率相对就比较低，数据共享性不高。

（2）网络附加存储（network attached storage） 网络附加存储是随着存储利用的要求应运而生的。它利用了各种网络协议，如 NFS、CIFS、FTP、HTTP 等，一般都是一些与文件相关联的共享相连的协议。存储设备在功能上与网络中的服务器并无大异，但被赋予了存储的功能，用于数据的集中存储。

网络附加存储利用专门的硬件与软件，常常用来扩展服务器与客户机的数据存储问题，使服务器和客户机在数据存储时从 I/O 负载中解脱出来。

网络附加存储可置于企业网络的某一个位置，让服务器和客户机都能方便地访问到。一般来说，网络附加存储也会采用各种 RAID 技术来保证数据的安全性、存储空间的利用率、存储数据的读取速度等问题。

网络附加存储的另外一个优势是经济性问题。相对专业的网络存储，网络附加存储的价格往往要低得多。对于很多中小企业，在不需要考虑太多性能问题却需要稍大一点的存储空间的情况下，网络附加存储就是一个好的选择。

（3）存储区域网络（storage area network） 存储区域网络其实就是将存储这件事集中起来完成，是比较专业的解决方案。如图 9-18 所示，存储区域网络也是一个网络，从层次上来看，SAN 与 LAN 有点类似，SAN 一方面连接服务器，向服务器提供存储块；另一方面连接存储设备，从存储设备中取存储块。

SAN 有其特有的交换机，称为光纤存储交换机。从样子上来看，SAN 的光纤交换机与以太网的光纤交换机差不多，但却不可以混用，服务器则通过 HBA（host bus adapter）卡连接 SAN 的交换机，存储设备则一般提供光纤接口以连接 SAN 光纤交换机。

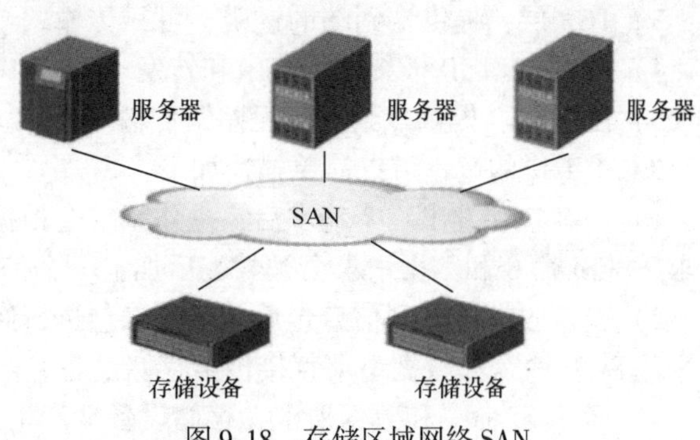

图 9-18　存储区域网络 SAN

在图 9-18 的结构中，SAN 从狭义上来说，一般就指的是 FC - SAN 了。FC（光纤通道）协议也有它自己的协议层，它可分为 FC - 0、FC - 1、FC - 2、FC - 3、FC - 4 五个层次。

- FC - 0：物理层，主要定义物理介质、电缆、编码和解码的标准。
- FC - 1：传输协议层或数据链接层，定义编码/解码信号。
- FC - 2：网络层，定义了帧、流控制和服务质量等。
- FC - 3：其他服务相关层，定义数据加密和压缩等。
- FC - 4：协议映射层，定义了光纤通道和上层应用之间的接口。

FC 从结构上与以太网有一定的相似，所以常常被称为“类以太网协议”。

在 FC - SAN 中，数据的存储是以数据块的形式传送，而不是前面 NAS 中多以文件为基础的，这一点在存储实现中能够使得效率变得更高，这也就是 FC - SAN 的性能优势所在，所以一些高端的存储项目都会使用它。

（4）IP - SAN　IP - SAN 有时被归到 SAN，但从严格意义上讲，它与 SAN（如 FC - SAN）是有区别的。虽然 IP - SAN 也是将存储这件事集中起来完成，但它相比 FC - SAN 缺少了重要的一个部件——存储网络，取而代之的则是 IP 网络。

在 IP - SAN 中，数据的存储和 FC - SAN 类似，也是以数据块为基本单位的，但是在这个基础单位之外，又包装了 IP 数据包头，这得以让它能在传统的以太网中顺利传送。为了解决这种传送，国际互联网工程任务组（the internet engineering task force，IETF）将相关内容制定成一个标准，称之为 iSCSI，有时，也把 iSCSI 的这个标准称为 IP - SAN。

顾名思义，iSCSI 是有 i 和 SCSI 两层意思，i 就是表示 TCP/IP，SCSI 则是存储技术 SCSI，iSCSI 就是两个技术的结合与发展。

iSCSI 的协议结构自顶向下可以分成五层，如图 9-19 所示。

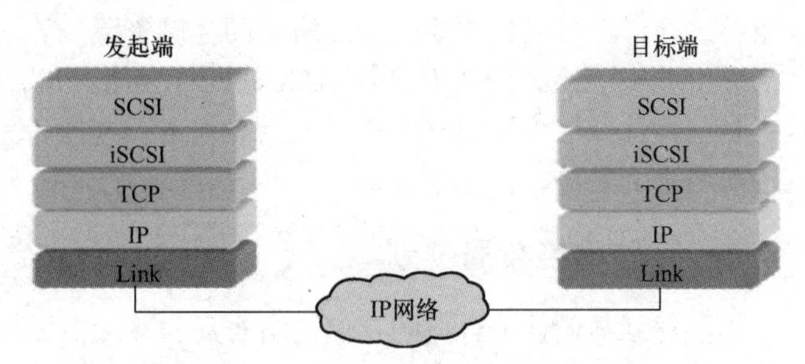

图 9-19　iSCSI 协议的五层结构

1）SCSI 层：根据应用发出的请求建立 SCSI CDB（命令描述块），并传给 iSCSI 层；同时接收来自 iSCSI 层的 SCSI CDB，并向应用返回数据。

2）iSCSI 层：对 SCSI CDB 进行封装，以便能够在基于 TCP/IP 的网络上进行传输，完成 SCSI 到 TCP/IP 的协议间映射。

3）TCP 层：提供端到端的透明、可靠传输。

4）IP 层：对 IP 报文进行路由和转发。

5）Link 层：提供点到点的无差错传输。

iSCSI 工作的过程可以简单描述如下：

1）当客户端发出一个请求后，操作系统会根据客户端请求的内容生成 SCSI 命令和数据请求，SCSI 命令和数据请求会被封装后加上一个信息包标题，然后通过以太网传向接收端。

2）当接收端接收到信息包后，对信息包进行解包，分离出 SCSI 命令与数据请求，分离出来的 SCSI 命令和数据请求直接传给存储设备。

3）当 SCSI 命令和数据请求在存储设备端产生相应的数据块后，数据块将被封装后返回到客户端作为响应客户端 iSCSI 请求。

iSCSI 这样的存储数据操作模式，可以利用到现有的 IP 网络从而节省开支。

在 iSCSI 标准里，客户端一般被称为 iSCSI 发起端（iSCSI initiator），而服务端则被称为 iSCSI 目标端（iSCSI target）。

iSCSI 发起端和 iSCSI 目标端在通信时需要建立 iSCSI 会话，iSCSI 发起端需要知道 iSCSI 目标端的 IP 地址、TCP 端口号和名字三个信息。

为了让 iSCSI 发起端获得一条到 iSCSI 目标端的通路，iSCSI 发起端需要被 iSCSI 目标端发现。iSCSI 一共有三种发现机制。

1）静态配置：在 iSCSI 发起端已经指定 iSCSI 目标端的 IP 地址、TCP 端口号和名字信息时，iSCSI 发起端不需要执行发现。iSCSI 发起端直接通过 IP 地址和 TCP 端口号来建立 TCP 连接，使用 iSCSI 目标端的名字来建立 iSCSI 会话。这种发现机制其实没有发现过程，比较适合比较小的 iSCSI 体系结构。

2）SendTarget 发现：在 iSCSI 发起端指定了 iSCSI 目标端的 IP 地址和 TCP 端口号的情况下，iSCSI 使用 IP 地址和 TCP 端口号建立 TCP 连接后建立发现对话。iSCSI 发起端发送 SendTarget 命令查询网络中已经存在的 iSCSI 信息。iSCSI 发起端和 iSCSI 网关设备建立对话并发送 SendTarget 请求给 iSCSI 网关设备，iSCSI 网关设备返回一系列和它相连的 iSCSI 目标端的信息，然后 iSCSI 发起端选择一个目标端来建立对话。

3）零配置发现：这种机制用于 iSCSI 发起端完全不知道 iSCSI 目标端的信息的情况下。iSCSI 发起端利用现有的服务定位协议（service location protocol，SLP）。iSCSI 目标端则使用 SLP 来注册，iSCSI 发起端可以通过查询 SLP 代理来获得注册的 iSCSI 目标端的信息。

在 Windows 7（Windows Server 2012）以后的 Windows 系统中，iSCSI 发起端已经成为默认组件，这样，可以方便地连接网络中的存储资源。

以上 DAS、NAS、SAN、IP－SAN 这四种存储方式，在具体规划使用的时候，应该考虑其各自的特性及经济性的问题，因地制宜地进行选择。另外，随着技术的发展，这些技术也有逐步融合的趋势。

### 9.4.2 存储网络布局规划

为了规划与设计最合适的存储网络布局，一般需要对其各个特性进行系统评估。主要评估的属性包括以下几个：

（1）应用要求　应用要求考虑的问题主要包括：

1）宕机冗余问题。必须确定应用系统现在和未来的宕机冗余。需要充分估计应用系统的宕机成本和对业务连续性的影响，以便清楚地了解是否需要高可用性解决方案。

2）性能问题。必须从数据吞吐量和最大可容许延时方面定义应用系统的性能要求。

3）增长问题。对由于应用扩展而导致的网络增长必须予以充分的估计。需要从几方面估计增长需要，如用户数量、服务器数量和应用系统的存储连接数量等。

（2）数据存储要求　数据存储要求考虑的问题主要包括：

1）数据位置。数据位置是指数据是放在统一的存储库中，还是分布在存储小区内。了解数据量和数据位置是有必要的。

2）数据量。需要存取的数据量是决定网络带宽和存储网络连接数量的关键因素。例如，存储阵列的规模和性能特点将决定支持阵列的必要网络连接数量。

3）数据和存取共享。需要考虑数据在多长时间内、如何被存取和共享。

（3）备份和灾难恢复要求　备份和灾难恢复考虑的问题主要包括：

1）容灾。容灾就是指为了防范由于自然灾害、社会动乱、IT 系统故障和人为破坏造成的信息系统数据损失的一项系统工程。容灾涉及众多技术以及众多厂商的各类解决方案。性能、灵活性以及价格都是必须考虑的因素。更重要的是，用户需要根据自己的实际需求量身打造。

2）备份。备份是容灾的基础，是指为防止系统出现操作失误或系统故障导致数据丢失，而将全部或部分数据集合从应用主机的硬盘或阵列复制到其他存储介质的过程。

（4）网络连接要求　网络连接要求考虑的问题主要包括：

1）端口计数要求。考虑支持现有和未来增长所需网络连接数是十分重要的。在最初设计中，如果没有包括完备的扩展战略，在实际应用中不断扩展的网络会出现传输量不平衡的现象，并最终影响整个网络的性能和可用性。

2）网络传输模式。为统一存储而实施的 SAN 与为少量服务器备份应用而实施的 SAN 之间的传输模式是不同的。服务器和存储设备之间的新连接需要考虑额外的端口计量。

3）带宽要求。当初步的网络拓扑设计成熟后，网络中应有特定的区域支持高带宽功能。

（5）服务器连接要求　每个服务器的存储网络连接要求需要对带宽、性能和可用性等方面评估，目的是了解每一种连接在正常和高峰传输环境中的不同要求，这样，不论网络活动有多繁忙，网络连接都能够支持运行需要。此外，服务器如何摆放（单独还是成组）将决定每个站点的交换端口数量需要。

## 9.5　本章总结

本章从存储的历史出发，先介绍了数据存储的各种介质，然后介绍了几种当下流行的硬盘接口，接着介绍了存储时用到的 RAID 技术及其主要的使用方法，还从存储方式等方面讨论了存储规划布局的各种要求及评估方法。

## 9.6　本章实践

### 使用 Openfiler 来实现网络存储

**1. 创建虚拟机**

1）使用 VMware Workstation 创建新的虚拟机。新建虚拟机向导的欢迎界面如图 9-20

所示。

2）在硬件兼容性方面，选择与低版本兼容会好一点，如图 9-21 所示。

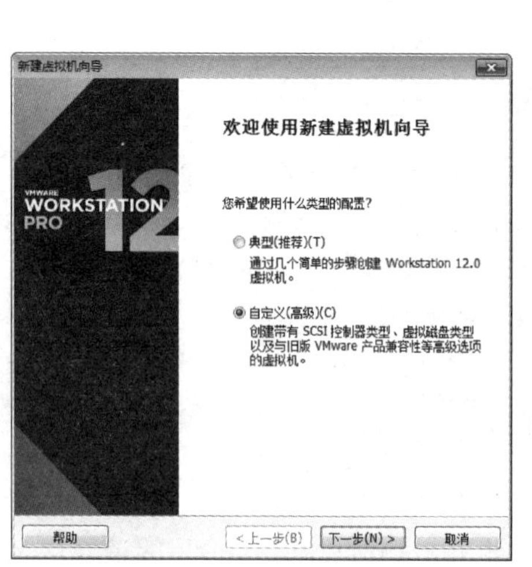


图 9-20 新建虚拟机向导

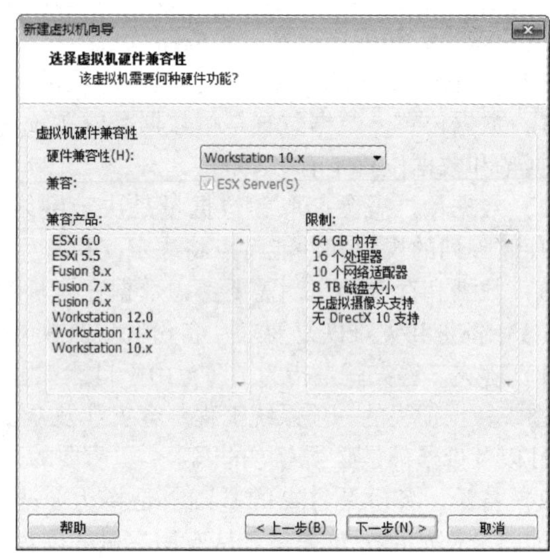


图 9-21 虚拟机兼容性

3）安装客户机操作系统。指定安装光盘，以便直接安装，如图 9-22 所示。（也可以配置好虚拟机以后，再指定光盘。）

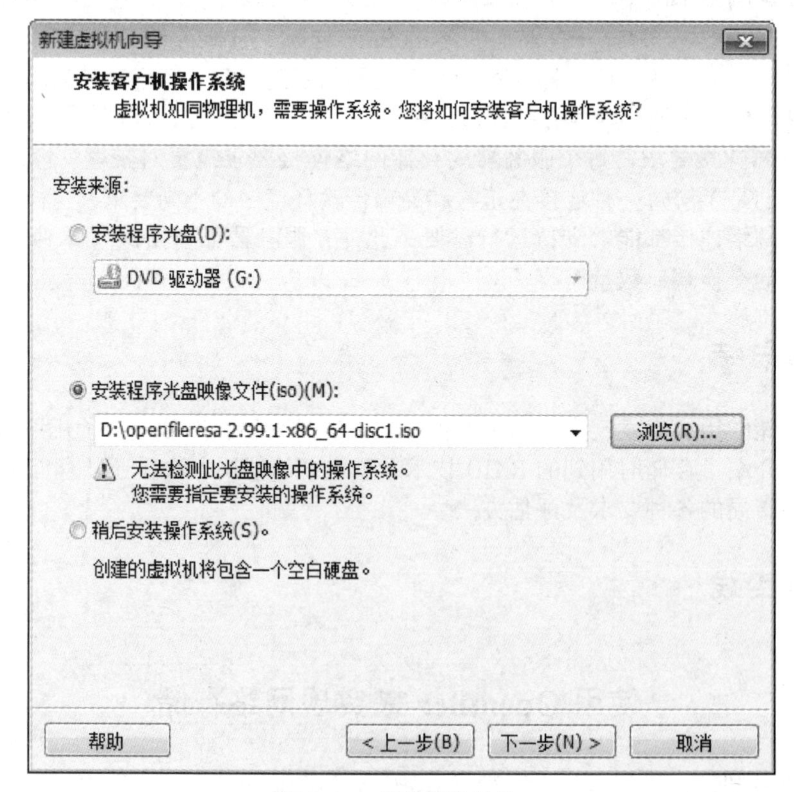


图 9-22 指定安装光盘

若无法识别操作系统，可以手动指定。本实践客户机的操作系统选择“Linux”，版本为“其他 Linux2. 6. x 内核 64 位”，如图 9-23 所示。

4）命名虚拟机。本实践将虚拟机命名为“openfiler”，并为其选择好保存的位置，如图 9-24 所示。

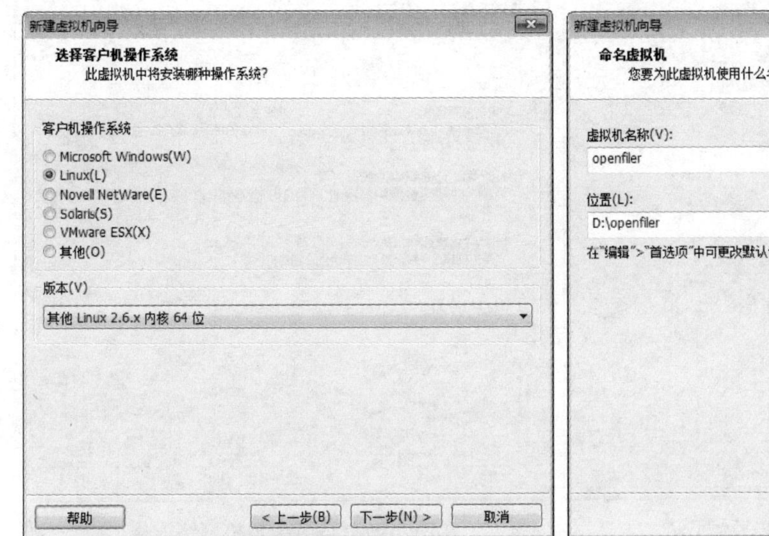


图 9-23　设置操作系统类型和版本

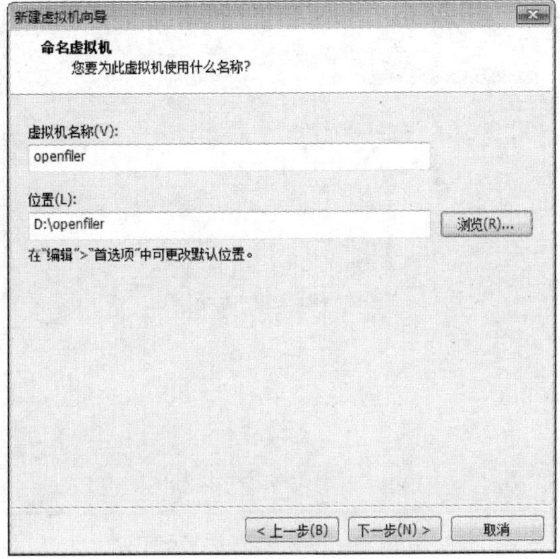


图 9-24　设置虚拟机的名称及位置

5）选择适当的处理器数量，如图 9-25 所示。

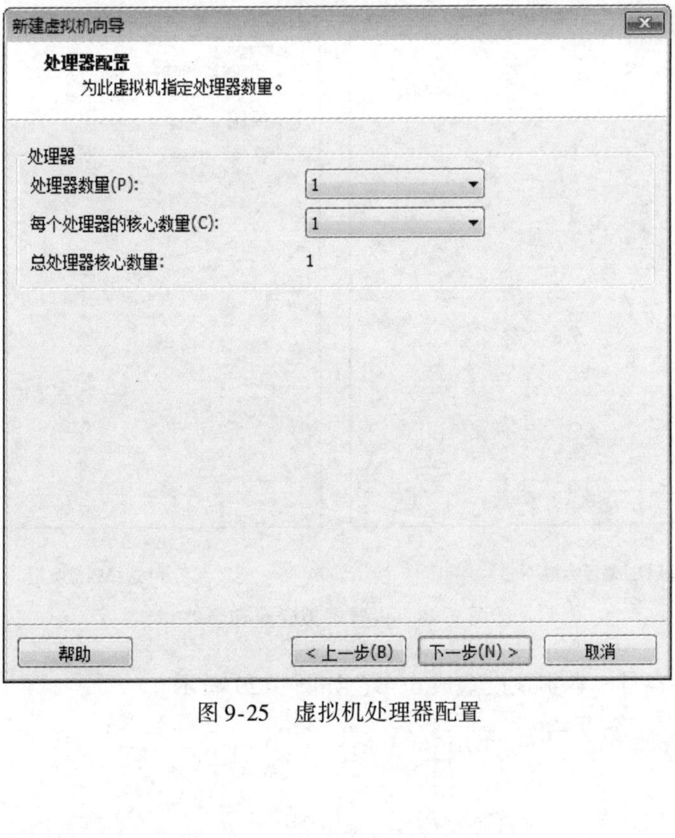

图 9-25　虚拟机处理器配置

6）设置虚拟内存大小，如图9-26所示。

7）选择适当的网络连接方式。本实践中，只要求和本机连接，所以选择NAT即可（见图9-27），但更多的情况是选择桥接网络。

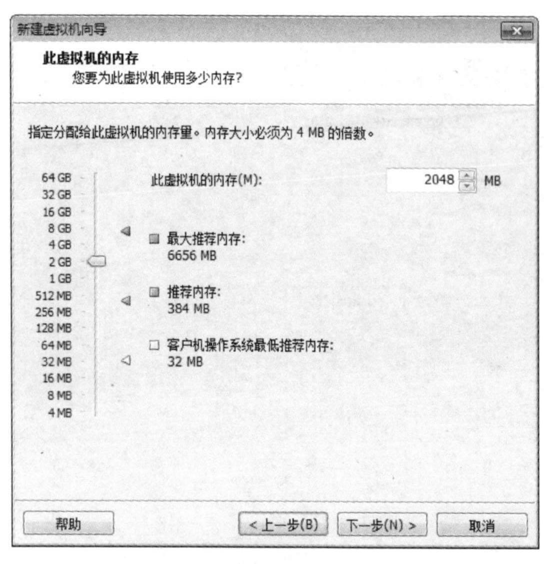


图9-26　设置虚拟内存大小

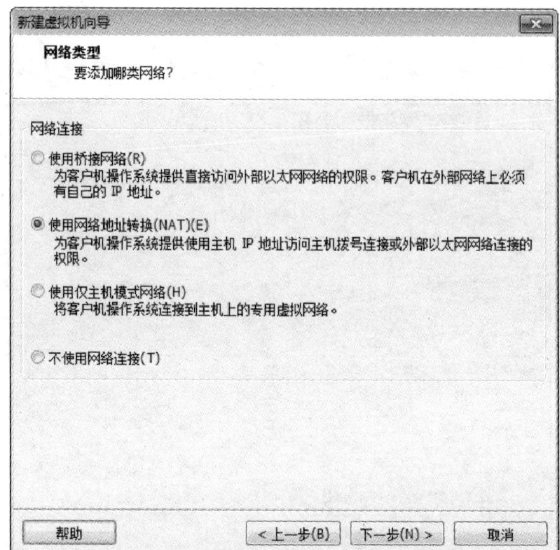


图9-27　设置虚拟机网络连接

8）选择适合的存储硬盘，本实践中，I/O控制器选择LSI（见图9-28a），硬盘类型设为SCSI（见图9-28b）。

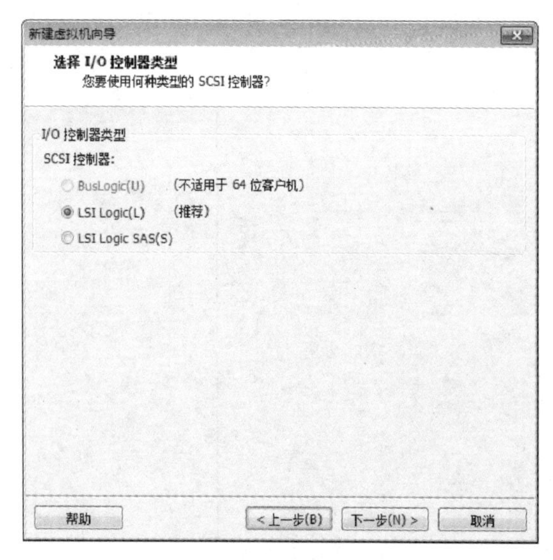


a) 选择I/O控制器类型

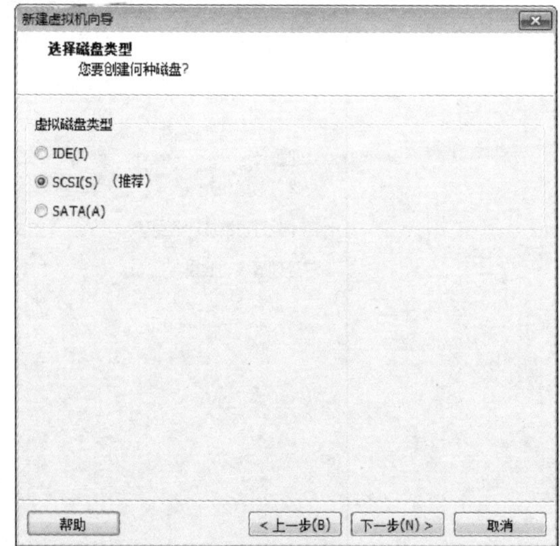


b) 选择磁盘类型

图9-28　设置虚拟磁盘和硬件

9）指定磁盘容量。本实践设置成6GB，如图9-29所示。

10）指定磁盘文件。每一个磁盘需指定一个磁盘文件，如图 9-30 所示。

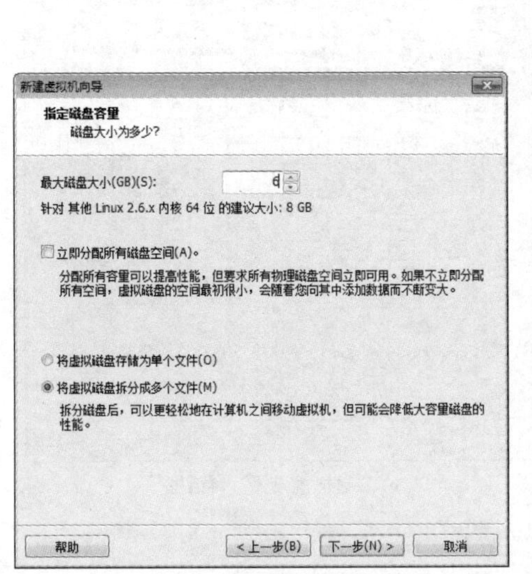


图 9-29　设置虚拟机磁盘容量

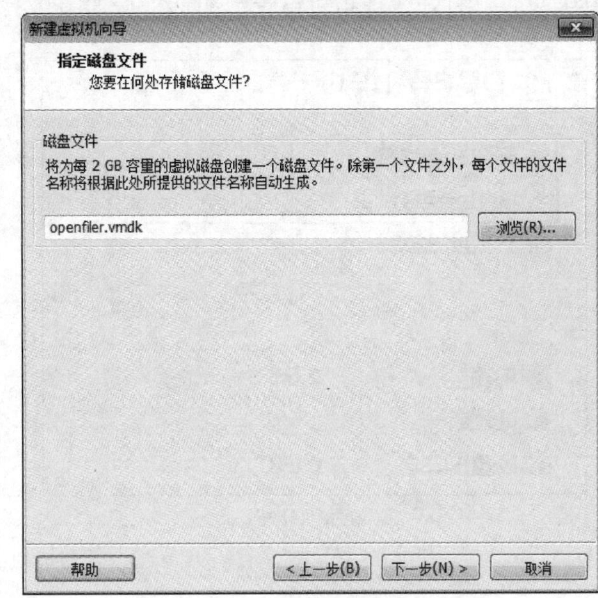


图 9-30　指定虚拟机磁盘文件

11）虚拟机创建完成，如图 9-31 所示。

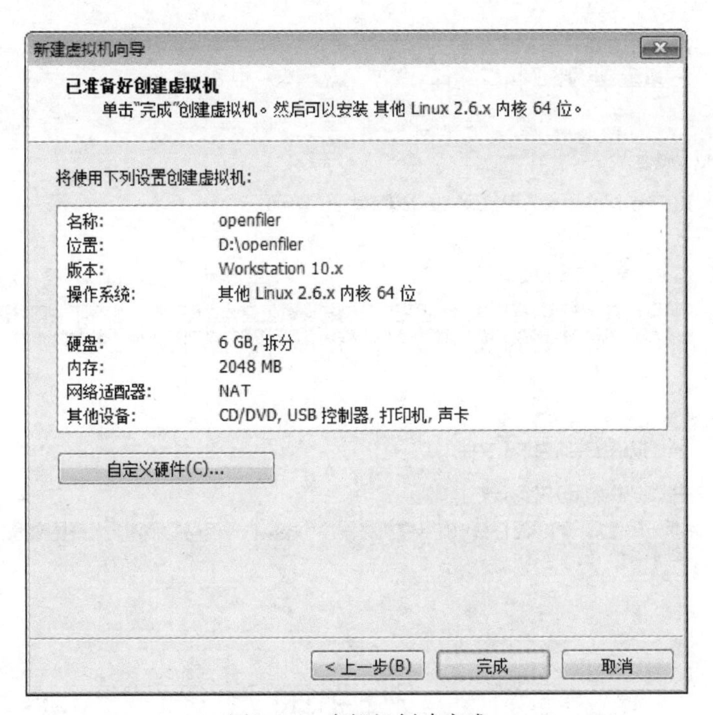


图 9-31　虚拟机创建完成

**2. 编辑虚拟机配置**

创建完虚拟机以后，请再次编辑虚拟机的配置。

1）选择刚刚创建的虚拟机后，在基本任务栏中，选择“编辑虚拟机设置”命令（见图 9-32a），打开“虚拟机设置”对话框，如图 9-32b 所示。

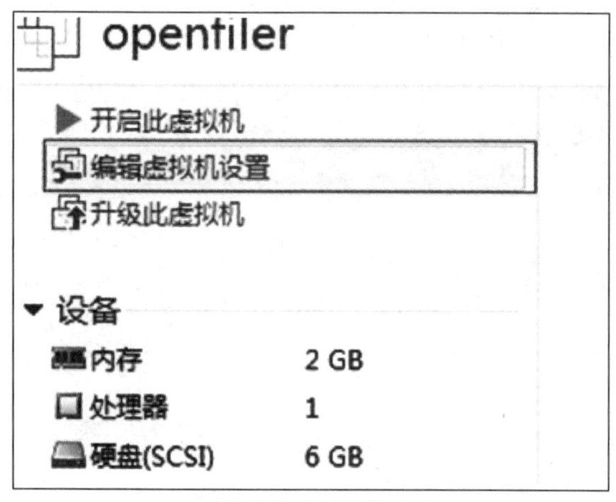


a）“编辑虚拟机设置”命令

b）“虚拟机设置”对话框

图 9-32 编辑虚拟机设置

2）为虚拟机添加 4 个磁盘，每个大小都是 3GB，如图 9-33 所示。

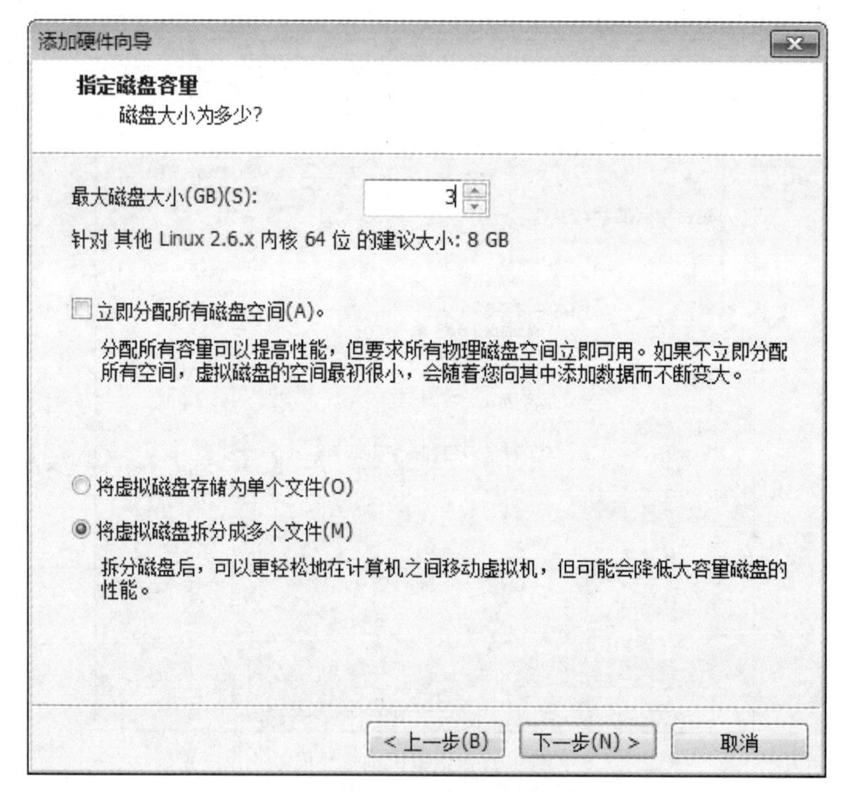


图 9-33 为虚拟机添加磁盘

3）添加新磁盘以后，再查看虚拟机设置，如图 9-34 所示。

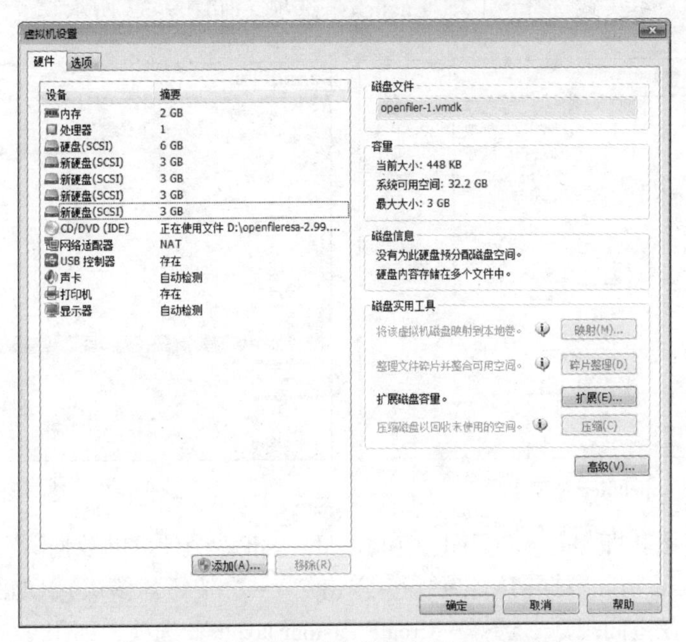


图 9-34　虚拟机添加新硬盘以后的配置

**3. 启动虚拟机**

1）打开已创建的虚拟机的控制台（可在右键快捷菜单中选择“打开控制台”命令）。

2）单击绿色的按钮启动虚拟机。

**4. 安装 openfiler**

1）启动以后，虚拟的光驱启动了系统，直接进入 openfiler 的安装界面（见图 9-35），按〈Enter〉键直接进入安装向导，如图 9-36 所示，单击“Next”按钮。

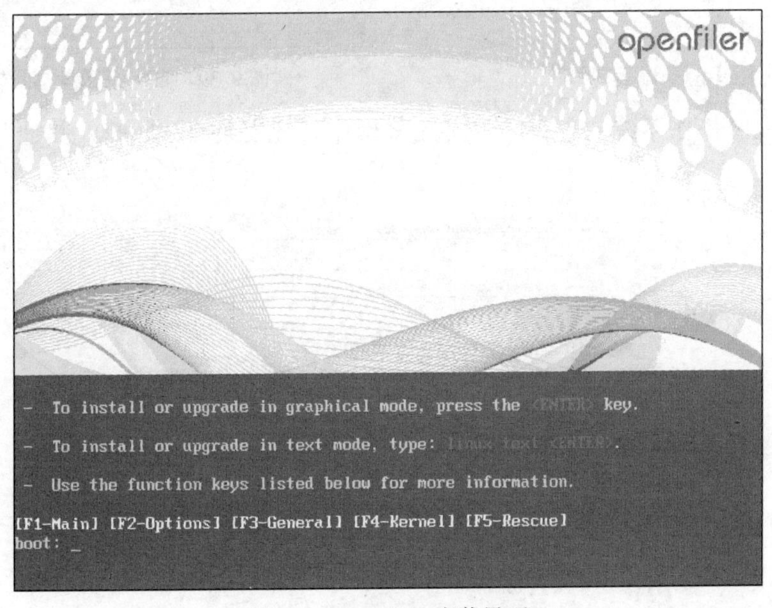


图 9-35　openfiler 安装界面

2）选择语言。本实践选择“U. S. English”选项，如图 9-37 所示。

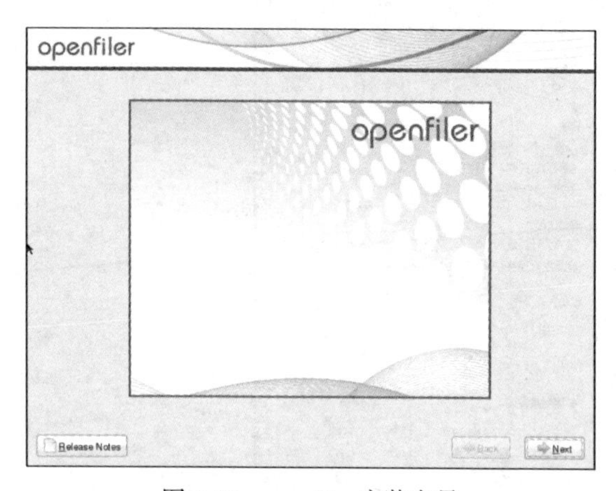


图 9-36　openfiler 安装向导

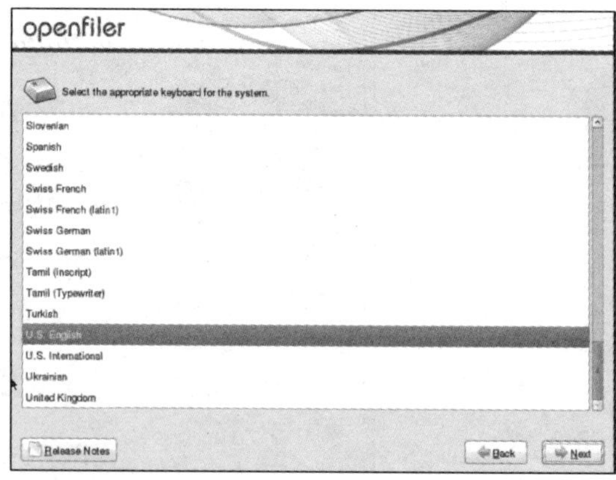


图 9-37　选择语言

3）磁盘初始化。将 sda、sdb、sdc、sdd、sde、sdf 六个硬盘的数据清空。在弹出的警告对话框中，询问是否清除数据初始化磁盘，单击“Yes”按钮（多次），如图 9-38 所示。

4）自定义磁盘空间规划。选择“Create custom layout”选项，如图 9-39 所示。

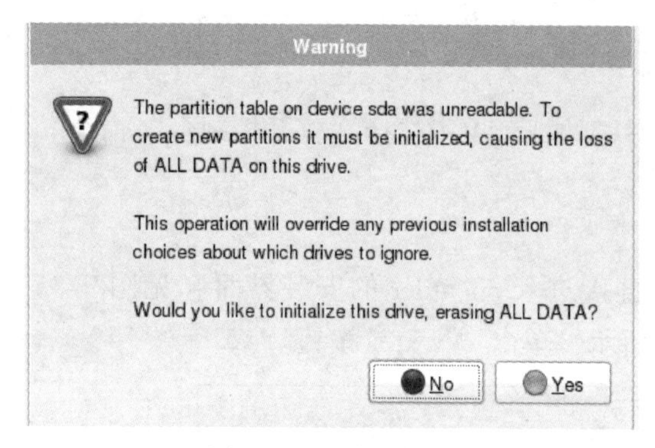


图 9-38　磁盘初始化

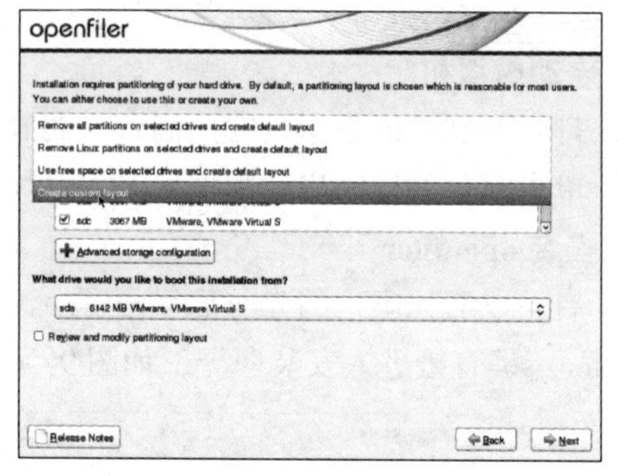


图 9-39　自定义磁盘空间规划

5）选择安装操作系统的磁盘。本实践将操作系统安装至 sda 盘，其他几个不用，如图 9-40 所示。

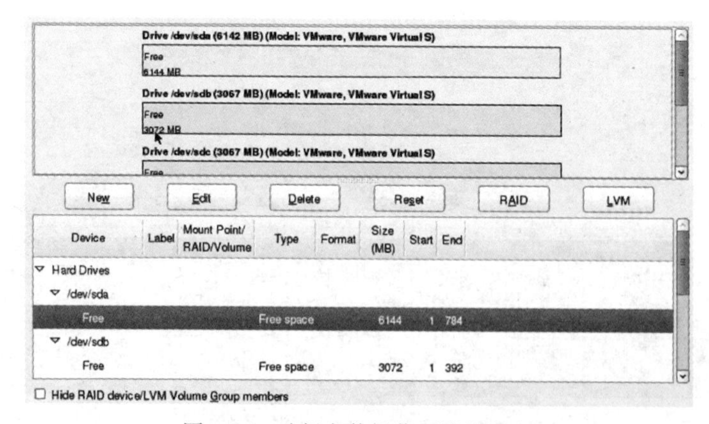


图 9-40　选择安装操作系统的磁盘

6）新建一个 Partition 用于安装 openfiler 系统的操作系统根目录，如图 9-41 所示。

7）设置交换分区，如图 9-42 所示。

```
Mount Point:/
File System Type:ext3
选择 sda
Size:4000
Additional Size Options:Fixed size
```

最好再创建一个 swap 分区：

```
Mount Point:
File System Type:swap
选择 sda
Size:2048
Additional Size Options:Fixed size
```

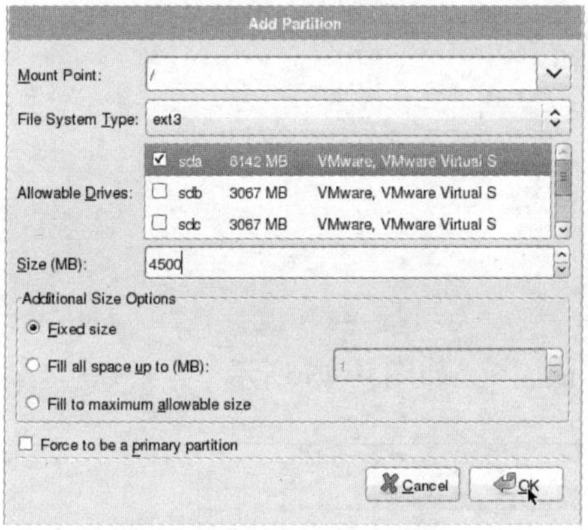

图 9-41　操作系统安装目录

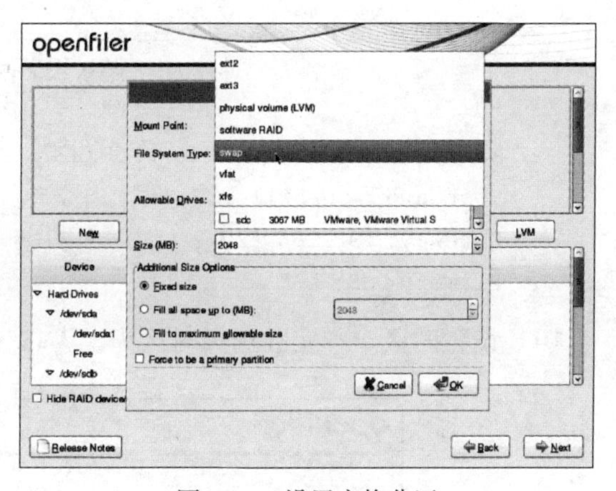


图 9-42　设置交换分区

8）配置启动器。本实践选中 “The EXTLINUX boot loader will be installed on/dev/sda.” 单选按钮，如图 9-43 所示。

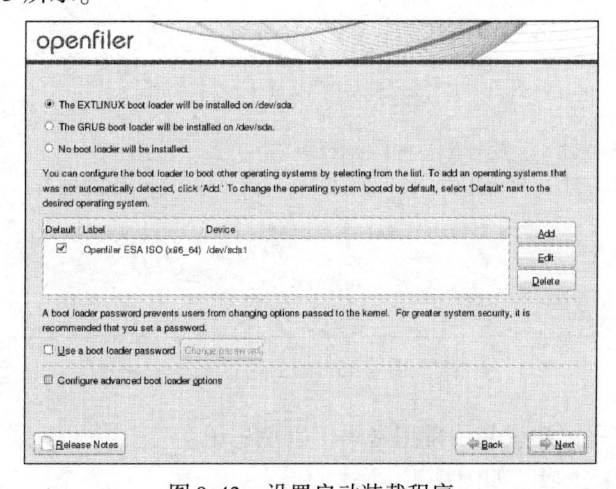


图 9-43　设置启动装载程序

9）配置网络。更改默认的 DHCP 方式，如图 9-44 所示。

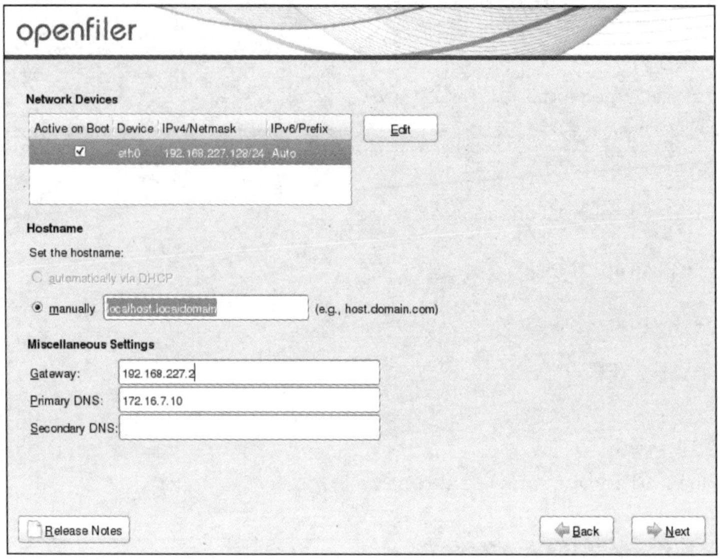

图 9-44　配置网络

```
Manual configuration:192.168.227.128  255.255.255.0
Hostname : openfiler37
Gateway: 192.168.227.2
Primary DNS: 172.16.7.10
```

10）设置时区。本实践选择时区为“Asia/Shanghai”，如图 9-45 所示。

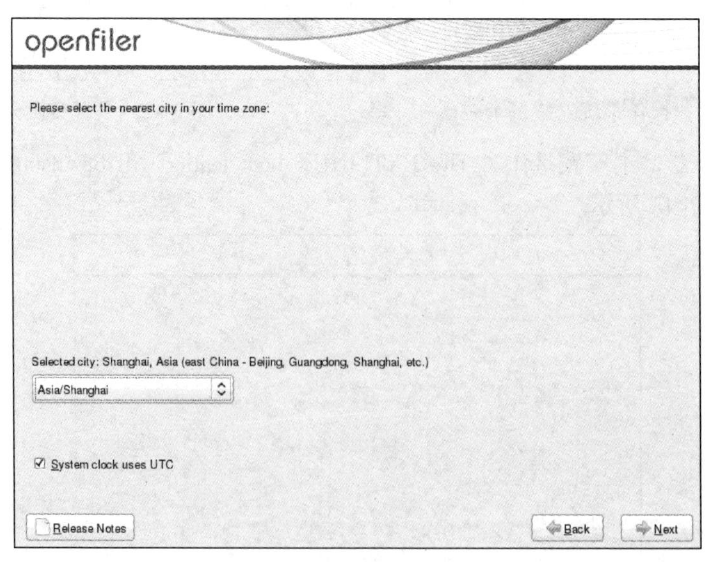


图 9-45　设置时区

11）设置 root 密码。建议使用常用密码，以免忘记。

12）openfiler 安装完成，如图 9-46 所示。

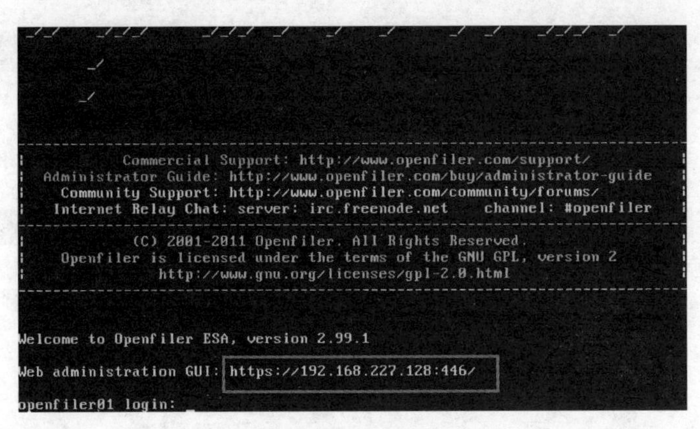


图 9-46　安装完成

注意：是“https”而不是“http”。这样就创建了相关 Web 服务了。接着是通过浏览器进行配置（建议使用 Chrome 浏览器）。

**5. 通过浏览器配置**

1）用浏览器打开 Web 管理的 URL，如图 9-47 所示。

图 9-47　首次访问 URL

出现首次登录界面，如图 9-48 所示。密码不是前面设的密码，而是 openfiler 默认 Web 访问密码。Username 为 openfiler，Password 为 password。

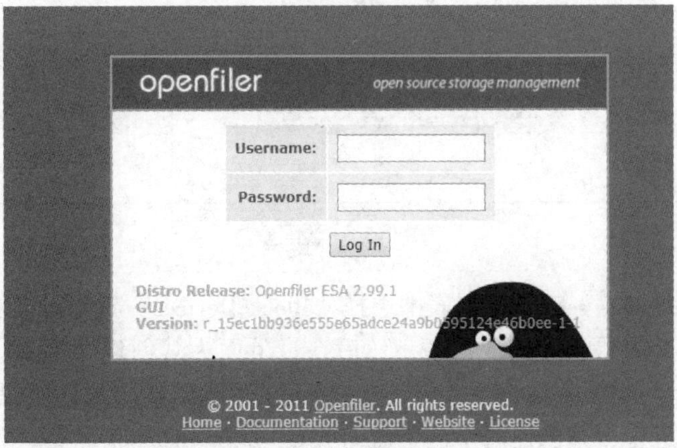

图 9-48　登录界面

openfiler 有八个选项卡，分别是 Status、System、Volumes、Cluster、Quota、Shares、Services 和 Accounts，如图 9-49 所示。对于我们来说，Cluster、Quota、Shares 和 Accounts 可以不用。

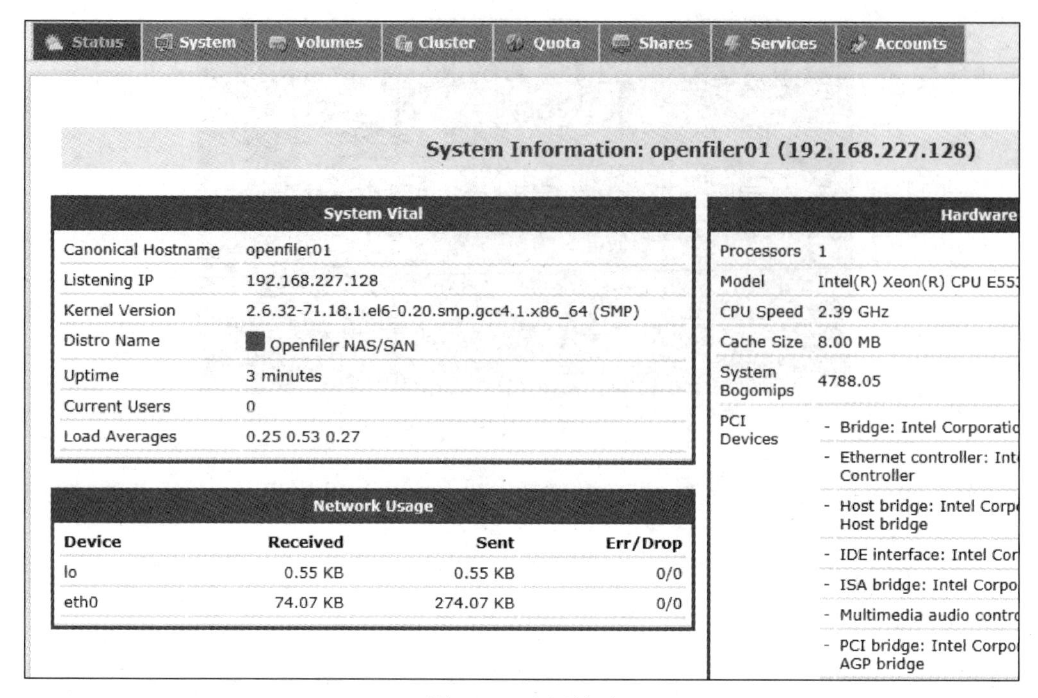


图 9-49　配置首页

Status 可用来查看当前的 openfiler、iSCSI 及 FC 的状态。

2）设置 Volumes。单击 Volumes 选项卡，如图 9-50 所示。

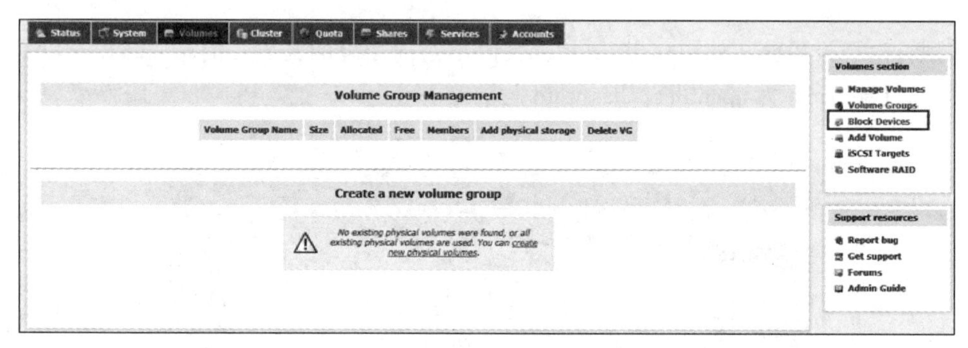


图 9-50　卷配置

① 在右侧“Volumes section”列表中选择“Block Devices”选项。可看到本机中的硬盘及块设备。选择一个需要添加的块设备，然后在最下面为其创建“RAID array member”起始扇区和结束扇区，如图 9-51 所示。其中，/dev/sda 已经被用掉，所以从/dev/sdb 开始，都可用。逐个单击进去，并创建属于这个盘的 RAID array member 存储。

② 再单击图 9-50 中右侧“Volumes section”列表中的“Soft ware RAID”选项来创建 RAID 盘，如图 9-52 所示。

③ 创建一个新的卷组。单击图 9-50 中右侧“Volumes section”列表中的“Volume Groups”选项，并选择加入刚才创建的 RAID 盘，如图 9-53 所示。

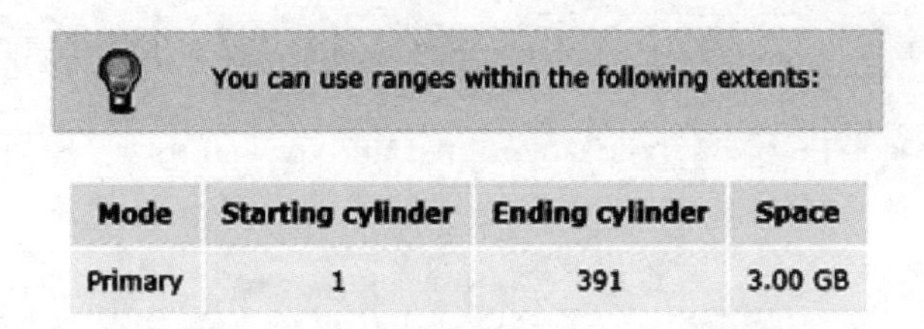


| Mode | Starting cylinder | Ending cylinder | Space |
|---|---|---|---|
| Primary | 1 | 391 | 3.00 GB |

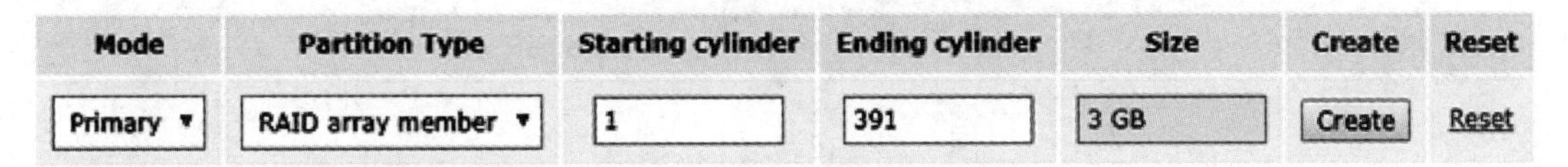


图 9-51　设置 RAID array member

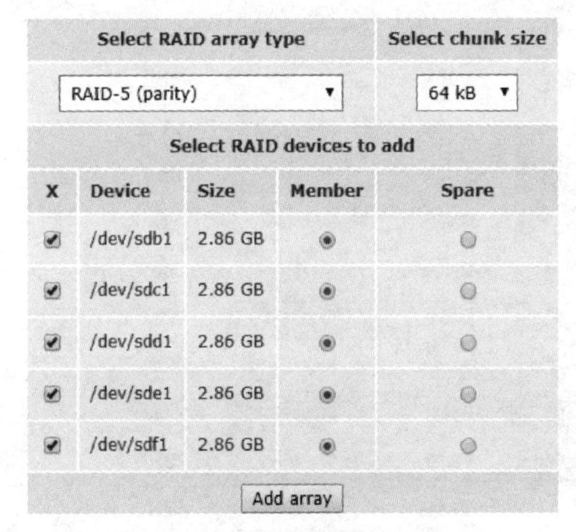


图 9-52　创建 RAID 盘

Create a new volume group

Valid characters for volume group name: A-Z a-z 0-9 _ + -

Volume group name (no spaces)

hzsvolGroup

Select physical volumes to add

/dev/md0　11.42 GB

Add volume group

图 9-53　卷组

创建好的卷组列表如图 9-54 所示。

Volume Group Management

| Volume Group Name | Size | Allocated | Free | Members | Add physical storage | Delete VG |
|---|---|---|---|---|---|---|
| hzsvolgroup | 11.41 GB | 0 bytes | 11.41 GB | View member PVs | *All PVs are used* | Delete |

图 9-54　卷组列表

④ 在卷组中新建卷。在图 9-50 中右侧的 “Volumes section” 列表中选择 “Add Volume” 选项。在卷组中创建一个 Volume，专门给 iSCSI 使用，并指定好卷的大小，如图 9-55 所示。

3）开启 Service。

单击打开 Services 选项卡，然后开启 iSCSI Initiator 和 iSCSI Target 两个服务，并将其设置为一启动即开启，如图 9-56 所示。

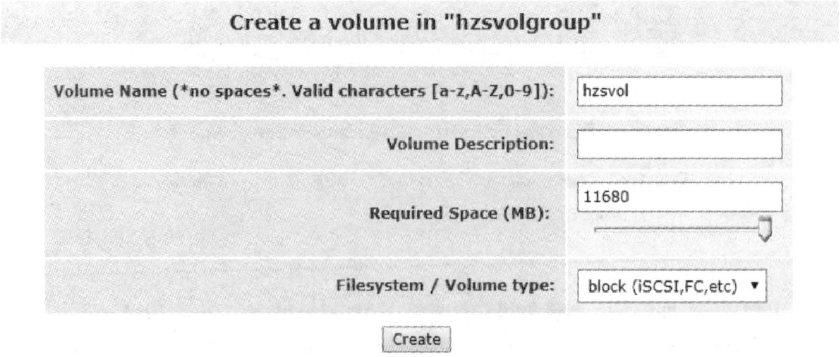

**Create a volume in "hzsvolgroup"**

| | |
|---|---|
| Volume Name (*no spaces*. Valid characters [a-z,A-Z,0-9]): | hzsvol |
| Volume Description: | |
| Required Space (MB): | 11680 |
| Filesystem / Volume type: | block (iSCSI,FC,etc) |

Create

图 9-55　在卷组中新建卷

4）回到 Volumes 选项卡。在图 9-50 中右侧的“Volumes section”列表中选择“iSCSI Targets”选项。有四个子选项卡：Target Configuration、LUN Mapping、Network ACL 和 CHAP Authentication。注意：其中最后一个可以不用！

① 在 Target Configuration 子选项卡中，对前面的 iSCSI Target IQN 进行加入操作，如图 9-57 所示。完成结果如图 9-58 所示。

② 将此 Target 和创建的某一 Volume 进行映射，如图 9-59 所示。

③ 引入某个 ACL（注意：这个 ACL 在 System 选项卡里可创建，名字可自定义），如图 9-60 所示。

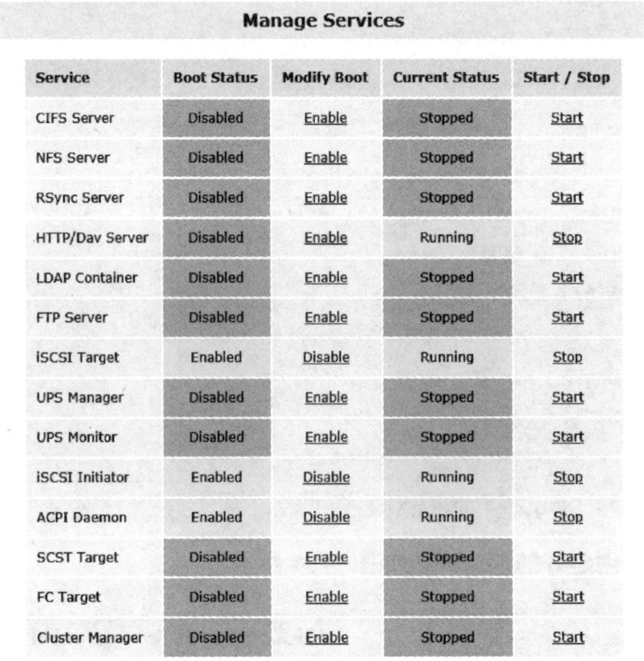

**Manage Services**

| Service | Boot Status | Modify Boot | Current Status | Start / Stop |
|---|---|---|---|---|
| CIFS Server | Disabled | Enable | Stopped | Start |
| NFS Server | Disabled | Enable | Stopped | Start |
| RSync Server | Disabled | Enable | Stopped | Start |
| HTTP/Dav Server | Disabled | Enable | Running | Stop |
| LDAP Container | Disabled | Enable | Stopped | Start |
| FTP Server | Disabled | Enable | Stopped | Start |
| iSCSI Target | Enabled | Disable | Running | Stop |
| UPS Manager | Disabled | Enable | Stopped | Start |
| UPS Monitor | Disabled | Enable | Stopped | Start |
| iSCSI Initiator | Enabled | Disable | Running | Stop |
| ACPI Daemon | Enabled | Disable | Running | Stop |
| SCST Target | Disabled | Enable | Stopped | Start |
| FC Target | Disabled | Enable | Stopped | Start |
| Cluster Manager | Disabled | Enable | Stopped | Start |

图 9-56　服务状态

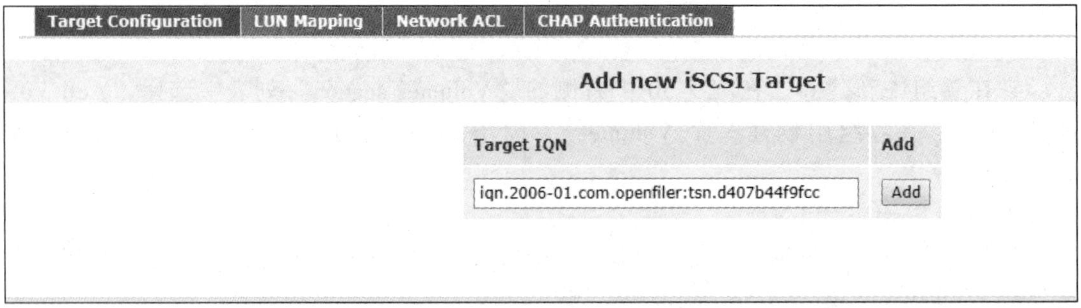

Target Configuration　LUN Mapping　Network ACL　CHAP Authentication

**Add new iSCSI Target**

| Target IQN | Add |
|---|---|
| iqn.2006-01.com.openfiler:tsn.d407b44f9fcc | Add |

图 9-57　新的 iSCSI 目标端

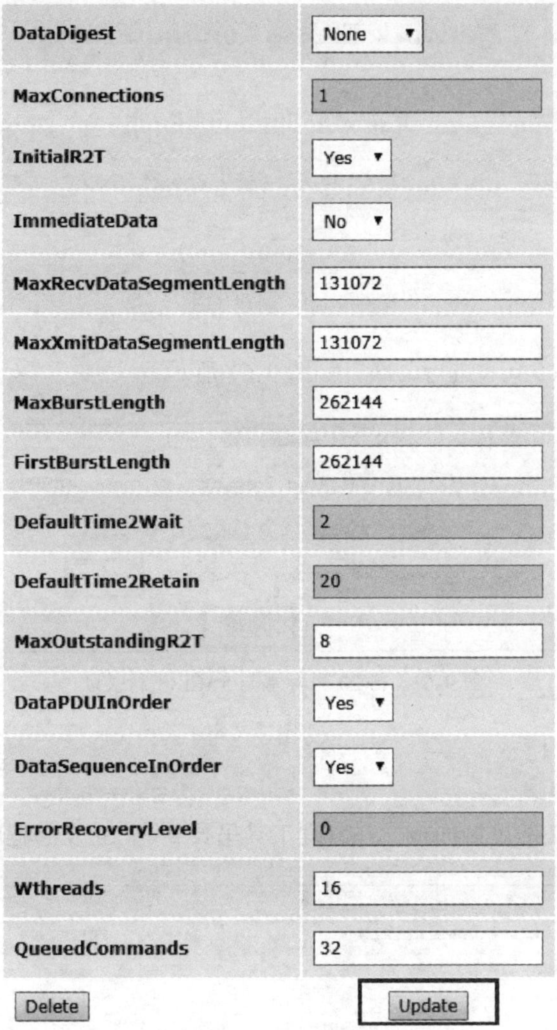

| | |
|---|---|
| DataDigest | None |
| MaxConnections | 1 |
| InitialR2T | Yes |
| ImmediateData | No |
| MaxRecvDataSegmentLength | 131072 |
| MaxXmitDataSegmentLength | 131072 |
| MaxBurstLength | 262144 |
| FirstBurstLength | 262144 |
| DefaultTime2Wait | 2 |
| DefaultTime2Retain | 20 |
| MaxOutstandingR2T | 8 |
| DataPDUInOrder | Yes |
| DataSequenceInOrder | Yes |
| ErrorRecoveryLevel | 0 |
| Wthreads | 16 |
| QueuedCommands | 32 |

Delete Update

图 9-58 完成结果

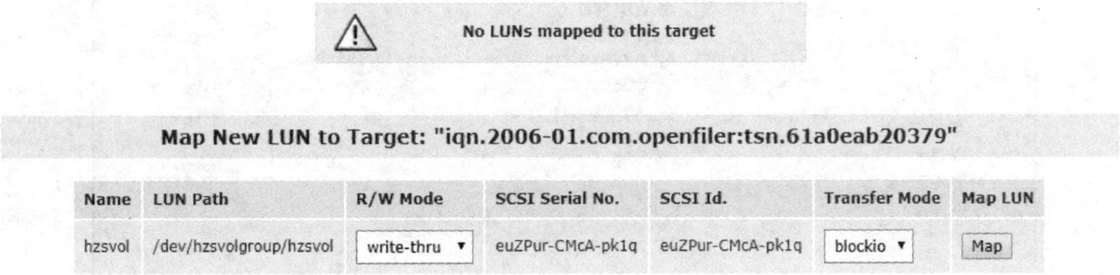

No LUNs mapped to this target

Map New LUN to Target: "iqn.2006-01.com.openfiler:tsn.61a0eab20379"

| Name | LUN Path | R/W Mode | SCSI Serial No. | SCSI Id. | Transfer Mode | Map LUN |
|---|---|---|---|---|---|---|
| hzsvol | /dev/hzsvolgroup/hzsvol | write-thru | euZPur-CMcA-pk1q | euZPur-CMcA-pk1q | blockio | Map |

图 9-59 映射

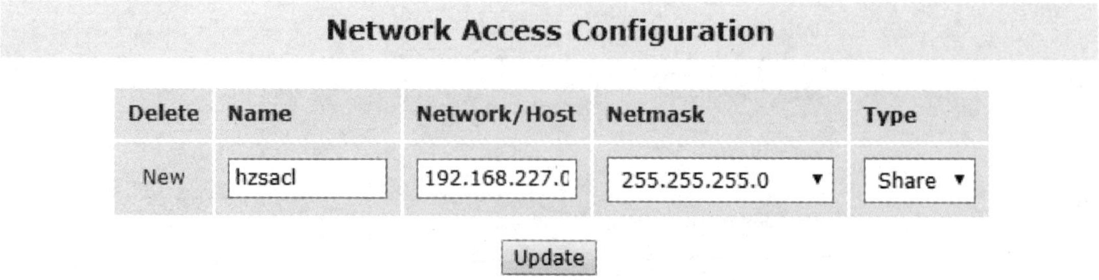

Network Access Configuration

| Delete | Name | Network/Host | Netmask | Type |
| --- | --- | --- | --- | --- |
| New | hzsacl | 192.168.227.0 | 255.255.255.0 | Share |

Update

图 9-60 创建 ACL

④ 将 iSCSI 目标端 5ACL 进行关联，如图 9-61 所示。

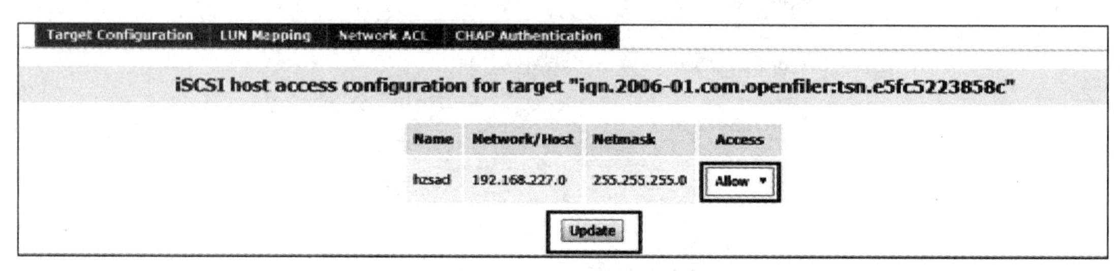


图 9-61 iSCSI 目标端与 5ACL 进行关联

至此，iSCSI 已可用。

**6. 设置 iSCSI 客户端**

1）打开 Windows 7 的控制面板，在管理工具里找到 iSCSI 发起程序，如图 9-62 所示。

图 9-62 iSCSI 发起程序

2）启动 iSCSI 发起程序后寻找 iSCSI 源，如图 9-63 所示。

3）自动配置卷和设备，如图9-64所示。

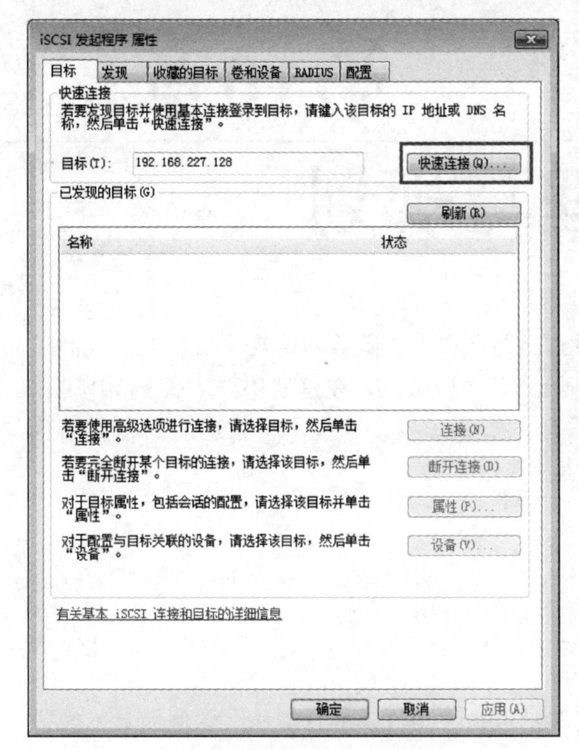


图9-63　发起快速连接

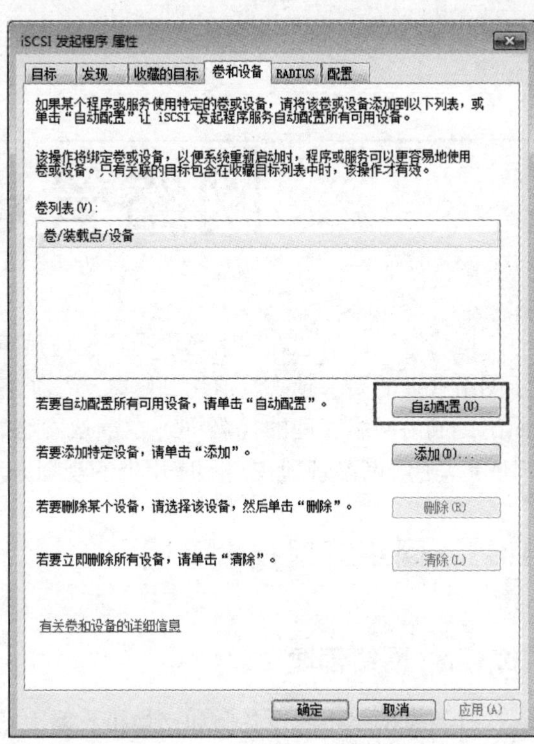


图9-64　自动配置卷和设备

4）启动磁盘管理器即可发现新磁盘，如图9-65。（可从“我的电脑”的右键快捷菜单中直接找到。）

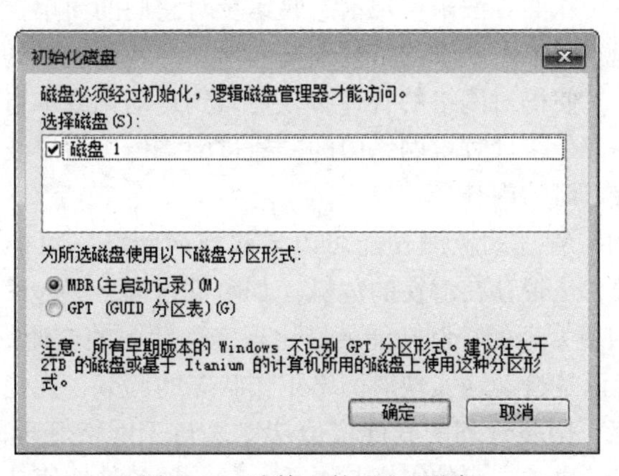


图9-65　连接上的iSCSI磁盘

至此，iSCSI设备已连接，并为Windows 7系统所使用。

# 第10章 网络管理与规划

网络管理的概念在网络还没有广泛应用时就已经被提出，随着网络规模的扩大，人们对于网络管理的要求越来越迫切，随之产生了各种网络管理协议。在这些协议中，SNMP 脱颖而出，成为网络管理的代名词。本章从网络管理的概念出发，围绕网络管理的问题，结合 SNMP，了解网络管理在实际应用中的规划方法。

## 10.1 网络管理技术概述

### 10.1.1 网络管理

计算机网络中的设备，如交换机、路由器等都可被视为特殊的计算机，它们通常不像普通计算机那样，有输出设备，如显示器，也没有输入设备，如键盘和鼠标，并且，这些网络设备常常被置于建筑物的相对适宜的位置，如置于楼道边上的设备间，或被集中起来置于机柜之中。要想收集这些设备的信息，通过为其接上输入/输出设备来查看，显然是不太合适的，这就需要使用一些特殊的方法来实现信息收集及对它们的简单控制。另外，网络的规模越大，管理员手动管理越困难，随着网络复杂度的增加、网络流量的增加以及用户对网络性能与安全性要求的提升，使得对网络的管理必须要做到自动化或半自动化。

好在这些网络设备都是在计算机网络内的，通过网络传送命令及数据并不算太难，这样就设定了网络管理几个方面的内容：

（1）监测功能　网络管理的监测功能可以了解当前网络（可能只是网络的一小部分）的工作状态是不是正常，是否存在潜在的危机（如负载过高、丢包率过高等）。

（2）控制功能　网络管理的控制功能就好比现实生活中的交通灯在交通管理中的作用，通过它，可以简单或者说是自动地实现对网络工作状态的调节、优化等。

（3）其他增值功能　网络管理的其他增值功能来自于网络管理的数据流，这些数据流有时会成为一种大数据，通过一定的组织与展示，来实现各种增值功能。

### 10.1.2 网络管理的功能域

网络管理的目标就是让网络更好地被利用起来。对此，国际标准化组织（International Organization for Standardization，ISO）规定了网络管理的五大功能域，分别是故障（fault）、配置（configuration）、计费（accounting）、性能（performance）和安全（security），分别来实现不同的网络管理功能。这就是如今的网络管理体系的基石，各种新的网络管理的标准与协议都是从这里发展而来的。

**1. 故障管理**

故障管理（fault management）是网络管理的首要问题，一般包含故障检测、故障分析与诊断、故障恢复等内容。由于网络可用性问题在网络管理中的重要性，故障管理的目的也就是保证网络能提供连续的功能。假设网络不能自我恢复解决可用性问题，则需要通过各种手段（如告警等）通知管理员来手动解决问题。

另外，故障管理有时还包括故障隔离等。当网络发生故障时，采用隔离故障的方法来尝试排除故障或使故障范围缩小，并相应做故障发生、修复等日志信息来通知管理员。

**2. 配置管理**

路由器与交换机构成了计算机网络的“骨架”，它们在计算机网络中的作用不言而喻。因为它们的特殊性，路由器与交换机一般都由配置文件再加上它们的IOS操作系统来实现功能。在网络管理中，有时需要对这种配置进行统筹规划与控制，即配置管理（configuration management）。它包括以下内容：

- 配置信息定义，设备、资源的命名及状态定义和参数配置。
- 管理对象的信息，包括设备、资源配置的信息自动收集。
- 管理对象的统筹性，设备、资源配置统一性问题。
- 管理对象的启停问题。

虚拟化技术逐渐普及，SDDC（软件定义的数据中心）的概念也慢慢为大众所接受，在计算机网络这方面，SDN（软件定义网络）技术也日渐成熟，很多的路由器、交换机等网络设备不再是以前的具体的硬件设备，这样对于它们的配置管理就被提到了一个前所未有的高度。在SDN的环境下，结合配置管理可逐渐实现自适应的、智能化配置的计算机网络。

**3. 计费管理**

计费管理（accounting management）是网络管理从经济的角度去考量，从而量化网络资源的消耗情况。一般包括以下几个方面：

- 计费数据的采集。这个步骤是计费的基础，也是计费的依据。通常应尽可能在不影响现有网络正常工作的前提下完成。
- 计费标准问题。
- 计费数据管理。这个步骤包括计费数据的存储、统计、分析、查询与审计。

计费管理这个概念在网络管理中很早就被提出了，但是在现在计费技术发展以后，这个层面上的计费慢慢淡出。

**4. 性能管理**

性能管理（performance management）是对网络的性能数据进行分析和评估，并做出相关的配置控制。主要包括以下几个方面：

（1）性能监控　主要是对网络对象的性能参数的采集与提交。由于网络设备的复杂性，网络的性能参数也各式各样，有流量、带宽利用率、数据丢包率、缓存使用率、处理器内存使用率等。在网络管理中，综合起来有下面几个指标：

1）网络的可用性性能指标。可用性是指网络系统、网络资源或网络应用对用户可利用的时间百分比。由于很多应用对可用性很敏感，如飞机订票系统、股票交易系统等，如果中断运行哪怕是几秒钟，都可能造成巨大的损失。可用性是网络可靠性的表现，而可靠性是指网络元素在具体条件下完成特定功能的概率。可用性常常用以下几个具体指标来表现：

- MTBF（mean time between failure，平均故障间隔时间）用来度量网络的故障率。
- MTTR（mean time to repair，平均恢复时间）用来度量网络失效后的平均维修时间。
- MTTF（mean time to failure，平均无故障时间）指系统平均能够正常运行多长时间，才发生一次故障。系统的可靠性越高，平均无故障时间越长。

另外，由于网络由许多部分组成，所以系统的可靠性与各个元素的联合可靠性有关。

2）响应时间性能指标。响应时间是指从用户输入请求到系统在终端上返回结果的时间间隔。从用户角度看，这个时间要和人们的思考时间（等于两次输入之间的最小间隔时间）配合，越是简单的工作（如数据录入）要求的响应时间越短。从实现角度看，响应时间越短越好。

3）吞吐量。吞吐量是面向效率的性能指标，具体表现为一段时间内完成的数据处理量或者接收用户会话的数量等。跟踪这些指标可以为提高网络传输提供依据。

4）利用率。利用率是指网络资源利用的百分率，它也是面向效率的指标。

（2）性能控制　一些网络的性能参数在被监控的同时可能还存在设置阈值、定时启停等情况，性能控制方面的管理就是在监控之外设置阈值并及时调整它。例如，有时会为了限制某网络的带宽使用从而设置带宽阈值。

（3）性能评估与分析　大型网络有时会设置一个可视化的监控界面，用来系统地对当前网络的情况做一个大致的分析与评估，并可实时或周期性地给出性能评估报告。

**5. 安全管理**

计算机网络从设计之初并没有过多地考虑安全问题，它是一种以学术为目的的网络，而如今的计算机网络安全问题在设计时就会被考虑再三。在网络管理方面安全管理同样有诸多的内容。

网络安全管理在网络管理中大致包括以下几个方面：

（1）数据安全问题　数据在通过 IP 网络时，默认情况下是明文传送的，在某些情况下，为了确保网络资源的保密性，就需要对数据进行一定程度上的加密处理，如 IPSec 技术就是对 IP 进行加密的一种方法。

（2）认证体系　有时用户加密这种方法并不够用，还需要对用户的身份进行认证管理，认证体系就是用来解决这个问题的。例如，PKI 体系就在一定程度上解决了这个认证的问题。

（3）日志与审计　安全管理的另一个问题是，在安全地或不安全地完成某一事件的情况下，存在一定的事件日志记录，并对这些事件进行审计，从而可以对事件进行溯源或回放。

### 10.1.3 网络管理的标准

网络管理相关标准最早是由 ISO 提出的，在其发展过程中，有几个相关的标准，但最终 SNMP 成为事实性标准。

**1. CMIP**

ISO 在 1991 年颁布了相关文档，即公共管理信息服务标准（Common Management Information Protocol，CMIP）。它主要包含以下一些内容：

- OSI 管理框架。
- 管理信息结构。
- 公共管理信息服务。
- 系统管理概述。
- 公共管理信息协议。
- 系统管理功能域。

这一系列标准有点像 OSI 的七层参考模型那样，虽然考虑得比较周全，但是具体运行起来却难度很大，资源要求高，负担重。好在这些内容为 SNMP 提供了经验和参考，使得 SNMP 的设计站在了巨人的肩膀之上。

**2. SNMP**

TCP/IP 协议集是由互联网工程任务组（IETF）推出的，其中包含了很多如今正在使用的协议及标准。SNMP（Simple Network Management Protocol，简单网络管理协议）也是由 IETF 推出的，而且 SNMP 一推出就得到了很多企业的支持与响应，SNMP 最后成为网络管理的事实性标准。本章后续将从 SNMP 着手，展开讲解网络管理的相关内容。

SNMP 也是不断地扩展与完善的。1990 年推出 SNMP 的 V1 版本，规定了网络管理中的一些基本内容与方法。1993 年，又推出 SNMP 的 V2 版本，进一步完善了 SNMP 的内容，并增强了报文认证及新的 SMI 规格资料形态。最新版本的 SNMP 是 SNMP 的 V3 版本，它在安全性与远程配置方面进行了强化。

**3. RMON**

RMON（Remote Network Monitoring）也是由 IETF 推出的，用来支持局域网的监控和协议分析。最初的版本（有时称为 RMON1）主要关注以太网和令牌环网中的 OSI 第一层和第二层信息。RMON2 增加了对网络和应用层监控的支持，且增加了对交换网络的支持。

RMON 目前俨然已是一种标准的监控规范，它规定了各种网络监视器和控制台系统交换网络监控数据，还可为网络管理员提供更多的自由选择网络监控探针和控制台，用于满足特定网络需求的功能。RMON 常常在某些客户机/服务器模型中直接运行，它可与 SNMP 的代理进行通信，从而实现网络的监控与管理。

**4. TMN**

TMN（Telecommunications Management Network）是在电信网络中采用的管理模式。TMN 是由 ITU－T 定义的协议模型。

TMN 是符合 OSI 的开放系统的，实现跨异构操作系统的电信网络的互连和通信，但其主要是在电信网络中开展，并没有应用到其他网络中去。很多人对它很陌生，它可以说是一种专用的协议规范。随着计算机网络与电信网络日趋走向融合，更多的人选择兼容性较好的 SNMP，但是 TMN 中也有值得借鉴的内容，或许在下一代的 SNMP 中会有新的扩展与补充正是来源于它。

网络管理的发展和计算机网络的发展很类似，计算机网络有七层模型，然后有 TCP/IP 协议集成为事实标准；而网络管理先有 CMIP，然后有 SNMP 和 RMON 成为事实标准。SNMP 是网络管理的重要组成部分，它吸收了很多其他优秀的协议与标准的精华，使网络管理变得更有效率。

## 10.2 SNMP

SNMP是由IETF提出的，它包含了网络管理体系结构中方方面面，并对具体事务进行了详细的规定。

### 10.2.1 SNMP的内容

在SNMP网络管理体系里，管理的实体为管理工作站，它通过SNMP与计算机网络中被管设备内部的管理代理进行通信，形成一个由被管设备具体参数信息组成的MIB库。SNMP网络管理的组成要素如下：

（1）被管理节点　或称为被管设备，是网络管理中需要被监测的对象。路由器、交换机、服务器、防火墙都可以成为被管理节点。

（2）管理代理（agent）　是用来跟踪被管设备状态的特殊软件。一般驻留运行在被管理节点的操作系统中，也可能是固化在硬件中。

（3）管理工作站（manager）　与管理代理进行通信，然后集中显示或控制。

（4）网络管理协议（protocol）　即SNMP，是管理工作站与代理之间交换信息的基础，使得网络上传送的网络管理信息可以被识别。

（5）管理信息数据库（MIB）　由于网络管理中传送的信息多为动态信息，以数据库的形式或视图存放更容易识别和处理。管理信息数据库是一种逻辑数据库，是在需要的时候将数据以某种视图或逻辑结构组织起来。

上述五个组成要素在图10-1所示的SNMP网络中起着各自的作用。

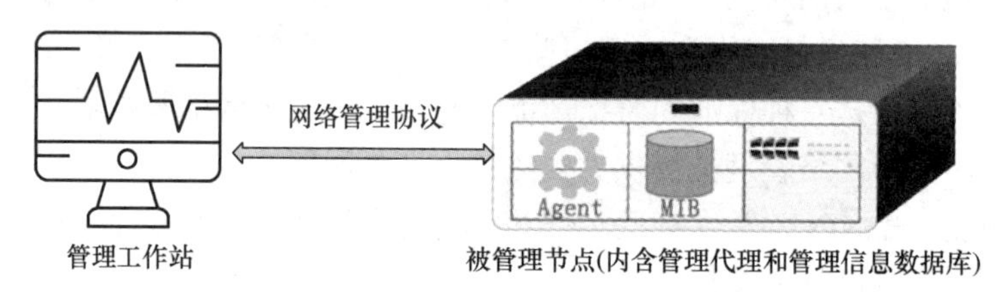


图10-1　SNMP网络管理实施

### 10.2.2 SNMP的相关技术

在网络管理中，需要对设备、资源进行监测与控制，为了实现这个过程，在SNMP使用过程中，用到了抽象语法标记（abstract syntax notation，ASN）、管理信息结构（structure of management information，SMI）和管理信息库（management information base，MIB）三个相关技术。

**1. ASN**

又可以称为ASN.1。它是MIB库的定义语言，是一种标准的数据表示与编码方法，可解决网络中由于异构而形成的兼容性问题。

在ASN.1中，用标识符来标识管理对象，每一个标识符都是一个简单的文本加上一个整数。整个库是一个树形的结构，除根节点不进行标识（无文本无整数），其他都进行一定的标识。

每棵树的根节点规定有三个子节点，分别是 iso、ccitt 和 joint-iso-ccitt。iso 表示国际标准化组织，ccitt 表示国际电信联盟，而 joint-iso-ccitt 则表示由两个组织联合定义。它们每个都附上了一个整数，iso 为 1，ccitt 为 0，joint-iso-ccitt 则为 2。而在 iso 节点下，如有 org，它附的数字为 3；org 下又有 dod，它附有数字 6；dod 下又有 internet，它附有数字 1；internet 这个节点亦可表示成 1.3.6.1，依此类推，如图 10-2 所示。

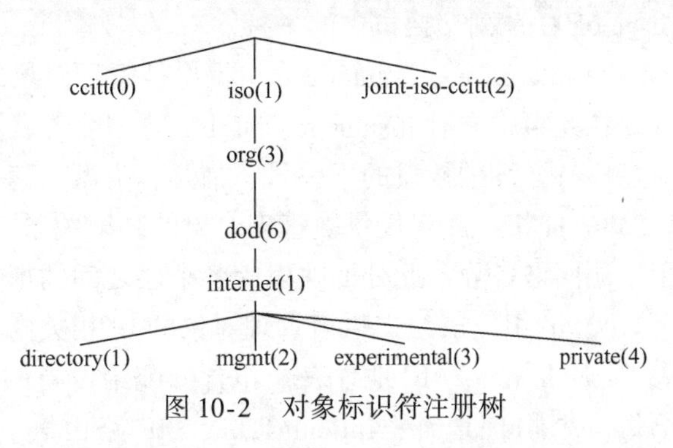

图 10-2　对象标识符注册树

在 SNMP 中，还用到了 ASN.1 来定义各种数据类型，以便用它们来描述注册树上的标识对象。ASN.1 中一共有四种数据类型，分别是简单类型、结构化类型、标记类型和其他类型。

简单类型一般可直接规定其取值类型；结构化类型则常常包含多个，有点像 C++语言中的结构体；标记类型则有点像 C++语言中的字符串；其他类型则一般在某个列表中选择，或任意类型。

**2. SMI**

SMI 是由 SNMP 提供支持的，从而定义出一个 MIB 的框架。可以说 SMI 是 SNMP 用到 ASN.1 中的内容（ASN.1 的内容远不止 SMI 用到的这些）。

SMI 定义了被管理的对象的四个基本属性，分别是对象（object）、语法（syntax）、访问权限（access）与状态（status）。

- 对象是指特定对象的标识符。例如，前面的 internet 对象，可以定义为{iso(1)org(3)dod(6)internet(1)}，也可以直接用{1.3.6.1}来表示。
- 语法是用来指定数据类型的，也可以用 NULL 来暂时不指定。
- 访问权限用来表示某个对象的访问方式，有只读、读写、只写和不可访问四种方式。
- 状态是被管理对象的状态说明，有必选、可选或废弃三种状态可选择。

**3. MIB**

MIB 是 SNMP 管理的基础，SNMP 事实上是围绕着 MIB 中的数据在运作，ASN.1 和 SMI 可以说是为 MIB 服务的。在 SNMP 网络中，每一个被管理的对象都有相应的管理信息，包括类型、名称、意义、权限等内容，而管理端可以通过操作这些管理信息来对 SNMP 网络中的网络设备资源进行管理。在网内的被管理的硬件、资源都被抽象化了，成为被管理对象存放在 MIB 中。

另外，管理端与管理代理也同样使用 MIB 作为一种数据接口，从而保证数据的可识别性与数据的共享特性。

MIB 库的内容分为两个阶段：第一版的 MIB，被称为 MIB-Ⅰ；后来又引入了若干个组，并引入很多新对象，称为 MIB-Ⅱ。一般来说，现在使用的 SNMP 的设备都默认使用 MIB-Ⅱ。为了描述对象，MIB-Ⅱ一共有 11 个组，分别是：

1）system 组。system 组提供被管理对象的高级特性与通用配置信息。组内的 sysDescr、

sysObjectID 等可以用来识别设备本身的特性。例如，思科公司在 MIB 库注册有节点，假定有一设备的 sysObjectID 为{1.3.6.1.4.9.5.45}，则按思科公司的定义，可以判断此设备为 Cisco 6500 系列交换机中的一种。

2）interface 组。interface 组提供被管理对象的网络接口信息，包括接口配置、接口事件等。在此组中常有 ifNumber、ifTable 等，前者表示设备的接口数量，后者则还有子节点，子节点中有详细的接口的索引号、描述、类型、速率等信息。

3）at 组。at 组提供被管理对象的映射关系，通常是网络地址与物理地址的映射等。由于二层网络各异，此处的映射为各个层之间的衔接。

4）ip 组。ip 组提供被管理对象的 IP 相关内容，具体保存网络层状态数据。它包含三个表：ipaddrTable（IP 地址表）包含分配给设备的 IP 地址信息，每一个地址会被唯一地分配给每一个物理地址；ipRouteTable（IP 路由表）包含用于路由选择的信息；ipNetToMedia Table（IP 地址转换表）提供 IP 地址和物理地址之间对应的地址转换表。

5）icmp 组。icmp 组提供被管理对象的 ICMP 操作的相关信息，如 ICMP 报文统计等。网络管理有时通过 icmp 组可以对网络的性能进行分析。

6）tcp 组。tcp 组提供被管理对象的 TCP 操作的相关信息，如 TCP 连接数等。

7）udp 组。udp 组提供被管理对象的 UDP 操作的相关信息，如 UDP 监听表等。

8）egp 组。egp 组提供被管理对象的 EGP 相关状态，如 EGP 报文发送量等。

9）cmot 组。此组保留 OSI 协议相关信息。

10）transmission 组。此组提供被管理对象的传输介质的相关信息。

11）snmp 组。此组用于跟踪 SNMP 实现与运行信息。实现 SNMP 的每一个设备一般都会使用 snmp 组，具体有 SNMP 的共同体信息、SNMP 的报文数、GET 报文数、SET 报文数等。

MIB 可以视为一个被管理设备的一种视角，一部分视角是共有共用的；还有另一部分，则是由企业“私有定制”的，如图 10-3 所示，图中右下方的节点（也就是 Enterprise 节点下方）就是像 IBM、HP、Cisco 等公司在这里“定制”的。

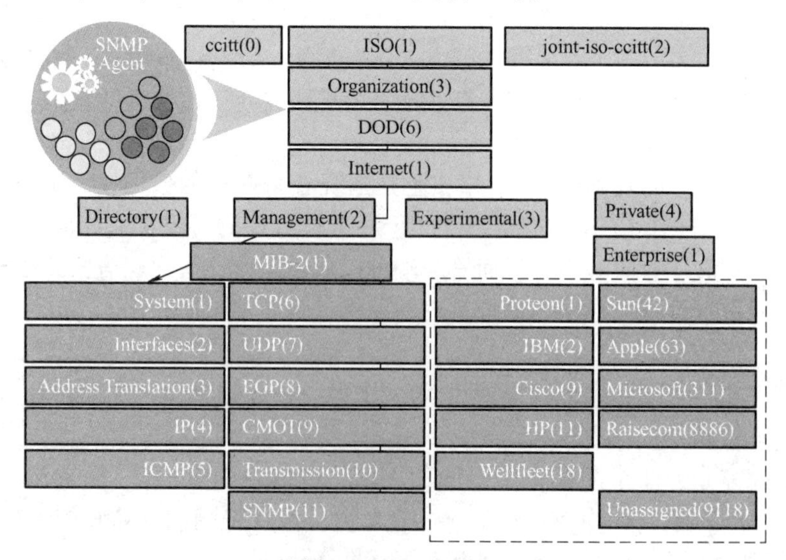


图 10-3　MIB 的节点

### 10.2.3 SNMP 通信

有了以上的“理论基础”以后，SNMP 就可在 TCP/IP 的网络上运作了，如图 10-4 所示，网管工作站和网络设备（路由器、交换机、服务器等）都是同处在网络的某一个位置，它们通过 SNMP 进行通信，相互之间传递 SNMP 报文。

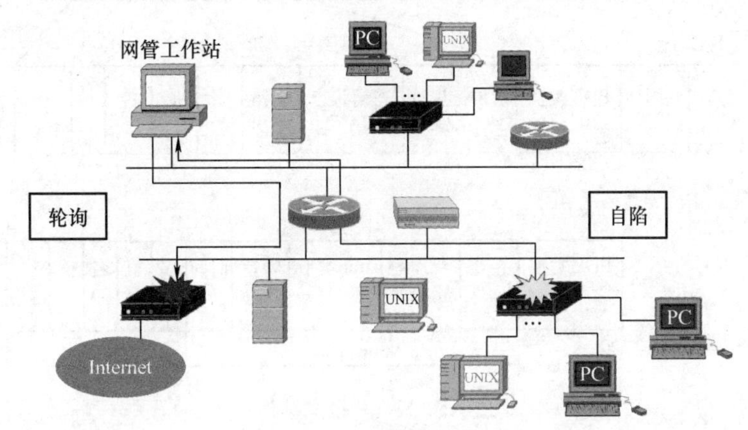


图 10-4 SNMP 通信

一方面，网管工作站可以通过 SNMP 来“轮询”网络设备，即网管工作站向被管理设备的 SNMP 代理发送 SNMP 报文，表明需要某网络参数（get 操作）或要求设备某网络参数（set 操作），被管理设备的 SNMP 代理取得各种网络参数后发送给网管工作站（get 操作）或者设置被管理网络设备的网络某参数（set 操作）。这种动作是由网管工作站主动发起的。“轮询”中的“轮”其实就是周期性的意思，一般可以设置一个查询周期来定时获得被管设备所采集到的网络参数。

另一个方面，被管设备同时也采用“自陷”的方式来主动向网管工作站提供各种网络参数。一般来说“自陷”是某种事件产生了以后才会由在被管设备中的 SNMP 代理来动作。事先可以由网管工作站为管理代理设定某个参数的一个阈值，当参数超过这个阈值时，事件被触发，管理代理即向网管工作站发送 SNMP 报文数据。

SNMP 报文结构如图 10-5 所示。

字段简单解释如下：

（1）公共 SNMP 首部　共有三个字段：

1）版本字段。版本字段的数值是版本号减 1，对于 SNMP（即 SNMP V1）则应写入 0。

2）共同体（community）字段。共同体字段就是一个字符串，作为管理进程和代理进程之间的口令，常用的是 6 个字符“public”。一般来说，共同体是 SNMP 操作所关心的首要内容。

3）PDU 类型字段。根据 PDU 的类型，填入 0 ~ 4 中的一个数字，其对应关系如下：

- PDU 类型为 0 表示 get-request，一般是 SNMP 管理进程请求从代理进程处提取一个或多个的参数值。
- PDU 类型为 1 表示 get-next-request，即下一个参数字。

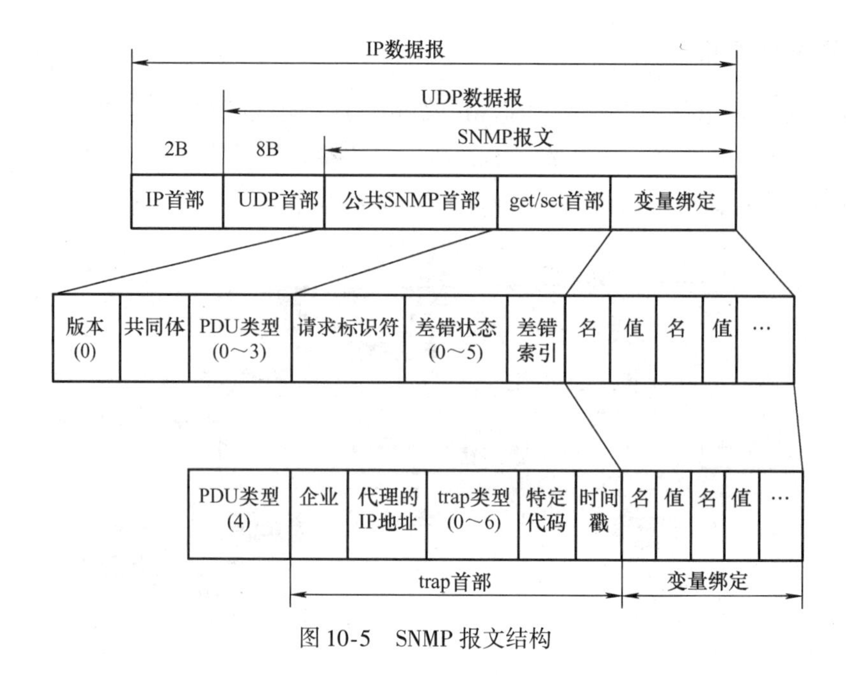


图 10-5　SNMP 报文结构

• PDU 类型为 2 表示 get-response，返回一个或多个参数值，也表示 set 操作的成功与否。

• PDU 类型为 3 表示 set-request，即 SNMP 管理进程设置代理进程所处设备的一个或多个网络参数值。

• PDU 类型为 4 表示 trap，区别于前四种，表示此后字段以 trap 类型来定。

（2）get/set 首部　PDU 类型为 0 ~ 3 时有此首部，共有以下几个字段：

1）请求标识符（request ID）字段，是管理进程设置的一个整数值。代理进程在发送 get-response 报文时要返回此请求标识符。由于管理进程可同时向许多代理发出 get 报文，这些报文都使用 UDP 传送（UDP 是不可靠传送），先发送的有可能后到达。设置了请求标识符可使管理进程能够识别返回的响应报文对应于哪一个请求报文。

2）差错状态（error status）字段，可用来返回代表差错状态的数字，如 0 代表（noError）一切正常，1 代表（tooBig）代理无法将回答装入到一个 SNMP 报文之中，2 代表（noSuchName）操作指明了一个不存在的变量，等等。

3）差错索引（error index）字段，是指当出现 noSuchName、badValue 或 readOnly 差错时，由代理进程在回答时设置的一个整数。它指明有差错的变量在变量列表中的位置。

（3）trap 首部　只当 PDU 类型为 4 即自陷时所用。其中有两个字段较重要：

1）企业（enterprise）字段。此字段是 trap 报文的网络设备的对象标识符。此对象标识符是与图 10-2 类似的对象命名树上的节点。图中，iso 可用“1”表示，org 可用“3”表示，dod 可用“6”表示，internet 可用“1”表示，private 可用“4”表示，这几个数字可连接起来中间用“.”来相隔，于是 Private 节点下的 enterprise 节点即可表示为{1.3.6.1.4}。

2）trap 类型字段。此字段全名是 generic-trap，分别表示了 trap 事件的各个过程，如代理进行了冷初始化（coldStart）、热初始化（warmStart）、接口状态关闭（linkDown）、接口状态开启（linkUp）等。

（4）变量绑定。当前面的内容需要使用到变量时，在此指明一个或多个变量的名和对应的值。两种 PDU 类型（0～3 为一种，4 为另一种）都有变量绑定。

在 SNMP 网管工作站和 SNMP 代理之间，通信采用 UDP 的 161 端口和 UDP 的 162 端口，如图 10-6 所示。图中的几种操作具体解释如下：

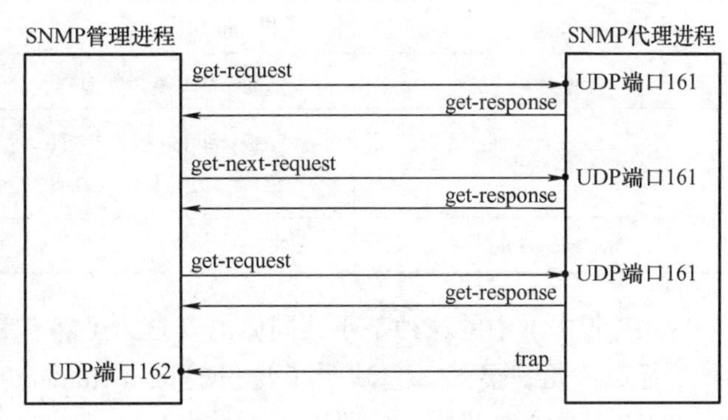


图 10-6　SNMP 的请求与响应

1）SNMP 代理进程处侦听 UDP 的 161 号端口，由 SNMP 管理进程来访问它，当收到 SNMP 管理进程的 get-request（PDU 类型为 0）请求时，SNMP 代理进程做出相应的动作（如数据采集动作）并回以 get-response 给 SNMP 管理进程（PDU 类型为 2）。

2）当 SNMP 请求内容较多，如请求的是网络设备的路由表，那么路由表可能存在多行（路由表的多项），这时则 SNMP 管理进程使用 get-next-request（PDU 类型为 1）来请求数据。

3）当需要对被管理设备的某变量进行写操作时，则 SNMP 管理进程需要用到的 SNMP 报文为 set-request 类型（PDU 类型为 3），然后 SNMP 代理进程设置被管理设备的某个参数后，返回 SNMP 管理进程以 get-response（PDU 类型为 2）。

4）SNMP 管理进程侦听 UDP 的 162 号端口，接收 SNMP 代理进程发来的 SNMP trap 报文（PDU 类型为 4）。

### 10.2.4　SNMP 的安全

在 SNMP 的报文中，有一个字段为共同体（community）字段，这个可以看成是 SNMP 中的一个明文口令，这一点类似于 Wi－Fi 信号中的 SSID（未广播的那种）。在 SNMP 管理进程与 SNMP 代理进程进行通信时，最基础的依据就是这种共同体。

在 SNMP 版本 1 中，共同体的设置实现了以下功能：

1）认证服务功能。共同体就像是一个预共享的密码，管理进程与代理进程双方事先约定好共同体名称。未取得共同体名称的，不能与之通信。

2）访问策略功能。不同的共同体所取得的访问权限不同，像 set 这样的 SNMP 操作具有“写”的特性，访问的策略与“只读”的有所区别。通常在默认情况下，有一个名为“public”的只读共同体。而读写权限的共同体则可由用户自定义。有关共同体的访问策略可参考表 10-1。

3）代管服务功能。一个被管理的设备有时可以作为其他一些被管理对象的代管者。一般需要在代管系统中提供相应认证服务及访问策略功能，也就是前面两个功能。

表 10-1 共同体的访问策略

| MIB 对象定义中的 access 限制 | SNMP 访问模式 | |
|---|---|---|
| | read-only | read-write |
| read-only | get 和 trap 操作有效 | |
| read-write | get 和 trap 操作有效 | get、set 和 trap 操作有效 |
| write-only | get 和 trap 操作有效，但操作值与具体实现有关 | get、set 和 trap 操作有效，但操作值与具体实现有关 |
| not-accessible | 无效 | |

SNMP 版本 1 中的这种基于共同体的安全，虽然有其一定的道理，但在使用过程中暴露出了明显的不足，显然，它缺少了身份验证（Authentication）和加密（Privacy）机制。因此，SNMP 版本 2 被推出，它具有以下特点：

- 支持分布式网络管理。
- 扩展了数据类型。
- 可以实现大量数据的同时传输，提高了效率和性能。
- 丰富了故障处理能力。
- 增加了集合处理功能。
- 加强了数据定义语言。

SNMP 版本 2 基本上解决了安全问题，但还不完善。随后 SNMP 版本 3 又被推出，它增加了加密安全性，但没有对协议进行更改，但由于新的文本约定、概念和术语等内容，它看起来大不相同。最明显的更改是通过向 SNMP 添加安全性和远程配置增强来定义安全。

SNMP 版本 3 主要关注两个方面，即安全和管理。在安全方面，是通过为隐私提供强大的身份验证和数据加密来解决的；在管理方面，主要分为通知发起者和代理转发器。这些更改还促进了对 SNMP 实体的远程配置和管理，并解决了与大规模部署、记账和故障管理相关的问题。

## 10.3 SNMP 的实施

SNMP 网络管理的实施包含两个方面。一方面是网管工作端的网络管理进程，更进一步讲，这种网络管理进程即成了网络管理平台，通过它可以对各种网络设备的参数进行集中操作或展示，还可以直接进行远程管理等。思科公司的 Cisco Works、惠普公司的 OpenView 以及国内的锐捷网络的 RIIL 等网管软件产品，它们往往在支持本公司的网络产品上经验更加丰富。思科和锐捷能更好地支持路由器、交换机等，而惠普公司的则能更好地支持服务器。除了这些大型网管软件以外，还有一些小型的 SNMP 监控工具，如 Snmputil、Solarwinds 网络监控工具软件也能实现 SNMP 网络管理的功能。

SNMP 网络管理的另外一方面是网络设备中的 SNMP 代理进程。这一般需要有硬件或软件的支持，像网络上的交换机、路由器在它们的 IOS 操作系统中集成了 SNMP 代理功能，而像服务器安装有 Windows 操作系统或 Linux 操作系统则需要开启其中的 SNMP 代理功能。

### 10.3.1　Windows 与 SNMP

Windows 操作系统对于 SNMP 的支持还是比较全面的，虽然不能像专业的网管软件，但也从 SNMP 的两端（SNMP 管理端与 SNMP 代理端）实现。

SNMP 组件在 Windows 中并不是默认组件（或服务），而是需要添加 SNMP 组件（开启 Windows 功能）。在 Windows 的控制面板的“程序与功能”中选择“打开或关闭 Windows 功能”命令，打开如图 10-7 所示的窗口（此处为 Windows 7，其他 Windows 版本类似）。然后，选中“简单网络管理协议（SNMP）”复选框，即可将 Windows 的 SNMP 组件加入进来。

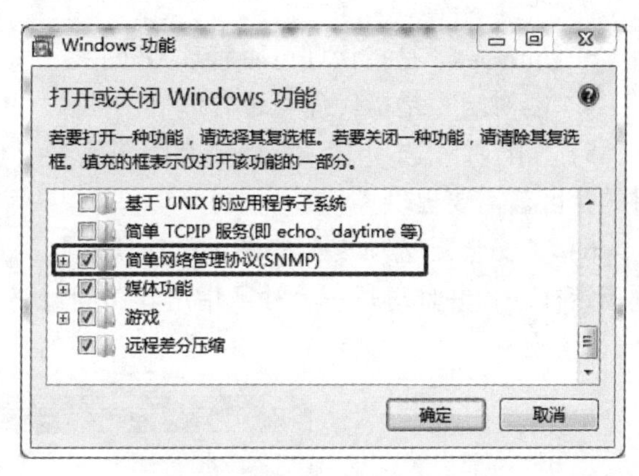


图 10-7　Windows 的 SNMP 组件

接下来，打开 Windows 控制面板里的“管理工具”，再打开“服务”。查看服务的状态，可以发现有两个与 SNMP 相关的服务，如图 10-8 所示，一个为“SNMP Service”，另一个是“SNMP Trap”。前者是 SNMP 的代理进程，负责收集本机网络参数并回应 SNMP 管理端；后者则是执行 SNMP 管理端中的自陷 Trap 功能。

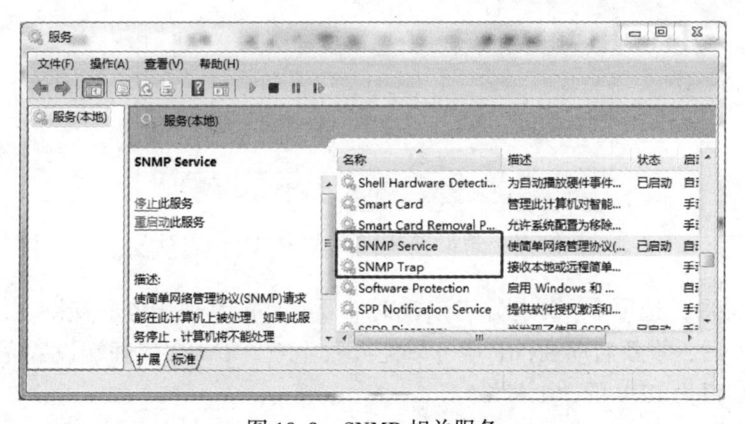


图 10-8　SNMP 相关服务

查看“SNMP Service”的属性，可以看到共有常规、登录、恢复、代理、陷阱、安全、依存关系七个选项卡。

1）“常规”选项卡，用来启动、暂停或停止服务。

2）“登录”选项卡，是系统与此服务相关的用户及密码设置。

3）“恢复”选项卡，是当服务失败时计算机的操作。

4）“代理”选项卡，如图 10-9 所示，用于指定此代理需要提供的网络参数的种类。分别有以下几种：

- “物理”是指代理可否管理物理设备，如硬盘。
- “应用程序”是指代理可否管理与发送/接收数据相关的应用程序。
- “数据链接和子网”是指代理可否管理第二层信息。
- “Internet”是指代理可否管理 IP 网关。
- “端对端”是指代理可否管理 IP 主机。

5）“陷阱”选项卡，指如果有陷阱需要，则陷阱的社区名需要提供。

6）“安全”选项卡，如图 10-10 所示，为此代理指定社区，并且对每一个社区指定其访问策略。

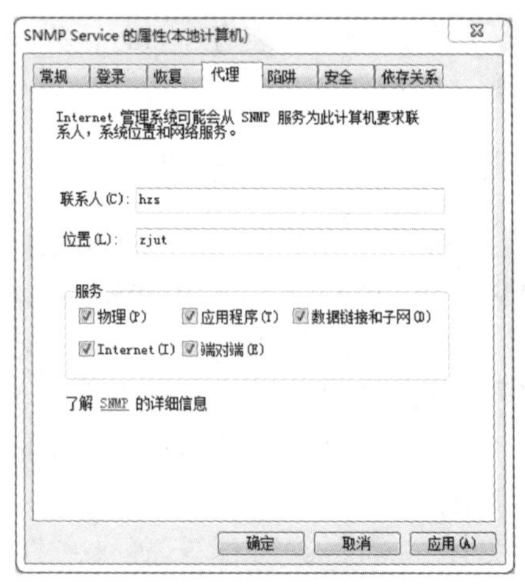


图 10-9 SNMP 代理设置

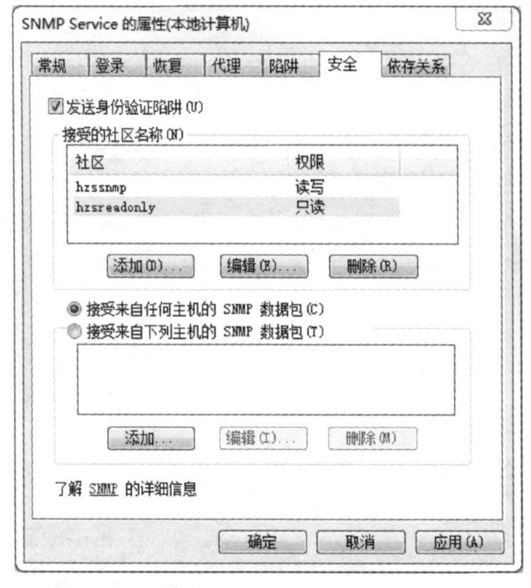


图 10-10 指定 SNMP 的社区及其访问策略

7）“依存关系”选项卡，是指服务启动时需要额外的其他服务的支持。

设置完成以后，重新启动 SNMP 服务以使设置生效。SNMP 代理端设置完成以后，当前计算机即打开端口为 UDP 的 161 号端口。

在命令提示符下可以用命令“netstat”来查看当前计算机 TCP/IP 连接，可以输入“netstat-an”命令来查看本机的端口打开情况。不过，由于端口连接并不只是 UDP 的 161 端口，所以显示出来的内容比较多，这里可以使用管道符来截取，命令为“netstat-an ¦ findstr "161"”，这样就可以只显示含有字符“161”的行了，如图 10-11 所示。

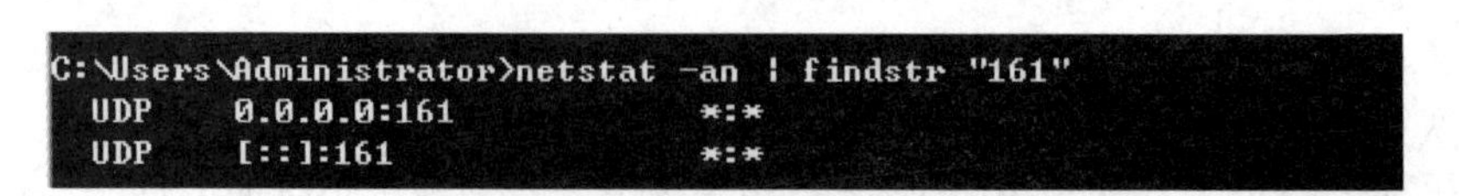


图 10-11 查看端口侦听情况

命令执行的结果，第一行为 IPv4 下的 UDP 的 161 号端口正打开着，而第二行则是 IPv6 下的 UDP 的 161 号端口正打开的情况。显示结果的第一列是协议；第二列是本地地址：端口，由于没有绑定到具体的本机某接口，所以暂为 0.0.0.0；第三列为外部地址，目前未接收任何来源的 UDP 包，所以是 * : * 。

接下来需要有一个管理端去访问 SNMP 的代理端（也就是前面打开的 UDP 的 161 号端口）。这里可以用简单的命令来实现，如 Snmputil；也可以用图形界面的工具软件实现，如 SolarWinds 等。

Snmputil 是一个非常轻便的 SNMP 工具（仅 11KB），但它也可以实现很多的 SNMP 功能。其使用的语法为：

```
usage: snmputil [get |getnext |walk] agent community oid [oid...]
```

其中，agent 处填上代理进程的 IP 地址，community 处填上团体名，oid 表示 MIB 对象 ID。而其获得 SNMP 信息的方法有三种，分别是 get、getnext 和 walk。

1）get 用来获取一个信息。

2）getnext 用来获取下一个信息，与 SNMP 报文相对应。

3）walk 用来获取一组信息，如 MIB 某树下的全部信息。

在 Snmputil 所在路径中，输入“snmputil get 127.0.0.1 public.1.3.6.1.2.1.1.5.0”（事先在 SNMP 代理端设置了只读共同体 public），则执行结果如图 10-12 所示，执行 MIB 树的 .1.3.6.1.2.1.1.5.0 节点，变量名为 system.sysName.0，变量值为 NPMUJCZV52BGQD7。

```
D:\>snmputil get  127.0.0.1  public .1.3.6.1.2.1.1.5.0
Variable = system.sysName.0
Value    = String NPMUJCZV52BGQD7
```

图 10-12　Snmputil 获得 SNMP 信息

再进一步，使用 walk 方法，获得的 SNMP 信息将会更丰富，例如，

- “snmputil walk 127.0.0.1 public .1.3.6.1.2.1.25.4.2.1.2”用来列出当前系统进程。
- “snmputil walk 127.0.0.1 public .1.3.6.1.2.1.1”用来列出当前系统信息。
- “snmputil walk 127.0.0.1 public .1.3.6.1.4.1.77.1.2.25.1.1”用来列出当前系统用户表。
- “snmputil walk 127.0.0.1 public .1.3.6.1.2.1.25.6.3.1.2”用来列出当前安装的软件。

使用图形方式的 SNMP 在浏览 MIB 树的时候会比较方便，所以很多 SNMP 管理端都用 MIB 浏览器来进行 SNMP 数据收集。SolarWinds 就是这一类软件，安装 SolarWinds 并输入注册码，即可使用这些简单功能。

- 使用 SNMP Sweep 来搜索当前网络中 SNMP 的开启情况。
- 使用 SolarWinds IP 搜索的方式来搜索网络中的 SNMP 代理。
- 使用 MIB Browser 来查看当前网络设备（即开启了 SNMP 服务的计算机）的 SNMP 数据，输入社团名后单击“Get Tree”按钮。（注意：节点靠近叶子节点，否则数据量可能很大。）

接下来，尝试使用 Windows SNMP 的 Trap 功能。

1）需要开启 Windows 的 Trap 服务，如图 10-13 所示。

2）在社区（“安全”选项卡，见图 10-10）已设置的前提下，可设置陷阱的社区名称和陷阱目标，如图 10-14 所示。

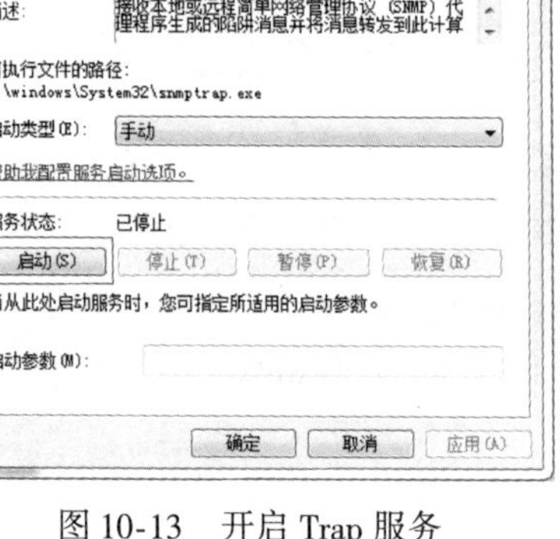


图 10-13　开启 Trap 服务

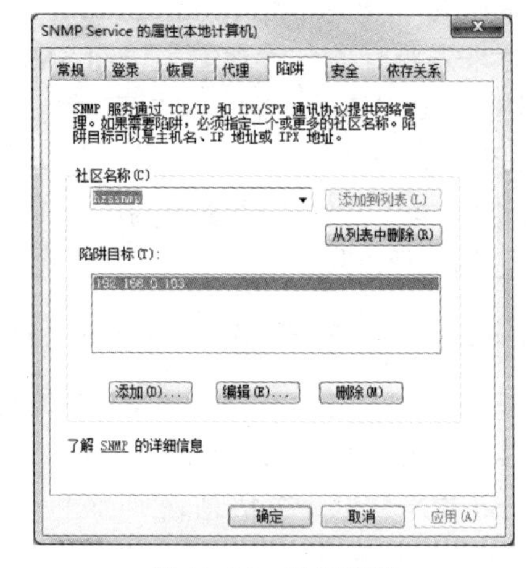


图 10-14　设置陷阱

3）找到 SolarWind 工具中的 SNMP Trap Receiver，如图 10-15 所示。

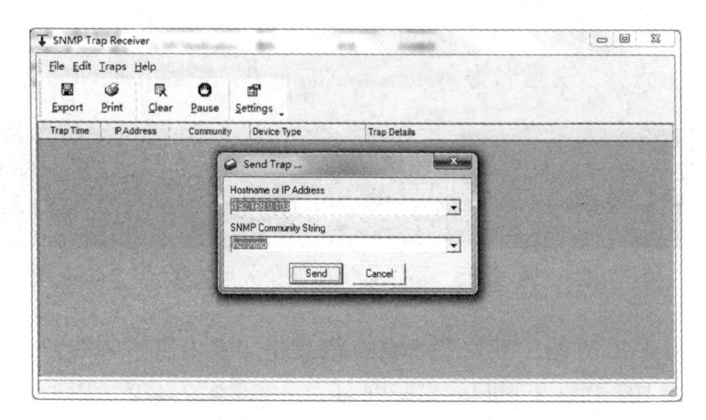


图 10-15　SNMP Trap Receiver

4）找到了一个 Trap 设备，清除内容以等待发来 Trap 信息，如图 10-16 所示。

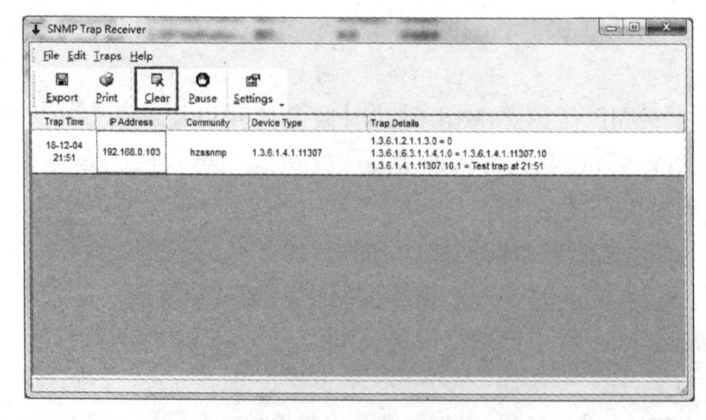


图 10-16　清除内容

5）在“开始”菜单的“运行”里运行“evntwin”（事件陷阱转换器）。将配置类型改为自定义，如图 10-17 所示。

6）编辑添加事件。使用查找功能，查找内容为“service control”，如图 10-18 所示。

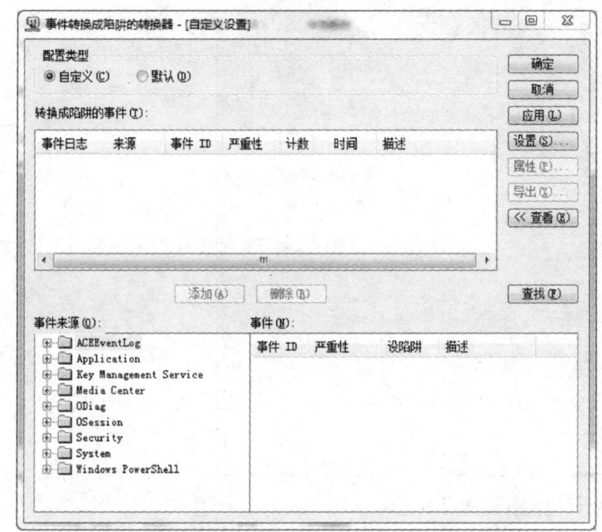


图 10-17　自定义事件

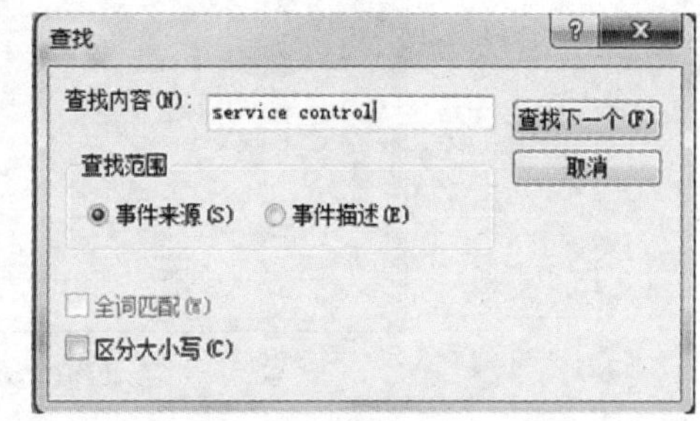


图 10-18　查找“service control”

在 service control manager 事件组中选择，在图 10-19 中选择事件 ID 为 7036 的事件，选择它作为转换成 SNMP 陷阱的事件。

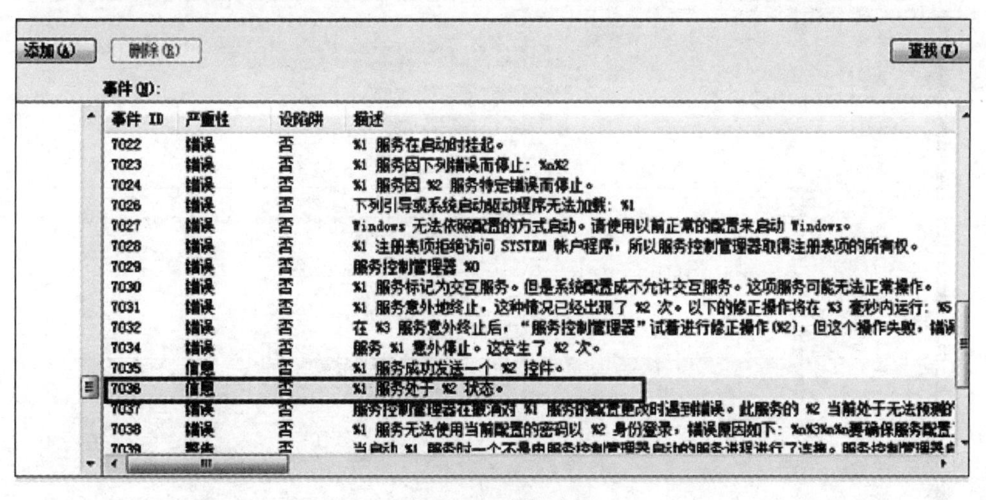


图 10-19　事件选择

设置产生陷阱的条件。这里设当事件计数达到 1 时，陷阱就发生，如图 10-20 所示。

7）在系统服务中选择一个服务进行重新启动。重启以后，相关的日志就产生了，并转换至 SNMP Trap。在 SNMP 的 Trap Receiver 中可以看到两个新到的信息（也有可能更多），如图 10-21 所示。

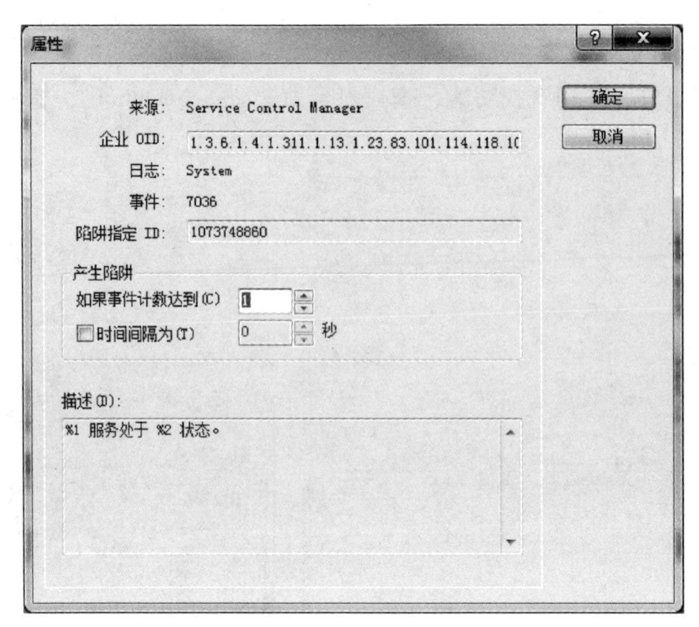


图 10-20　产生陷阱的条件

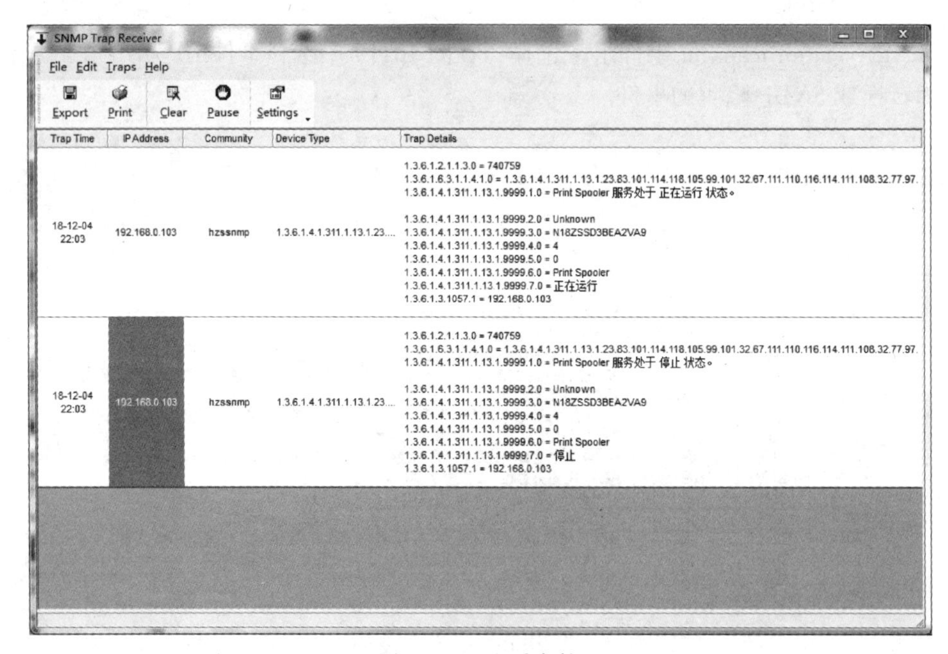


图 10-21　查看事件

### 10.3.2　路由器、交换机与 SNMP

在诸多的网络设备中，路由器与交换机是网络管理（也就是 SNMP 实施）的主要对象。很多可管理的路由器与交换机都集成有 SNMP 的代理功能，只要开启这个功能，就可以实现基于 SNMP 的网络管理。

Packet Tracer 模拟了部分路由器和交换机里的功能，这里通过路由器的 SNMP 功能为例来讨论 Packet Tracer 中 SNMP 的实现。

如图 10-22 所示，将路由器 SNMP_Router 与 PC0 相连接，并配置好各自的 IP 地址。

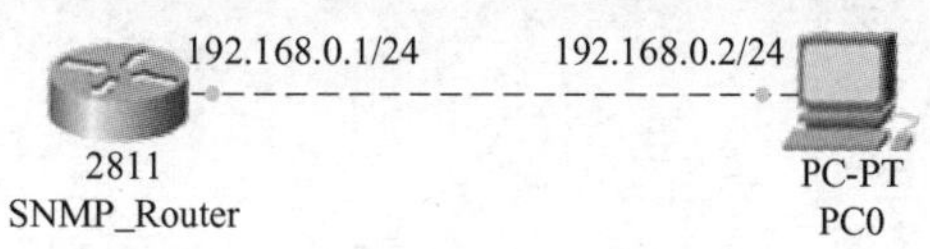


图 10-22 路由器的 SNMP 实现拓扑

在路由器的配置模式下开启 SNMP 功能只需要配置其 SNMP 团体，命令如下：

```
SNMP_router(config)#snmp-server community hzsro ro
SNMP_router(config)#snmp-server community hzsrw rw
```

其中，snmp-server 表示此句命令配置与 SNMP 相关；community 则表示设置 SNMP 的团体；hzsro 和 hzsrw 表示设置的团体的名字（可自定义）；最后的 ro 和 rw 则为团体的权限关键字，ro 表示只读团体，而 rw 表示可读可写。此处的 SNMP 没有过多的安全设置，团体名就是唯一的字段，通过这个，路由器就会为其提供相关的 SNMP 数据。

接下来，就是管理工作站上的操作了。以 Packet Tracer 里的 PC 为例，打开 PC 的桌面（desktop），找到 MIB 浏览器并打开，MIB 浏览器打开如图 10-23 所示的连接界面。该界面可以分为四栏，左上为地址栏，右上为 OID 栏，左下为 MIB 树展示，右下为信息显示表。

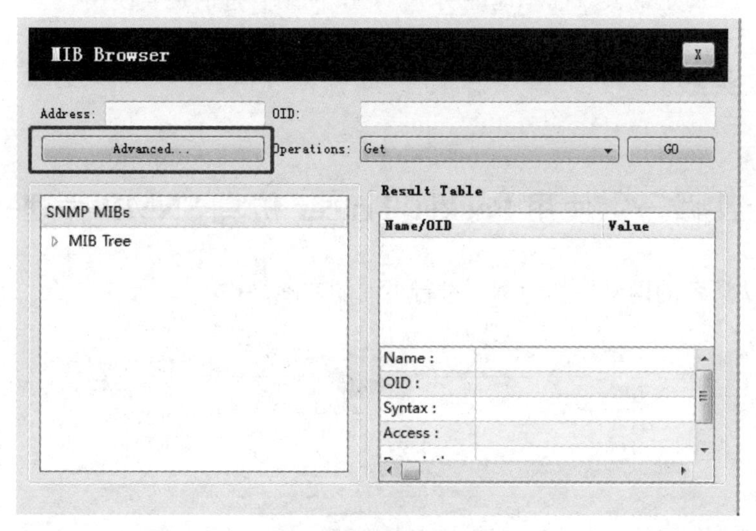


图 10-23 SNMP 设置

单击“Advanced”按钮，进入详细设置界面，如图 10-24 所示，需要填写地址、端口、只读团体名、写团体名和版本号（可选择 v3）。设置完成后，可以对 MIB 树进行展开，单击相应的节点，右上侧的 OID 会随之变化。找到 OID 为“.1.3.6.1.2.1.1.5.0”的节点，然后进行相应的 Get 或 Set 操作。Get 操作可以获得其节点的 SNMP 信息内容，在本例中，即获取了路由器的 Hostname；若进行 Set 操作则将相应的数据（数据的类型可在此处选择）写入到 SNMP 设备中（注意：不是所有节点都支持此操作的）。如图 10-25 所示，由于 Hostname 属于字符串型数据，所以数据类型选择 OctetString。操作成功以后，在路由器的 console 端，按几次〈Enter〉键，发现 Hostame 已经变成了 Set 操作以后的值了，如图 10-26 所示。

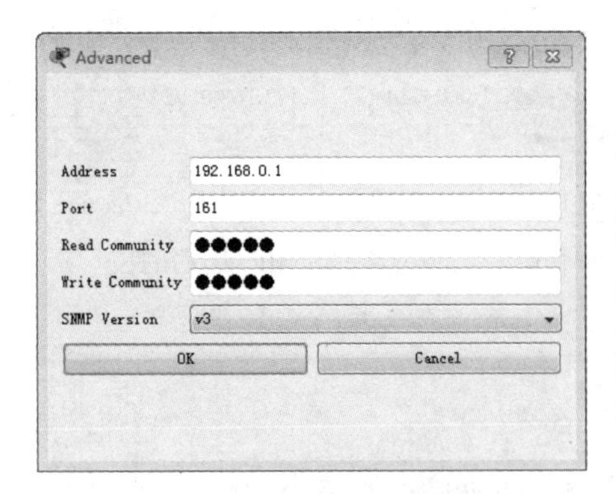


图 10-24　SNMP 地址相关设置

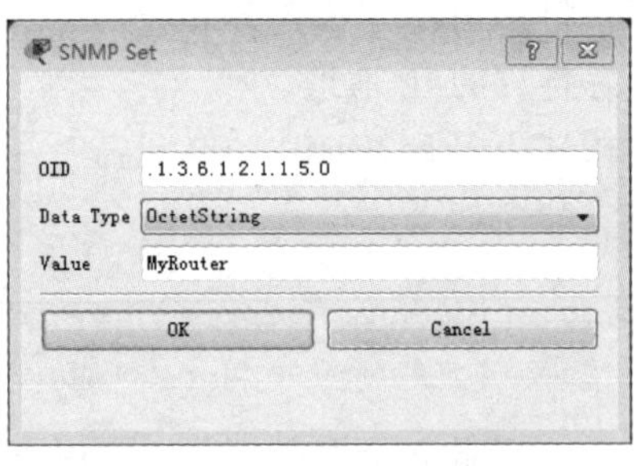


图 10-25　SNMP 的 Set 操作

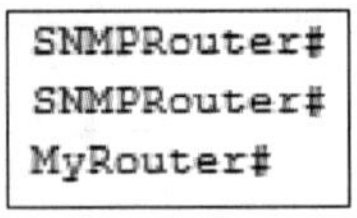

```
SNMPRouter#
SNMPRouter#
MyRouter#
```

图 10-26　Hostname 通过 SNMP 设置

## 10.4　本章总结

本章从规划的角度来展开网络管理的各项内容，并按 ISO 组织规定的几大功能域来诠释网络管理的内容，接着解析了目前网络管理的各种标准和协议，并着重于介绍了 SNMP，最后，以 Packet Tracer 上的实现简单地说明了 SNMP 网络管理的现实使用。

## 10.5　本章实践

### 实践一：使用 Packet Tracer 仿真 SNMP 管理

以图 10-27 所示的网络拓扑为例，进行下面的实践操作。

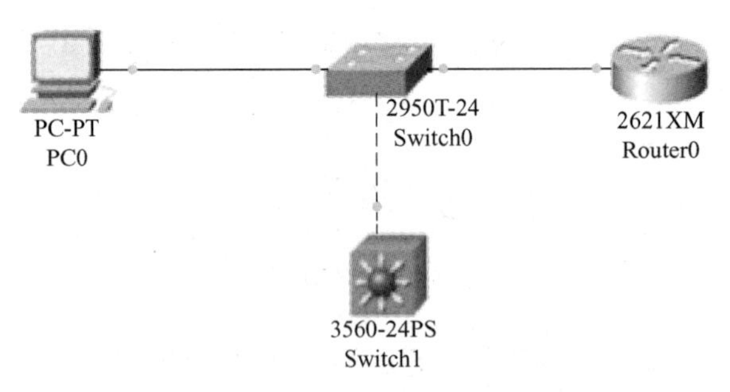


图 10-27　实践一的网络拓扑

**1. 路由器的配置**

```
Router(config)#hostname R1
R1(config)#interface fa0/0
R1(config-if)#ip address 192.168.1.1 255.255.255.0
R1(config-if)#no shutdown
```

```
R1(config-if)#exit
R1(config)# snmp-server community xxxro ro
R1(config)#snmp-server community xxxrw rw
```

**2. 交换机0的配置**

```
Switch(config)#interface vlan 1
Switch(config-if)#ip address 192.168.1.2 255.255.255.0
Switch(config-if)#no shutdown
Switch(config-if)#exit
Switch(config)# snmp-server community xxxs0o ro
Switch(config)#snmp-server community xxxs0w rw
```

**3. 交换机1的配置**

```
Switch(config)#interface vlan 1
Switch(config-if)#ip address 192.168.1.3 255.255.255.0
Switch(config-if)#no shutdown
Switch(config-if)#exit
Switch(config)# snmp-server community xxxs1o ro
Switch(config)#snmp-server community xxxs1w rw
```

**4. PC的配置**

IP: 192.168.1.10
子网掩码: 255.255.255.0

**5. SNMP管理**

1）打开MIB浏览器，选择路由器地址192.168.1.1，然后设置共同体为xxxro和xxxrw，再逐个单击打开其内容。

查看OID的值为1.3.6.1.2.1.1.5.0。此值可修改吗？可使用Get方法吗？试用Set方法，然后单击“Go”按钮，设置一个自定义的路由器名字。在console端按几次<Enter>键，查看路由器端的变化。

2）打开MIB浏览器后，选择交换机的管理地址为192.168.1.2，然后设置共同体为xxx0o和xxx0w，再逐个单击打开其内容。

查看OID的值为1.3.6.1.2.1.1.5.0，此值可修改吗？可使用Get方法吗？试用Set方法，然后单击“Go”按钮，设置一个自定义的名字。在交换机的控制端按几次<Enter>键，查看变化。查看还有哪些值是可以进行Get和Set操作的。

3）打开MIB浏览器后，选择交换机的管理地址为192.168.1.3，然后设置共同体为xxx1o和xxx1w，然后逐个单击打开其内容。

查看OID的值为1.3.6.1.2.1.1.5.0，此值可修改吗？可使用Get方法吗？试用Set方法，然后单击“Go”按钮，设置一个自定义的路由器名字。然后在交换机控制端按几次<Enter>键，查看变化。查看还有其他可以用于Set操作的吗？

## 实践二：Windows 下的 SNMP 网络管理

实践内容参考 10.3.1 小节中的 Windows 下 SNMP 部分。

1）添加 SNMP 组件（开启 Windows 功能）。

2）在服务状态中，查看当前 SNMP 服务的属性。

3）设置 SNMP 的团体名。

4）设置 SNMP 的目标（可设定为自己的 IP）。

5）安全设置，即能接收的团体字串 + 权限。

6）重新启动 SNMP 服务。

7）查看当前机器的侦听端口 netstat-aa。

8）在虚拟机（Windows XP Attacker）安装 SolarWinds 并输入注册码。

9）使用 SNMP Sweep 来搜索当前网络中 SNMP 的开启情况。

10）使用 SolarWinds IP 搜索的方式来搜索网络中的 SNMP 代理。

11）使用 MIB Browser 来查看当前网络设备（即开启了 SNMP 服务的计算机）的 SNMP 数据，输入社团名后，单击“Get Tree”按钮。（注意节点靠近叶节点，要不然，数据量可能很大）

12）尝试使用 Windows SNMP 的 Trap 功能。

① 开启 Windows 的 Trap 服务。

② 设置陷阱的社区名及目标，并设置好安全项。

③ 找到 SolarWind 工具中的 SNMP Trap Receiver。找到了一个 Trap 设备，清除内容以等待发来 Trap 信息。

④ 在“开始”菜单的“运行”里运行 evntwin（事件陷阱转换器）。将配置类型改为自定义。

⑤ 编辑添加事件。查找事件类型为 service control。在“service control manager”事件组中选择事件 ID 为 7036 的事件，选择它作为转换成 SNMP 陷阱的事件。设置产生陷阱的条件为当事件计数达到 1 时就发生。

⑥ 在系统服务中选择一个服务进行重新启动。重启以后，相关的日志就产生了，并转换至 SNMP Trap。在 SNMP 的 Trap Receiver 中可以看到两个新到的信息。

# 附录A

# Packet Tracer的使用

## A.1 Packet Tracer 概述

Packet Tracer 是思科公司推出的，用于设计、配置计算机网络的仿真软件。此款软件在设计、配置计算机网络时让用户感觉非常得心应手，此外，Packet Tracer 还可以用来排除计算机网络的故障，这一点使得它的应用范围更加广泛。

Packet Tracer 具有以下一些特点：

（1）适合新手使用　对于计算机网络的初学者来说，Packet Tracer 提供了简单的网络设备的互连，就算对网络具体的传输过程不了解，也可以设计出简单的网络来。

（2）真实、直观的界面　Packet Tracer 采用所见即所得的方法，所有网络设备尽可能地接近现实中的设备功能，甚至设备面板按钮都非常接近，使设计网络者感觉自己就是在操作一个真正的设备。

（3）仿真设备操作　Packet Tracer 中的路由器、交换机（组成网络的核心），都提供具体的操作，部分常用的路由器、交换机命令都可使用，部分网络协议配置和真实的思科路由器一样，并可像真实路由器一样查看路由器的路由表、交换机的 VLAN 配置等。

（4）查看数据包走向　除了实现真实路由器的部分功能外，Packet Tracer 还有特别的功能，即使用者可以模拟地让某个网络设备发送一串用户自定义的数据包来测试网络。这个功能常被管理员们用来检测刚设计的或已在使用的网络故障是如何产生的。

（5）其他设备支持　在设计一个网络时，从总体上看，常常先忽略一些细节。例如，在规划与设计中添加一个服务器，可能先不考虑这个服务器的性能问题，只是先考虑它的服务是什么，基本的网络协议配置是什么。Packet Tracer 也是这样的，在 Packet Tracer 中可以为设计的网络添加服务器，服务器的网络协议配置、网络服务都可以仿真地来实现，这样，就可以使设计的计算机网络先有一个大致的结构，而这个正好是计算机网络设计中最重要的。

（6）兼顾物理布置规划　很多网络规划与设计软件都使用逻辑上的设计方法，忽略了计算机网络所在的物理环境中的一些内容，如双绞线的链路一般来说不可以超过 100m，若是超过了，就需要额外的设备，无线网络的连接也有同样的距离限制。在 Packet Tracer 中，额外提供了物理及地理位置信息的考虑，从城市级链路铺设，到机架中的网络设备的布置，Packet Tracer 都可以将其规划在内。

Packet Tracer（以下简称 PT）是一款免费的软件，思科公司本是在思科网络学院内使用的，没有公开宣布这款软件的存在，但由于它的易用性，越来越多的人去使用它。在谷歌和百度中搜索 PT 就可以找到合适的版本的 PT 了。PT 的版本从 3.0 开始，截止到目前，它的较高版本是 6.0。对于初学者来说，PT 4.0 的版本就差不多足够用了，5.X 和 6.0 的版本只是比 4.0 的版本多支持了一些协议和一些新的设备而已。

PT 的安装过程很简单，只需要按照安装向导一步一步就可完成安装，这里不再赘述。本书重点介绍 PT 的基本使用。

## A.2 Packet Tracer 的工作界面

安装好 PT 以后（在 Windows 环境下），桌面就会有一个 PT 启动图标（图标是一放大镜放在一信封的边上），这就是 PT 软件的桌面快捷启动方式了。许多 PT 软件生成的文件（如 .pkt 文件）也和此图标类似。打开 PT 软件后，其工作界面如图 A-1 所示（以打开某一个现成文件为例）。

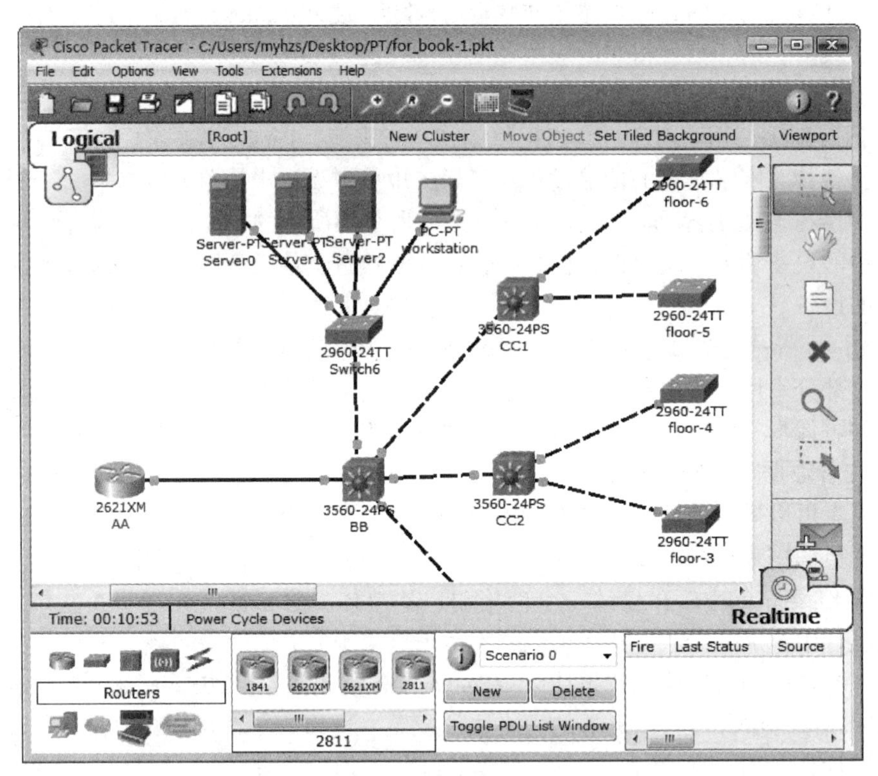


图 A-1　PT 工作界面

纵观 PT 的工作界面，可以看到，该界面上方是很多软件都有的菜单及工具栏，中间是工作拓扑图区，左下角则为设备列表区，右下角是用来跟踪数据的报文跟踪区。

## A.3 Packet Tracer 组建网络

用 PT 仿真设计计算机网络，比用其他很多模拟软件如 Boson 的 Netsim 软件更加方便。

在 PT 中很多都是以所见即所得的方式进行操作。

在 PT 中组建网络可分成两步：第一步为选择适合的设备；第二步则是将已经选择的设备使用适当介质的连线进行连接。

在添加设备时，先选择设备的大类，然后在大类中选择某种型号类型的设备。例如，先选择路由器这个大类，然后再选择 2621XM 这个型号的路由器，这时将指针移动到工作区时，指针的形状会变成十字形，然后在工作区的某一个空位上单击，即可添加一个思科的 2621XM 路由器了。

在 PT 中可以添加八种类型的设备：路由器、交换器、集线器（Hub）、无线设备、终端设备、广域网仿真设备、用户自定义设备和多用户连接设备。

（1）路由器　PT 主要以思科公司的 18 系列、26 系列和 28 系列路由器为原型。由于以上几种路由器都支持模块化，所以在 PT 中使用路由器也支持模块。

如图 A-2 所示为一个 2611XM 路由器在默认情况下双击打开的物理操作界面。

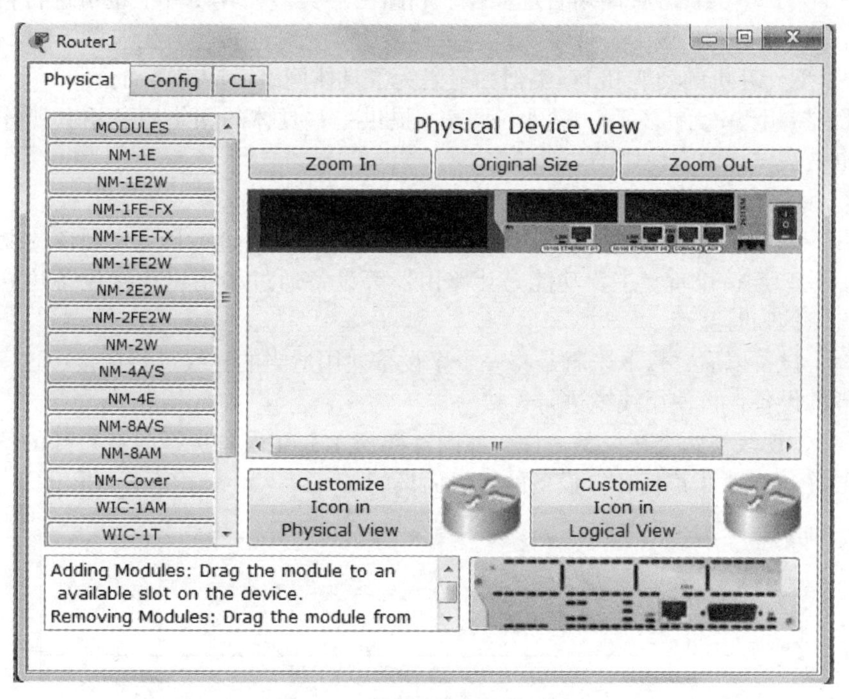


图 A-2　路由器物理操作界面

图的左侧的列表框中是该路由器可以支持的模块及插卡。这些模块及插卡和思科公司的原型产品是可以一一对应的。例如，NM－2FE2W 表示一个网络模块，这个网络模块带 2 个快速以太网接口（2FE），另外带 2 个插卡槽（2W）；又如，WIC－1T 即为广域网接口卡，支持 E1 标准，其中 E1 是一广域网接入标准。

图右上部分显示的是此路由器的物理视图，也就是当前路由器从背面看的模样。可以使用“Zoom In”按钮进行放大，使用“Zoom Out”按钮进行缩小或使用“Original Size”按钮恢复正常大小。物理视图最右边有一开关，当路由器有电时，此处为绿灯亮，若路由器断电则绿灯灭，可以使用鼠标单击的方式来开关此路由器。

为了让用户养成断电后插拔模块的习惯，在 PT 中若需要插拔模块的话，也同样要求先断电。断电之后，插模块或卡的方法就是将需要的模块或卡拖到路由器的某一个空槽当中，拔模块或卡的方法则是从路由器的槽中，将模块拖到外面。插拔操作完成以后，再单击路由器开关进行开机操作。

（2）交换器　主要以思科公司的 29 系列二层交换机及 36 系列的三层交换机为原型。PT 5.3 版本当中的交换机基本都不支持外插模块，也没有开关按钮，只有其中的网桥可切换光纤接口与铜线接口。

（3）集线器 Hub　主要以六接口的模块化的集线器为原型，且另外有四个模块槽可供拓展。

（4）无线设备　包括无线 AP 及 Linksys 的无线路由器为原型。

（5）终端设备　包括仿真的台式 PC、膝上型计算机，服务器、网络打印机、IP 电话、VOIP 设备、电话、TV 等。

1）PC 是使用 PT 进行实验时最常使用的。仿真一台 PC 并安装有类似 Windows 操作系统，可以在此 PC 中实现各种网络管理操作。和路由器类似，其硬件上也可进行自定义，就像是在真正的 PC 上插扩展卡一样来实现各种连接，如光纤连接、无线连接等。

2）膝上型计算机的功能和 PC 类似，只是为了具体网络设计需要而设。

3）服务器相比 PC 更多了一些网络服务，提供一些具体的网络服务给其所连接的网络使用。这也是在设计中常使用的一种设备。

（6）广域网仿真设备　主要包括 DSL 设备及 Cable Modem。

（7）用户自定义设备　主要是对 PT 中支持的若干路由器进行自定义硬件的设备。

（8）多用户连接设备　主要功能是让路由器等设备通过多用户连接设备建立多用户通道来模拟网络的临时互连。

在选择了设备以后，接下来就是将一个个设备使用适当的连线进行连接，这一点就像已经有了物理的设备，再使用线缆进行连接一样。

在 PT 中，连线被归类在设备一栏，如图 A-3 所示，在设备选择时有特殊的一类，就是“连接”，这个就是为了连接各个设备的连线而设的。

图 A-3　PT 可供使用的连线

PT 一共提供了九种连线：

1）第一种连线的标识有点类似金黄色闪电，这种连线是 PT 中最特殊的一种连线。当使用这种连线时，PT 可以自动选择一种合适的线缆，并自动选择一个空闲的端口进行相连（一般情况下为第一个可用端口）。在 PT 中设计网络时，若不太确定使用哪种连线进行连接时，可选择这一种连线。

2）第二种连接是控制线，这种控制线可将路由器、交换机等设备的 Console 端口与计算机的通信口（如 com1 或 com2 口等）连接，然后再使用类似 Windows 操作系统下的超级终端等软件对路由器和交换机进行控制。事实上，在使用真实的路由器和交换机进行实验时，很多情况下都是使用 console 线缆和路由器与交换机相连并进行控制的，但 PT 中已经有了这个类似的界面，所以很多情况下都把这个忽略了。

图 A-4 所示就是在 PT 中使用 PC 的终端方式来控制路由器的情况。具体的方法是，先新建 PC0 和 Rowter0，然后选择连接方式，选择 Console 线连接，当单击 PC 时，选择其中的 RS232 接口（RS232 其实就是 com1 或 com2 端口的通信标准），而当单击路由器时则选择 Console 口，这样就可以创建如图 A-4 所示的连接了。

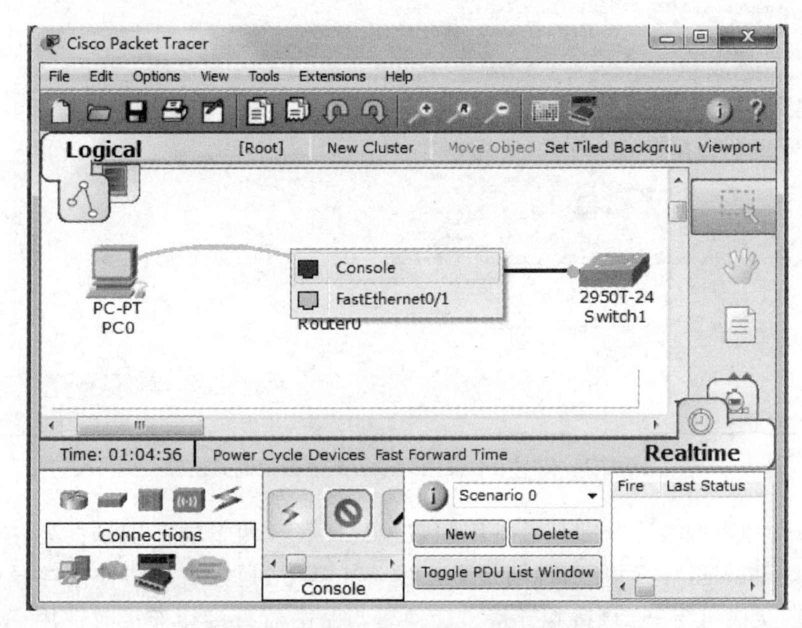


图 A-4 使用 Console 线连接控制路由器

图 A-5 所示是 PC 的桌面选项卡部分界面，选择其中的 Terminal 终端方式连接，则跳出终端的参数设置界面。

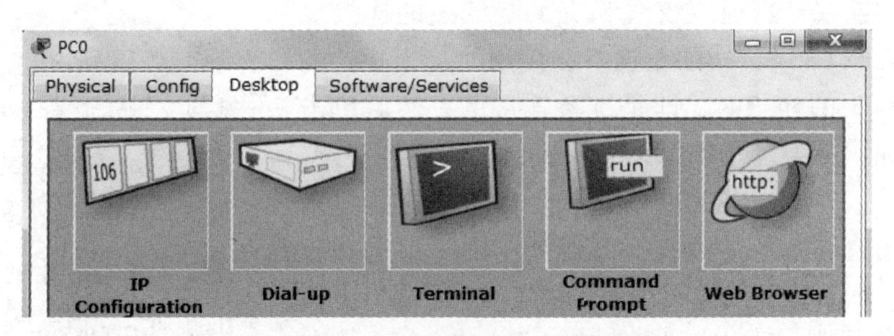


图 A-5 PC 中的桌面选项卡部分界面

设置其终端的参数即可实现连接，具体参数设置如图 A-6 所示。确认参数以后，便可以 CLI（命令行接口）方式连接控制路由器设备了。这个连接控制界面和路由器本身的 CLI 连接界面是相同的。图 A-7 所示就是 PC 使用终端方式连接控制路由器的界面。

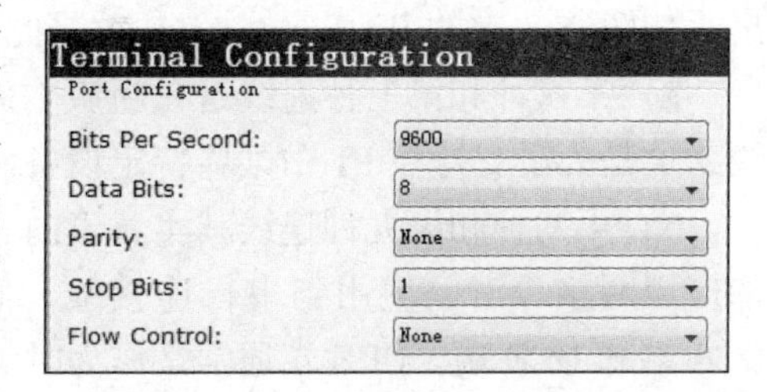


图 A-6 PT 中 PC 终端的参数设置

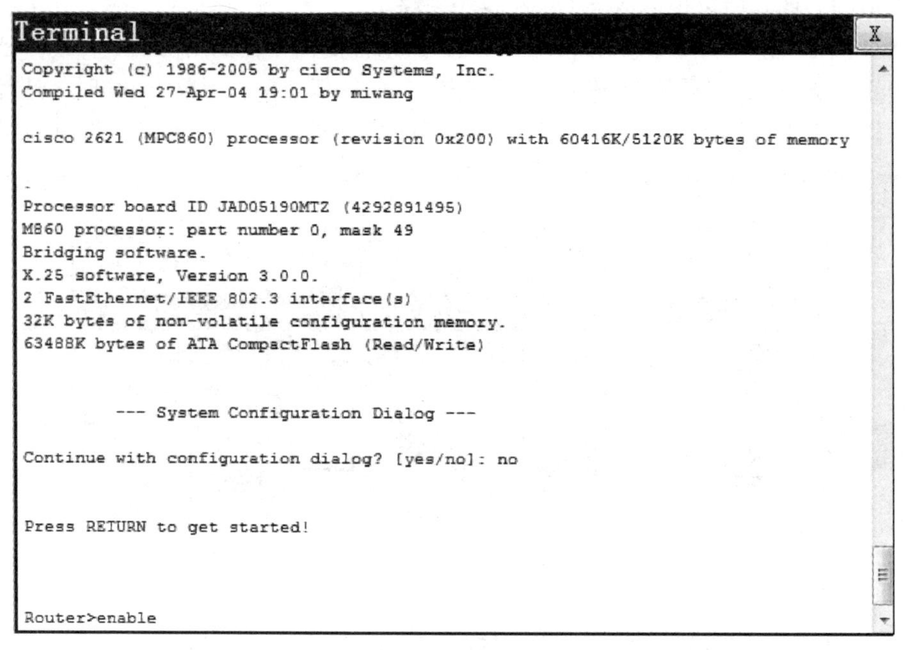

```
Terminal
Copyright (c) 1986-2005 by cisco Systems, Inc.
Compiled Wed 27-Apr-04 19:01 by miwang

cisco 2621 (MPC860) processor (revision 0x200) with 60416K/5120K bytes of memory

.
Processor board ID JAD05190MTZ (4292891495)
M860 processor: part number 0, mask 49
Bridging software.
X.25 software, Version 3.0.0.
2 FastEthernet/IEEE 802.3 interface(s)
32K bytes of non-volatile configuration memory.
63488K bytes of ATA CompactFlash (Read/Write)


         --- System Configuration Dialog ---

Continue with configuration dialog? [yes/no]: no


Press RETURN to get started!



Router>enable
```

图 A-7 PT 中 PC 使用终端方式连接控制路由器

3）第三种和第四种连线即是最常用的双绞线连线。两者的区别是，第三种连线是直通线（straight-through），而第四种则是交叉线（cross-over）。直通线使用在异种设备之间的连接，如在交换机与 PC 直接相连接、交换机与路由器直接相连接时使用；而交叉线则使用在同种设备之间，如交换机与交换机相连接，PC 与路由器直接相连接（PC 与路由器同属于终端型设备）。使用直通线，连线在图中是黑实线显示，而交叉线则以黑虚线显示。

相对自动连线，直通双绞线和交叉双绞线的连接更加精确，有点类似 Console 线的相连。在使用时，当指针的样式变成一个插头的样子时，即是准备连接的，然后单击一下设备（如路由器），此时显示路由器上当前的各种端口，如图 A-8 所示。当然，这时的 PT 不会自动选择端口来连接，如果使用直通双绞线或交叉双绞线，则一定选择正确的同类端口。如果把双绞线不小心插到 Console 端口上去的话，系统不会报错，但连线却一直连接不上。

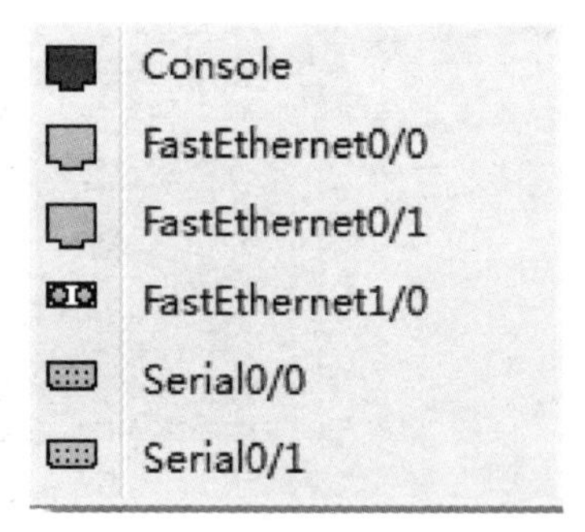


图 A-8 连线端口的选择

4）第五种连线是光纤连线，它适用于光纤口之间的连接。如图 A-8 中的 FastEthernet1/0 就是此种类型。

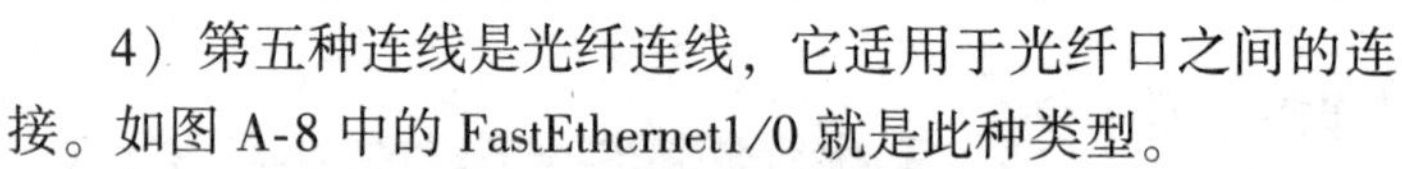

5）第六种和第七种连线是在新版本的 PT 中新出现的连线，分别是电话线和同轴电缆线，这是为了支持在 PT 中某些特定设备而设的。本书内容不涉及此连线方式。

6）第八种和第九种连线其实属于同一种连线，就是串行连接线。在连接路由器等设备的广域网接口时，使用到串行连接线。而在使用这种广域网连接的时候，通常需要定义 DTE 端和 DCE 端，DCE 端通常是作为时钟同步信号的发起方，DTE 端则作为时钟同步信号的接收方，这样两端就可以实现同步。

如图 A-9 所示，使用此两种连线连接两台路由器后，如单击路由器边上的红点，则可显示其接口名称，而在接口名称边上，可以看到一个小的时钟样式的图标，这个表示串行连接的 DCE 端，是时钟同步的发起方。

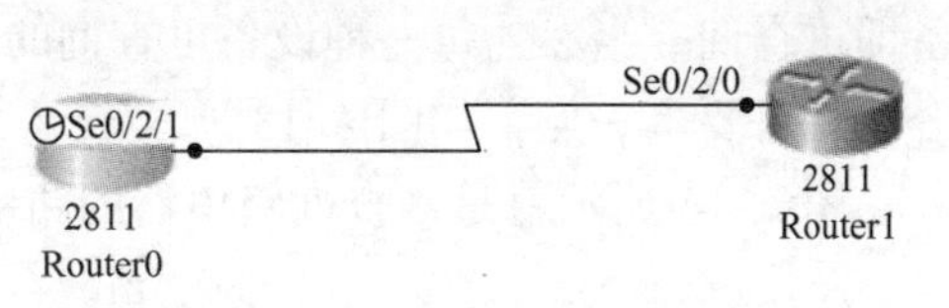


图 A-9　两个路由器使用串行连接线连接

若需要两端正常工作，需要在 DCE 端的设备上设置时钟频率（clock rate）。如图 A-10 所示，将 DCE 端的时钟频率设置成适当数值，再将状态设置成“On”，就可正常工作了。

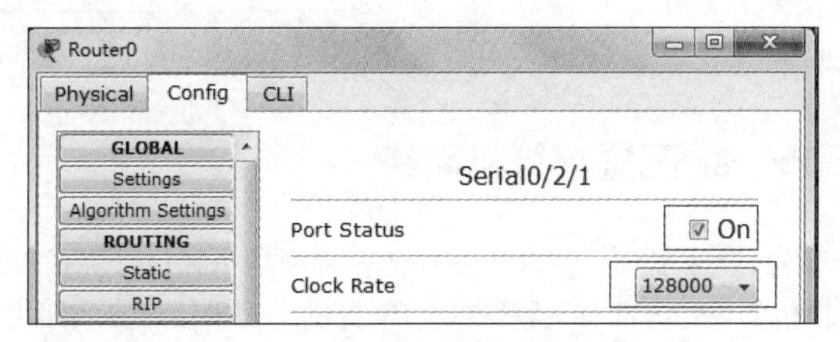


图 A-10　DCE 端的时钟频率设置

## A.4　Packet Tracer 调整工作区内容

添加好设备以后，通常需要调整各个设备之间的距离、位置，又或者删除多余的设备，PT 提供了一系列的调整工具，在默认情况下，右侧的工具栏就是供此使用的。图 A-11 所示即是将右侧的工具栏开启或关闭的方法。

右侧工具栏的第一个为选择工具，如图 A-12a 所示，在默认情况下即为此工具。它的功能是对工作区的对象进行选择。

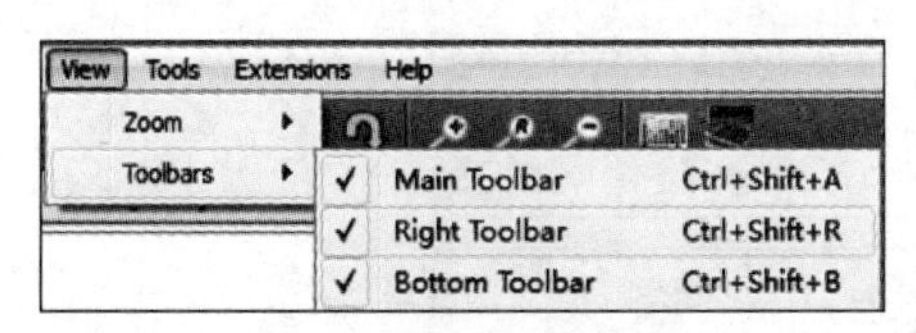


图 A-11　View 菜单中关于工具栏状态的调整

图 A-12　PT 右侧工具栏中的工具

第二个工具是图层移动工具，如图 A-12b 所示。它的功能是将所有的工作区的设备一起移动，这样方便了当设计图较大时整个工作区显示不了所有设备的情景。

第三个工具为标注工具，如图 A-12c 所示。在设计计算机网络时，可以在设备的边上标注上一些信息，这样方便其他人了解设计意图，又或者将 IP 配置或配置命令标注在旁边。

第四个工具为删除工具，如图 A-12d 所示。在工作区对象已选中的时候，单击此工具可删除对象；若当前尚未选中对象，则可直接单击对象进行删除。

第五个工具为查询工具，如图 A-12e 所示。这个工具可用来查询路由器的路由表、交换机的 MAC 表，PC 的 IP 配置等。当使用此工具时，指针的样式为一个放大镜，然后单击设备即可查询。当然，每一种设备可查询的内容是不一样的，像路由器这样的设备可查询的内容就相对要多一点，如图 A-13 所示。

图 A-14 所示就是当查询路由器的路由表时，系统显示的结果。

Routing Table
IPv6 Routing Table
ARP Table
NAT Table
QoS Queues
Port Status Summary Table

图 A-13　查询工具的命令菜单

Routing Table for Router2

| Type | Network | Port | Next Hop IP | Metric |
| --- | --- | --- | --- | --- |
| C | 192.168.3.0/24 | Serial0/3/0 | --- | 0/0 |
| C | 192.168.4.0/24 | FastEthernet0/0 | --- | 0/0 |
| R | 192.168.0.0/24 | Serial0/3/0 | 192.168.3.111 | 120/1 |
| R | 192.168.1.0/24 | Serial0/3/0 | 192.168.3.111 | 120/1 |

图 A-14　查询工具显示路由器的路由表

## A.5　Packet Tracer 配置计算机网络

很多计算机网络的设计工具都是基于图样的，将网络拓扑设计完成以后就没事了。而 PT 在路由器与交换机的设计方面有其特殊性，PT 提供了几乎接近真实路由器与交换机的设计命令行接口模式。

路由器与交换机是计算机网络的骨架，从设计的角度，路由器与交换机的配置连接方式可以有很多种，如 Web 方式、Telnet 方式等，但最基础的还是使用超级终端连接路由器与交换机的 Console 端口。PT 为每一个路由器和交换机提供了类似 Console 方式连接的命令行接口界面。

为了方便用户配置，PT 还提供了图形操作界面，供用户对路由器与交换机进行部分配置实现。实施的方法是，当用户在图形界面上操作时，由 PT 来自动生成相应的命令行接口命令并执行。如图 A-15 所示，当在图形界面的 Hostname 文本框中输入“myRouter”后，将

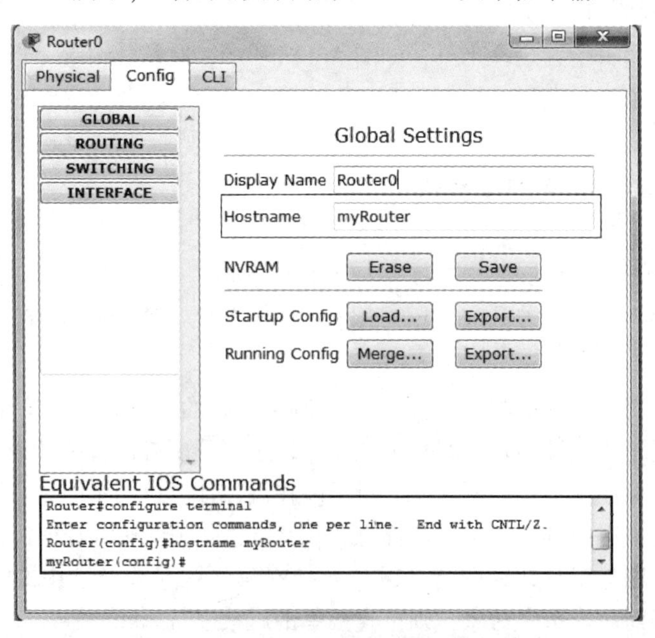


图 A-15　PT 中路由器的图形操作界面

焦点切换到其他处或退出，可以发现底部的“Equivalent IOS Commands”列表框中已经输入了一系列的命令，先是“configure terminal”，然后是“hostname myRouter”。

PT 早期的版本的功能相对单一，如路由器、交换机上的很多命令都不可以用，很多协议也支持得不全。在 PT5.0 以后，补充得东西就多了，基本上接近真实路由器与交换机的命令与协议。当然，这种支持不是以用户图形界面的方式，而是需要通过路由器或交换机的 CLI（命令行接口）模式。在图 A-15 中单击 CLI 选项卡，进到该路由器的 CLI 模式，如图 A-16 所示，这一界面和真实的路由器的 CLI 控制界面基本是相同的。

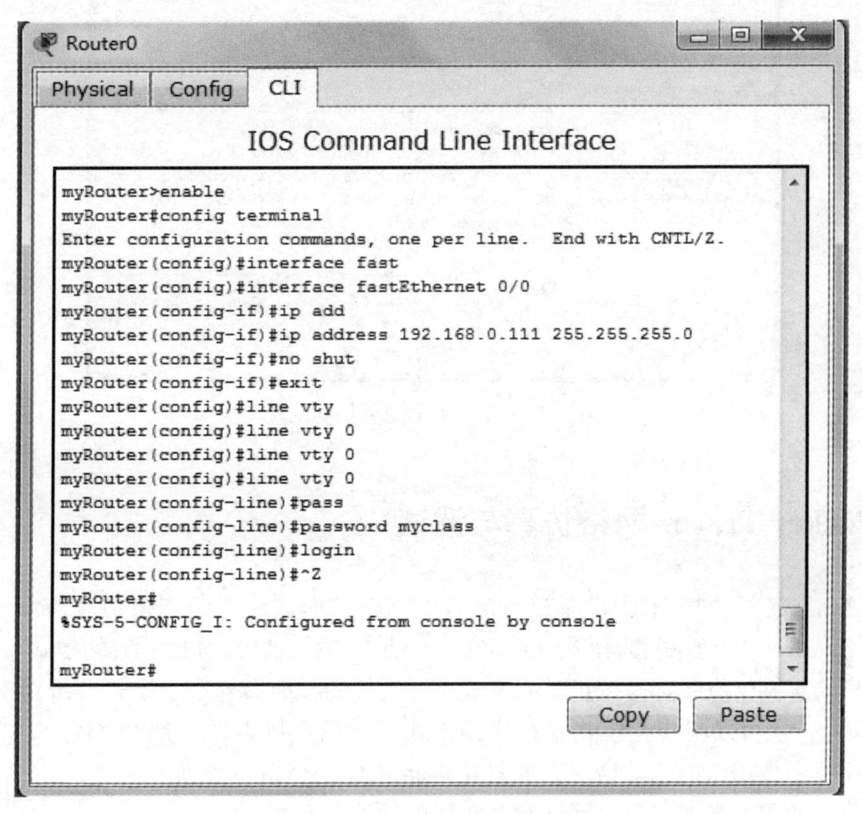


图 A-16　路由器的 CLI 控制模式

对于一个网络而言，除了路由器与交换机外，其他设备同样重要。例如，在 PT 中，PC 和服务器常常用来测试一个网络拓扑是否可以满足应用。

PT 中 PC 的设置力求与 Windows 环境下的 PC 操作界面相似，但在一定程度上进行了简化。PT 模拟了 PC 的五种基本操作环境，分别实现 IP 基本配置、拨号过程、终端连接方式、提示符界面和浏览器界面。

另外，还有无线客户端、MIB 浏览器、VPN 连接等不太常用的界面。

除了 PC 以外，PT 还提供了规划服务器的功能，并可以对服务器的各种服务做简单规划，其中包括 HTTP 的 Web 网页服务，DHCP 网络服务、DNS 解析服务、TFTP 简单文件传输服务等，如图 A-17 所示。

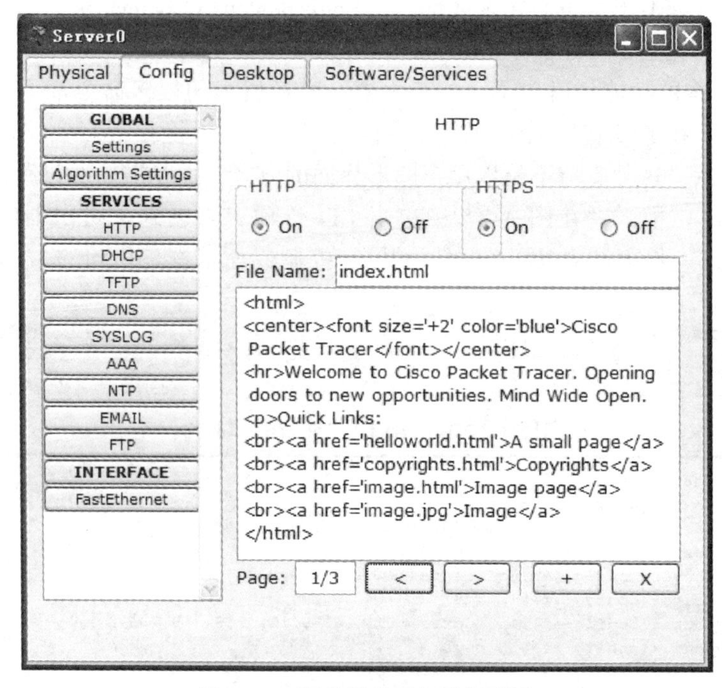


图 A-17　服务器的服务规划配置

## A.6　Packet Tracer 网络仿真与调试

PT 不仅能提供对网络上的设备进行配置的功能，而且还具备网络仿真与调试的功能。在默认的情况下，PT 使用实时模式（realtime mode），顾名思义就是真实的模式。在这种模式下，路由器等网络设备都是按正常的方式进行通信的。而另外一个模式是仿真模式（simulation mode），也可以叫模拟模式。在这种模式下，用户可以慢慢地查看网络拓扑中数据包的流动情况，而且可以将其分类标识，分别可以用各种颜色的包的样式来考察网络对于数据包的处理方法。

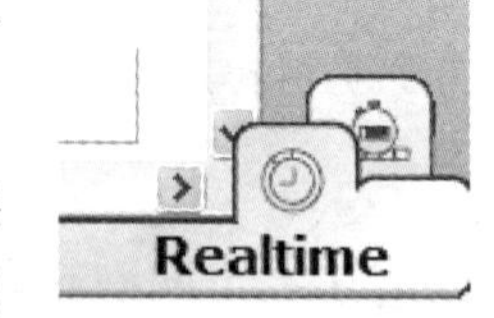


图 A-18　PT 的实时模式

如图 A-18 所示，在一般情况下，PT 处于实时模式，此模式状态条显示的是当前模式下的时间、重启所有设备的电源按钮，以及时间加速按钮，如图 A-19 所示。

Time: 00:06:39 | Power Cycle Devices　Fast Forward Time

图 A-19　实时模式的相关状态信息及控制

当用户按下实时模式后面的那个灰色按钮时，则切换至仿真模式，如图 A-20 所示。这时工作区中自动跳出一个事件列表的选项卡，而模式的相关状态信息及控制条也添加了一些内容，如图 A-21 所示。这些方便在此模式下对于时间及其他的控制。

图 A-20　PT 的仿真模式

PLAY CONTROL　Back　Auto Capture / Play　Capture / Forward　Event List

图 A-21　仿真模式的相关状态信息及控制

在两种模式切换的按钮的上方有两个按钮，如图 A-22 所示，它们是方便用户添加网络数据包用的。此操作有点类似于真实环境中的 ping 操作，但它比 ping 操作有更多的选项，且是以图形方式显示的。

1）上面的按钮是用来添加简单分组数据单元的（add simple PDU），单击此按钮后，指针会变成一个信封的样式，且左上角有一个“+”号，先单击发送分组数据单元的源端，然后再单击目的端，这样就会使数据单元从源端发送至目的端。需要注意的是，被单击的源端和目的端都必须是已经启用 IP 协议栈的，可以发送 IP 数据包，像二层交换机这种通常都不被设置 IP 协议栈的则不可以作为源端或目的端，而像 PC 这样的设备，则要看当前 IP 配置如何，那些没有配置 IP 的或者自动分配地址失败的若成为源端或目的端，则会出现如图 A-23 所示的错误。

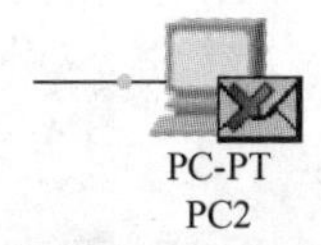


a) 当源端设备没有启动IP时产生错误

b) 当设备没有启动IP时产生错误

图 A-22　添加数据包按钮

图 A-23　出现错误

当 IP 协议栈没有问题，单击发送端和接收端以后，在 PT 的工作区的右下方则会自动创建一个新的场景命名为 Scenario 0，如图 A-24 所示。在此场景中可以看到刚刚创建的 PDU 的发送情况，若是发送/接收成功，则为“Last Status”显示为 Successful，反之则为 Failed。另外，在这场景中，还可以看到分组数据单元的发送源端、接收目的端、分组类型、图中的 PDU 颜色、发送的时间、经历的时间等信息。

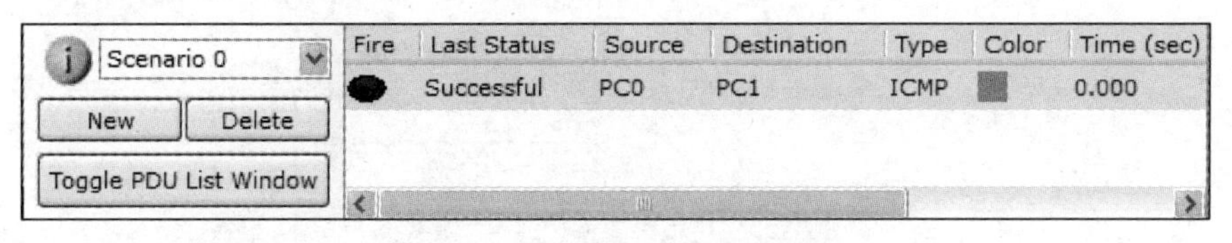


图 A-24　发送/接收 PDU 的场景

在使用上述这个工具时，有时可以将模式切换到仿真模式，那么，分组数据的发送过程的每一步就可以在事件列表中展示出来，如图 A-25 所示。

在做上述操作时，用户可以控制整个过程。如图 A-26 所示，单击中间的“Auto Capture/Play”按钮，则时间以原来千分之一的速度向前推进，再次单击它则暂停；单击

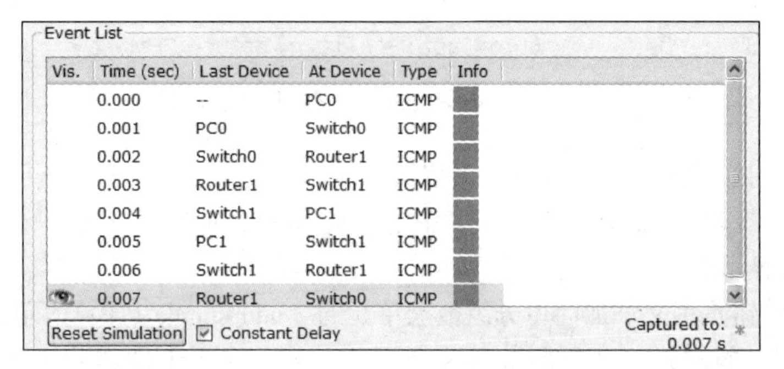


图 A-25 发送/接收 PDU 的事件列表

“Back”按钮则可向后回退，对于“Capture/Forward”按钮，则单击一下向前推进一步。

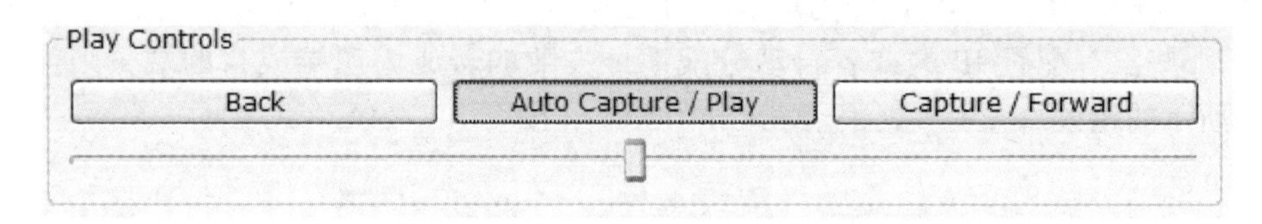


图 A-26 仿真模式的单步控制

2）图 A-22 中下面的按钮则是用来添加复杂分组数据的。使用时，当用户单击发送源端时，即弹出如图 A-27 所示的对话框。在该对话框中，用户可以自定义发送数据，如发送分组数据的送出接口、数据包的协议类型、目的 IP 地址、源 IP 地址、TTL 生命值、TOS 值、序列号和发送的时间（相对用户单击右下方创建 PDU 的按钮的时间而言）等。

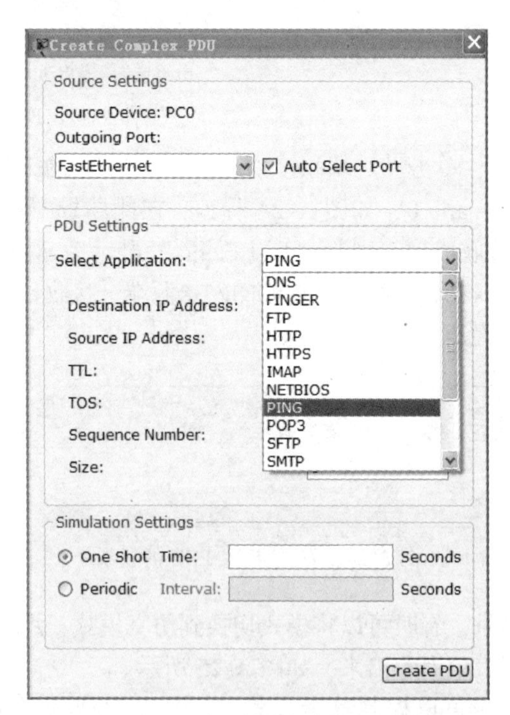


图 A-27 创建复杂 PDU

## A.7 Packet Tracer 的文件操作与保存配置

使用 PT 进行网络规划与设计之后，在 PT 的文件菜单中选择 Save 或 Save as 命令，可以将设计的内容以 . pkt 的形式保存，如图 A-28 所示。这种保存不仅保存了规划与设计中设备的硬件配置、网络的连接方式，而且把网络配置的具体细节也保存下来了，甚至某些场景也被保存下来。

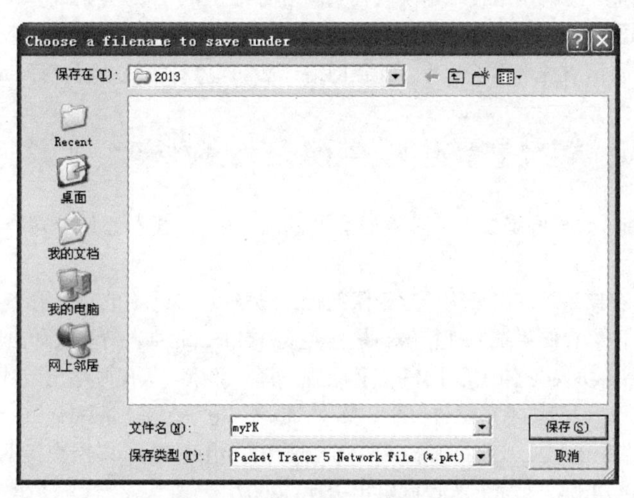


图 A-28 保存为 . pkt 文件

除此之外，PT 还可以用来打开两种文件：一种是扩展名为 pkz 的文件，这种格式和 . pkt 是类似的，也是用来保存规划配置的；另一种是扩展名为 pka 的文件，它是思科公司为思科网络技术学院提供的很多的练习题而设，互联网上也有很多的相关的 . pka 文件可供下载，打开 . pka 文件后，通常会提示用户需要配置哪些内容，具体的配置值有时也会提供，最后有一个对于配置完成情况的评分。

# 参 考 文 献

[1] 陈鸣. 网络工程设计教程：系统集成方法［M］. 3 版. 北京：机械工业出版社，2014.
[2] 谢希仁. 计算机网络［M］. 7 版. 北京：电子工业出版社，2017.
[3] 瓦尚，约翰逊. 思科网络技术学院教程：路由与交换基础［M］. 思科系统公司，译. 6 版. 北京：人民邮电出版社，2018.
[4] 格拉齐亚尼，约翰逊. 思科网络技术学院教程：网络简介［M］. 思科系统公司，译. 6 版. 北京：人民邮电出版社，2018.
[5] 瓦尚，约翰逊. 思科网络技术学院教程：连接网络［M］. 思科系统公司，译. 6 版. 北京：人民邮电出版社，2018.
[6] 瓦尚，约翰逊. 思科网络技术学院教程：扩展网络［M］. 思科系统公司，译. 6 版. 北京：人民邮电出版社，2018.
[7] 凯瑟琳，祖达-佩奇. 思科网络技术学院教程：IT 基础［M］. 思科系统公司，译. 6 版. 北京：人民邮电出版社，2018.
[8] 张冬. 大话存储：存储系统底层架构原理极限剖析　终极版［M］. 北京：清华大学出版社，2014.
[9] 张冬. 大话存储：网络存储系统原理精解与最佳实践［M］. 北京：清华大学出版社，2008.
[10] 阿齐兹，等. IP 路由协议疑难解析［M］. 孙余强，译. 北京：人民邮电出版社，2013.
[11] 蒋建峰，杜梓平. 广域网技术精要与实践［M］. 北京：电子工业出版社，2017.
[12] 弗鲁姆，西瓦苏布拉曼尼亚，弗拉海. CCNP 学习指南：组建 Cisco 多层交换网络（BCMSN）［M］. 刘大伟，张芳，译. 4 版. 北京：人民邮电出版社，2007.
[13] 黄传河. 网络规划与设计师教程［M］. 北京：清华大学出版社，2009.
[14] 武孟军. 精通 SNMP［M］. 北京：人民邮电出版社，2010.
[15] 李明江. SNMP 简单网络管理协议［M］. 北京：电子工业出版社，2007.
[16] STALLINGS W. 数据与计算机通信［M］. 王海，等译. 10 版. 北京：电子工业出版社，2018.
[17] 张宇，等. 无线网络规划与优化技术［M］. 北京：现代教育出版社，2016.
[18] 潘柳. 综合布线［M］. 北京：机械工业出版社，2015.
[19] 周敬利，余胜生，等. 网络存储原理与技术［M］. 北京：清华大学出版社，2005.